面向儿童群体的建筑使用后评价方法及应用

王 烟 著

中国建筑工业出版社

图书在版编目（CIP）数据

面向儿童群体的建筑使用后评价方法及应用 / 王烟著. -- 北京：中国建筑工业出版社，2024.7

ISBN 978-7-112-29894-5

Ⅰ. ①面… Ⅱ. ①王… Ⅲ. ①建筑工程－评估 Ⅳ. ①TU723

中国国家版本馆 CIP 数据核字（2024）第 112018 号

建筑使用后评价（Post-Occupancy Evaluation，简称 POE）的核心任务之一就是收集使用者对建成环境的使用及评价信息，通过科学分析以了解他们对目标环境的价值判断及心理需求，为将来设计类似环境提供必要的参考资料。本书从有关小学儿童群体的建筑 POE 方法上作了较全面、系统的探讨，从多个角度强化了建筑 POE 方法在面向特殊人群时的针对性应用，进一步优化了相关方法的合理性及适用性，一定程度弥补了传统研究方式的不足，积极拓展、充实了建筑 POE 方法的研究视野与途径，为今后针对类似群体的建筑 POE 研究提供了必要的理论依据与方法支持。本书可供建筑 POE 从业人员及建筑学相关专业师生参考借鉴。

责任编辑：万　李　曾　威
责任校对：赵　力

面向儿童群体的建筑使用后评价方法及应用

王烟　著

*

中国建筑工业出版社出版、发行（北京海淀三里河路9号）

各地新华书店、建筑书店经销

北京光大印艺文化发展有限公司制版

建工社（河北）印刷有限公司印刷

*

开本：787毫米×1092毫米　1/16　印张：13¼　插页：1　字数：300千字

2024年8月第一版　2024年8月第一次印刷

定价：**68.00**元

ISBN 978-7-112-29894-5

（43068）

前　言

建筑使用后评价（Post-Occupancy Evaluation，简称POE）的核心任务之一就是收集使用者对建成环境的使用及评价信息，通过科学分析以了解他们对目标环境的价值判断及心理需求，为将来设计类似环境提供必要参考资料，从而更大限度促进环境正效应的实现。作为一种设计反馈机制，建筑POE是设计师了解环境设计得失的主要渠道，也是公众表达生活愿景的重要途径，它在推动民主化设计进程中起着突出引领作用。

在针对一些使用主体为儿童的建筑POE研究中（如小学、儿童医院、青少年科技馆等），由于研究对象是一个特殊群体，这导致传统建筑POE方法在数据收集及分析中存在诸多适用性方面的局限，阻碍了这一类型的建筑POE研究的发展。为解决面向儿童群体的建筑POE研究中存在的基础性问题，探索与之相适应的建筑POE方法，促进我们更好地了解儿童如何认识、使用和评价建成环境，我们选取小学阶段的儿童（6～12周岁）及小学校园环境为研究对象，以源自儿童的建筑POE信息为切入点，围绕儿童结构化问卷、儿童行为观察、儿童画及儿童自由报告四个主要POE信息源，较系统地探讨其存在的主要问题及如何有效、充分利用这些POE信息源。

首先，采用文献研究法，对有关儿童群体的建筑POE方法理论作基础性研究。通过回顾相关研究背景及研究现状，确定本课题的具体研究方向、内容及目标。根据建筑POE类型及特点的论述，结合与建筑POE有关的儿童特征的分析，阐明面向儿童群体的建筑POE研究的一般模式，明确建筑POE主要研究儿童的哪些方面，以及如何研究等基本问题，为后续研究奠定理论基础。

其次，通过对若干所小学的调查，发现并总结常规建筑POE方法在针对儿童群体时存在的突出问题，并对这些问题开展专项研究予以探讨。根据调查结果，这些具体问题主要包括：①面向儿童的建筑POE操作问题；②儿童环境评价尺度问题；③儿童点赋值评价结果的解读问题；④儿童行为观察问题。对于第一个问题，通过问题成因剖析，结合长期POE实践经验直接提出针对性方法改进建议；对于第二、第三个问题，采用主观评价试验方法，尝试建立适用于儿童使用主体的建成环境评价尺度，并对儿童点赋值与区间赋值评价结果进行匹配，进一步采用该尺度及点赋值评价方法开展应用实践研究，以此改进、优化相应评价方法，从而初步解决儿童结构化问卷中存在的两个突出问题；对于最后一个问题，通过有关行为观察法的理论研究，指出儿童行为观察的基本原则及与之相适应的主要研究方法，并综合采用这些方法对小学校园中的儿童环境行为开展多角度应用案例研究，进而提出有关儿童行为观察法的具体操作建议。对上述四个基础议题的专项研究，初步解决了面向儿童群体的建筑 POE 研究过程中存在的基本问题，相应方法的应用案例为相关研究提供了实践参考，所提出的建议为今后针对该群体的建筑 POE 研究提供了方法上的指引。

最后，利用建筑 POE 作为交叉学科的优势，积极尝试借鉴其他学术领域的新兴研究成果，结合儿童群体特征，对儿童绘画心理学方法及自然语言处理（Natural Language Processing，NLP）技术在建筑 POE 中应用的可行性进行探索，初步发展出一种有关儿童画的 POE 研究方式及一种 NLP 用于分析儿童文本评价信息的 POE 研究方式，并结合实证，通过较细致的应用案例研究，指出该两种方式的主要研究途径、分析方法及一般操作流程。对跨学科方法的探索，促进了儿童画及儿童自由报告这两种 POE 信息源的有效利用，拓展了面向儿童群体的建筑 POE 研究的视野，弥补了传统方法在针对儿童群体时存在的不足。

作为建筑 POE 方法针对特殊人群专门化的研究课题，本书不仅从有关儿童群体的建筑 POE 方法上作了较全面、系统的探讨，更侧重于通过实证案例研究，对相应方法的实际应用作了进一步演绎与说明。有关方法及应用的研究成果，从多个角度强化了建筑 POE 方法在面向特殊人群时的针对性应用，进一步优化了相关方法的合理性及适用性，一定程度弥补了传统研究方式的不足，积极拓展、充实了建筑 POE 方法的研究视野与途径，为今后针对该类群体的建筑 POE 研究提供了必要的理论依据与方法支持。

由于本书作者水平有限，对有些问题的研究还不够透彻，书中错漏和不妥之处在所难免，恳请专家和读者批评指正。

目录

第 1 章
绪论

1.1 研究背景

1.1.1 传统建筑 POE 方法的局限性

近年来，建筑使用后评价（Post-Occupancy Evaluation，简称 POE[1]）逐渐成为人居环境研究领域的热点课题。通过不断积累，建筑 POE 理论已发展出较完备的方法体系，为当前开展相关研究奠定了坚实基础。

然而，在针对一些使用主体为儿童的建筑 POE 研究中（如小学、儿童医院、青少年科技馆等），传统建筑 POE 方法仍存在较大局限性。由于儿童的特殊性，导致传统建筑 POE 方法面临诸多适用性方面的问题，如儿童问卷的可靠性问题、评价尺度的合理性问题、点赋值和区间赋值评价的差异问题等。这些问题在以往的建筑 POE 研究中没有得到解决。因此，在开展以儿童群体为研究对象的建筑 POE 工作之前，解决方法论上的研究障碍、探寻与之相适应的建筑 POE 方法，成为面向使用主体为儿童的建筑 POE 研究的当务之急。

1.1.2 现代观念对建筑 POE 的新期待

现代建筑观念认为，为儿童设计建造环境的任务包括两个层面：一是社会层面的基本需求，二是心理层面的“奢侈需求”[2]。随着时代的进步，针对儿童的环境设计重心逐渐从基本需求向“奢侈需求”倾斜。

迄今为止，以儿童为使用主体的建成环境评价标准仍主要取决于环境的设计者或管理者，而非环境的使用者。这种评价现象的结果是将设计推向环境监督和功能维持之上，而忽视了儿童在环境使用过程中产生的心理和行为上的不适。在这种情况下，一些设计师呼吁从设计上给予一个弱势群体更多的人道关怀，让孩子们获得更多的行动自由和个性解放，从而将空间权力真正地赋予儿童使用主体[2]。

在为儿童设计环境时，几乎所有设计师都明白儿童对环境的感知和使用方式与成年人不同，然而只有少数人了解与之相关的一些具体现象，而更少有人了解这些现象之后的心理行为原因。通常情况下，他们只能通过某种揣测来推断儿童的环境需求。这种揣测也许只是成人的一厢情愿。这种通过揣测设计出来的环境甚至可能一点点抹杀孩子们的纯真兴趣[3]。造成这种消极现象的根源在于设计师缺乏对环境生活中的儿童的切身了解，缺少与之相关的建筑使用后评价参考资料。

事实上，孩子们需要什么样的环境，只有孩子们最清楚。因此，在现代建筑观念更加强调儿童“奢侈需求”及儿童空间权力主体地位的背景下，设计师们亟须通过建筑 POE 桥梁以获取更多关于儿童的环境使用后反馈信息，他们迫切需要了解儿童如何认识环境、如何评价环境，以及如何使用环境等根本问题。这对使用主体为儿童的建筑 POE 提出了新的期待，要求建筑 POE 重心从传统以环境效能评价为主的 POE 反馈更多地转移至以使用者“奢侈需求”为主的心理行为反馈。它需要建筑 POE 建立和倡导新型的、以儿童为主体的评价导向及反馈模式。

1.2 研究目的与意义

1.2.1 研究目的

本书选题属于建筑 POE 方法针对特殊人群专门化的研究课题。根据选题背景，本书选取小学阶段的儿童（为使行文叙述简洁流畅，后文所称“儿童”特指该群体）及小学校园环境为研究对象，围绕建筑 POE 方法针对儿童群体专门化的议题，从基本问题及方法拓展两个层面探索适用于儿童群体的建筑 POE 方法与技术，目的是为今后针对类似群体的建筑 POE 研究提供方法上的参考。鉴于传统研究方式的局限以及当前针对性方法缺失的局面，本书尝试对有关儿童使用主体的建筑 POE 方法展开系统性研究，旨在拓展建筑 POE 方法在特殊场景中的针对性应用，进而为推进面向使用主体的建筑 POE 向着深化方向发展提供必要的方法支持。

总体而言，本书的研究目标是为了揭示并解决建筑 POE 方法在面向儿童群体时存在的突出问题及难点，并探寻与之相适应的新型研究途径和方法。具体研究目标包括如下几点。

（1）首先通过基础理论研究，探讨面向儿童群体的建筑 POE 研究的基本内涵及一般研究模式，进一步通过广泛的前期调查，揭示传统、常规建筑 POE 方法在面向儿童群体时所存在的实际问题，通过问题剖析，进而提出方法上的改进建议。

（2）基于前期调查，对儿童环境评价尺度、儿童点赋值评价方法，以及儿童行为观察法等三个重点议题开展实证专项研究，试图建立适用于儿童群体的一般性环境评价

尺度，探讨儿童点赋值评价方法及行为观察法所存在的特征及适用性，并在此基础上提出有关儿童的建筑 POE 方法的针对性建议。

（3）借鉴跨学科研究成果，通过理论研究及应用实践，探讨儿童心理画方法和自然语言处理技术在建筑 POE 中应用的可行性，寻求适用于儿童的建筑 POE 方法拓展，从而为针对该群体的建筑 POE 引入新的研究思路。

1.2.2　研究意义

本书是建筑 POE 方法针对特殊人群的专门化探索，为面向儿童使用主体的建筑 POE 提供了必要的理论依据与方法支持，从多个角度强化了建筑 POE 方法在面向特殊研究对象时的针对性应用，进一步优化了建成环境主观评价方法的合理性及适用性，一定程度弥补了传统研究方式的不足，积极拓展、充实了建筑 POE 方法的研究视野与途径。其理论意义与实践意义包括如下几点。

（1）通过广泛的前期调查分析而提出的一系列建筑 POE 操作建议，为其他针对儿童群体的建筑 POE 研究提供了较详尽的实践性方法指引，在保障和提高相关研究的效率方面起到积极的促进作用。

（2）基于儿童的建成环境评价尺度的建立，一方面保证了儿童主观评价尺度选用的科学性，另一方面，标准化评价尺度的建构有助于研究结果之间的横向比较。所建立的评价尺度解决了当前建成环境主观评价的基本问题，为使用主体为儿童这一类型的建筑 POE 提供了关键性心理测度工具。其研究成果为今后相关研究选用适当评价语义量词创立了可供参照的理论依据。

（3）在建成环境主观评价中，点赋值和区间赋值的评价方法各有优势，点赋值更加精确，区间赋值更直观和容易操作。通过儿童点赋值评价方法的研究，明确点赋值和区间赋值评价结果之间的差异，可以初步衡量儿童环境评价的心理尺度关系。其研究成果有助于正确解读儿童的主观评价结果，有助于我们更好地了解儿童的实际评价倾向，所得出的结论在评价赋值方法选用及分析方面具有一定实践价值。

（4）通过对儿童行为观察法的综合性探讨，所提出的相关论点及针对性建议，对丰富面向使用主体的建筑 POE 方法理论起到积极的补充作用，其应用案例的实践也对今后相关研究体现方法上的参考价值。

（5）积极借鉴跨学科方法的研究成果，探讨心理画方法及自然语言处理技术在面向儿童群体的建筑 POE 中应用的可行性，为相关建筑 POE 课题提供了新的研究思路与分析手段，对推动建筑 POE 方法理论体系的更新与发展起到添砖加瓦的积极意义。

1.3　研究综述

建筑 POE 所面向的研究对象主要包括两个方面，即环境客体和使用主体。其中，

面向使用主体的建筑 POE 研究任务主要是探查人们如何感知、评价和使用空间环境[162]。它对应着三种基于使用者的建筑 POE 反馈范式，即环境认知反馈、主观评价反馈和使用行为反馈（见 2.4 节所述）。据此，本书通过研读大量相关文献，对建筑 POE 方法的发展作概括性梳理，从儿童有关的主观评价、环境认知、环境行为及其对应建筑 POE 方法作系统性文献研究，并对当前小学及儿童有关的建筑 POE 研究作简要归纳，指出现有研究的不足之处并进一步明确本课题的研究方向。

1.3.1 建筑 POE 方法的发展简述

（1）建筑 POE 方法研究在国外的发端与发展

建筑 POE 方法最初是通过调查使用者对建成环境的使用行为及其对环境的评价态度，以空间环境和人的行为研究为主要内容，研究对象从精神病院和监狱等特种建筑发展到其他公共建筑和城市开放空间[4]。在建筑 POE 方法发展过程中，具有划时代地位的美国学者 Wolfgang F. E. Preiser 通过其著作 *Building Evaluation* 极大地推动了建筑 POE 方法学的进步[173]；其另一部著作 *Post-Occupancy Evaluation* 也是该研究领域的经典著作之一，其中，比较著名的"陈述式、调查式、诊断式"就是该书中所提出的三级建筑 POE 程序和方法[174]。另外，Kevin Lynch 在其代表作 *The Image of the City* 中采用的认知地图研究方法对建筑 POE 也产生较为重要的影响[175]，一些研究者在建筑 POE 研究中沿用这一方法来研究使用者的环境认知现象。

经过几十年的发展，建筑 POE 方法形成了较为完备和成熟的研究体系，其中，面向使用者的建筑 POE 数据搜集主要通过以下两个渠道：一类是使用者对建成环境使用感受的语言表述，包括口头语言、文字语言和图示语言，具体方式有以下几种：访谈、问卷、认知地图等；另一类是使用者在建成环境使用过程中的行为现象，这里所指的行为是指广义的行为，包括生理和身体反应、宏观行为现象及行为痕迹等。

近年来，国外涌现出来的其他建筑 POE 新方法也层出不穷，诸如"空间感知""生理与心理试验"等有关建成环境"间接评价"的方法也备受学者们的青睐，如通过 VR（Virtual Reality）技术研究环境认知规律来进行预测性评价、通过生理传感器测量不同空间感知状态来绘制城市情绪地图[80]、通过眼动追踪试验来研究卖场布局和建筑表皮的认知特点等[188, 241]。在大数据、人工智能、机器学习等领域快速发展的时代背景下，这些技术为建筑 POE 提供了新的分析手段。

（2）建筑 POE 方法在国内的发展

国内对于使用后评价的研究始于 20 世纪 80 年代，初期研究的代表人物包括：杨公侠、常怀生、林玉莲、胡正凡等。随后，建筑 POE 研究方法开始以量化研究为重要特征，包括数理统计方法、评价指标体系等，其代表人物包括：吴硕贤、徐磊青、杨治良、王青兰、陈青慧和俞国良等。对建筑 POE 方法研究最为活跃的是吴硕贤带领的研究团队，自 1998 年在华南理工大学设立"建成环境使用后评价"博士研究方向开始，

其研究团队在建筑 POE 方法研究实践中取得了比较丰硕的研究成果。

吴硕贤在 20 世纪 90 年代通过使用者对住区环境的质量评价，利用量化的方法，初步建立了建筑环境综合评价的科学架构[1]。在其团队的带领下，朱小雷教授对建成环境主观评价（SEBE）方法展开了较为深入的研究，在其研究著作中，他强调“结构—人文”的研究方法，指出建筑 POE 应当重视质化研究与量化研究的互相补充[5, 189]，他的研究成果是目前国内建筑 POE 方法领域最为突出的研究成果之一；黄翼将空间句法分析方法引入到规划使用后评价中，她的研究表明，轴线局部整合度与全局整合度的关系越好，使用者对功能布局和公共活动空间两项因子的满意度评价越优[190]；陈晓唐在他研究中结合建筑体验、知觉现象学等研究理论，强调建筑师应当以“身体性”亲身走进自己创作的建筑中去，文中提出的“建筑感官体验式观察法”，是对建筑师建筑 POE 方法的重要开拓[60, 191]；马越通过《大数据支持下的建成环境使用后评价发展研究》探讨了大数据时代衍生的新方法，如高频关键词词云图的利用等，对建筑 POE 方法的更新大有裨益[6]。

其他涉及建筑 POE 方法的研究也非常多，但这些研究大多采用一些常规方法来探讨环境问题，其研究重心并不在建筑 POE 方法本身，导致其忽视了建筑 POE 方法在研究过程中所面临的实际问题。特别是在针对特殊研究对象时，常规建筑 POE 方法是否适用的问题仍缺乏针对性研究。

1.3.2　针对儿童的主观评价方法研究现状

（1）儿童问卷的可靠性方面

作为建筑 POE 的主要方法之一，主观评价方法至今已非常完善和成熟。然而传统主观评价方法在针对儿童的建筑 POE 研究中，儿童问卷的可靠性成为最显著的问题之一。问卷可靠性主要体现在信度和效度两个方面。对儿童问卷信度和效度的研究在心理学领域较多，如美国心理学家 Bernstein D. P. 等对儿童期虐待测量问卷的编制。他通过信度和效度检测后修正其评价量表，形成较为公认的测评量表之一[91, 92]。由于研究特点不同，各领域对儿童问卷可靠性的要求也有所不同。在教育学、医学等领域，相应儿童问卷可靠性均有一些专门性的讨论，而在建筑 POE 领域，尚缺乏专门针对儿童环境评价问卷信度和效度的研究。

（2）主观评价尺度方面

在主观评价尺度方面，近年来的研究主要集中在医学、心理学等领域，在建成环境评价领域的研究相对较少。在国外，建成环境评价多采用 5 级尺度（five-point Likert scale）进行研究[87]，所采用的 5 级英文语义量词通常为：very/too + negative adjectives；negative adjectives（一般为加前缀 un-/in-/dis- 的形容词）；neither/neutral；positive adjectives；very/too + positive adjectives[88]。在国内，大部分建筑 POE 研究在选定评价尺度时都采用英文直译或借鉴其他领域的评价尺度，这导致尺度标准出现极不统一的现象。如近年来有关建成环境评价的文献中就出现数种评价尺度[7-9, 202]，这些尺度所选用的评价量词随意性很大，反映出当前环境评价尺度的使用方面尚未引起人们的重视。虽然个别研究建立了专门性环境评价尺度（如噪声社会反应测定的五级评价尺度）[10, 89]，但其建立的尺度仅适用于成年人，而针对儿童理解水平的中文环境评价尺度，仍未发现专门性的讨论。

（3）一些针对儿童的新建筑 POE 方法及启示

在建筑领域通过儿童画来研究儿童的环境心理体验也是一种好方法。如林玉莲把收集的儿童画分为记忆画和想象画，从中分析儿童的环境意象[11]；李娜通过儿童画的色彩分析证明，儿童具有对强烈色彩的偏爱和在画作中对喜爱要素进行夸张强化的特点[203]。赵玲依在灾后重建中小学评估方法研究中提及的“认知类评估法”和“行为测量评估法”对本课题研究具有积极的引导作用[201]。虽然此类研究非常少也较为初步，但却是对建筑 POE 长期处于问卷法和观察法阶段的一种跨越。它对本课题寻求适用于儿童的建筑 POE 新方法的拓展具有一定启示作用。

1.3.3 儿童环境认知及其研究方法的发展概况

作为建筑 POE 的主要研究内容之一，环境认知反馈是基于使用者的建筑 POE 反馈之一。它以探讨人们如何认识和理解空间环境为核心议题，目的是向设计师反馈使用者的环境心理状况，为设计师提供一些有益的启发，从而服务于环境设计的改进。

（1）关于儿童认知

谈到儿童认知，我们不得不提及儿童认知心理学的奠基人之一皮亚杰。根据他的理论，小学阶段的儿童跨越两个认知阶段：一二年级儿童处于前运算阶段；三至六年级儿童处于具体运算阶段[145]。

对于前运算阶段的儿童，他们在认知上还不能进行运算思维，不能凭借概念、判断和推理来理解周围环境和事物的内在本质和关系[161]。他们只能进行单维思维[146]。他们的空间环境意象也是建立在自身的直觉思维之上，并只注意一维空间[147]。

对于具体运算阶段的儿童，他们能从不同维度去认识某一事物，能将不同维度的信息加以整合，能理解二维空间和空间透视的关系[147]。但他们仍不能脱离具体的物理属性，不能理解真正抽象或假设的问题，或涉及形式逻辑的问题[176]。

（2）环境认知的研究趋势与特点

关于环境认知的研究主要集中在心理学领域，建筑领域相关的环境认知研究相对较少。纵观近年来对建筑领域的环境认知研究现状，呈现出以下几点研究趋势和特点：

①环境认知研究热点集中在大尺度的城市环境，对中小尺度环境（如小学、幼儿园等）的研究很少。从 20 世纪 60 年代美国城市规划专家 Kevin Lynch 对城市认知地图进行研究开始，认知地图研究常被引入到环境规划和设计理论之中[12]。近年来，环境认知地图逐渐在大尺度环境的使用后评价研究中得到采用，如大学校园的规划后评价研

究、城镇公共空间布局研究等[90, 204]。在环境认知领域中，除认知地图研究之外的另一热门课题就是与空间句法有关的空间认知及空间感知研究。空间句法是从 20 世纪 70 年代从英国发展起来的研究空间关系的理论，近年来，越来越多的研究将空间认知、空间感知与空间句法理论结合起来，取得了丰富的研究成果[13, 90]。但这些研究几乎都以复杂空间和大尺度环境作为研究对象，对于像小学建筑这样的空间环境，目前尚未发现有关专门的研究文献。

②环境认知研究多侧重于空间感知的研究，对空间之外的环境认知要素则很少有人提及。空间认知的相关研究文献不计其数，在空间认知之外，色彩认知的研究相对较多，如幼儿园色彩设计研究[205]、城市色彩认知与城市色彩规划等[14, 206]。然而在空间认知和色彩认知之外，如环境的实体要素、物理环境要素等则未引起足够重视。庆幸的是，个别研究者已经意识到这些要素在环境认知领域的重要性，如日本 Ito K. 等的研究中根据儿童认知特点和需求，将攀爬景观设施、昆虫等实体要素引入到小学校园中，设计出了较为人性化的景观环境[177]；如中国台湾的 Ying Ming Su 等对绿色建筑外观的公众认知进行调查，其研究结果表明，建筑外观是识别绿色建筑的关键判断依据[93]。但总体而言，环境认知研究对具体建筑类型的认知要素组成、对某一特定群体环境认知特点的研究是非常匮乏的。

③大部分建筑领域的环境认知研究都是以成年人作为研究主体，很少有专门针对儿童的研究成果。检索到的儿童认知有关的文献，也基本上属于心理学、医学和教育学的研究领域。

（3）环境认知研究方法的新发展

近年来，环境认知研究逐渐从传统的行为观察和问卷法走向更加注重“实证科学”的试验心理学方法，不仅如此，环境认知研究方法甚至延伸到了神经生理方法的领域，如 Moser 等通过神经生理学的方法研究表明，人脑海马区具有陈述性记忆的功能，它对特定空间的认知和导航也起到重要作用[94]；Halligan 等通过神经影像学和神经生理学记录方法所开展的研究发现，顶叶和颞叶皮层都参与了空间意识[95]。

（4）儿童环境认知的研究现状

关于环境认知的研究热点仍然集中在空间认知领域。这些研究主要以空间寻址、导航、定位为主，如地下空间寻址、建筑综合体的认知与寻路等[207, 208]。最近几年，也出现一些将空间认知与空间句法结合起来的研究[13, 209]。这些研究大部分都是以大尺度和复杂空间为研究对象，且都是以成年人为研究主体。

截至本书完稿，以儿童空间认知为主题的国内官方可检索的文献仅有如下几篇：徐梦琪（2015）针对儿童空间认知过程中的行为需求提出认知空间的概念，对其作出界定与分类，并通过实地调研和实践案例分析，发现那些被建筑师忽略及某些误解引发的问题和不足，从而得出认知空间的设计原则[210]；陈西蛟（2016）对儿童的感官刺激、色彩认知从理论上进行分析，探讨了空间结构、装饰、色彩等空间语言对儿童认知、想象等思维成长发育具有的积极作用[15]；陈静（2012）基于儿童的视觉认知和视觉心理研究，结合各空间要素，探讨了幼儿园建筑的造型和空间的营造[211]；赵华（2016）以日本东京富士幼儿园、ゆうゆうのもり幼保园、かえで幼儿园等建筑设计为例，分析了日本幼儿园建筑设计的新趋势，并指出近年来日本建筑设计师尝试从儿童认知规律和成长需要出发，对传统幼儿园建筑设计进行颠覆式改造，以更好支持儿童自主发展的新趋势[16]；刘阳洋（2017）从儿童的认知成图方面进行分析，从青少年宫的空间尺度、空间流线、空间色彩、空间材料和视觉导向标识系统这几个方面来研究适合儿童并且能让儿童感受到归属感和喜爱的空间设计[212]；许庭云（2010）以城中村中的7～12岁儿童为对象，通过儿童对游戏场所及游戏行为的认知研究发现，儿童在不同形态城中村里的游戏场所及游戏行为与儿童认知并没有显著差异[234]；王珊等（2017）结合环境认知理论分析儿童在候诊空间的行为心理，从视觉和触觉双方面归纳室内环境材质的设计要素，总结出儿科候诊空间材质的设计特征，并提出"协调色调—景观交互—虚实对比"的设计策略[17]。

1.3.4 儿童环境行为及其研究方法的现状

国外儿童环境行为研究的议题中，对儿童的行为空间、移动性等方面的关注较多。国外有学者通过行为追踪方法研究发现，儿童的行为空间会随着年龄的增长而扩大，男孩的活动范围要比女孩大[96]。而扩大儿童日常行为空间的范围不仅能为儿童成长提供机会[97]，还能有助于儿童增强认识周边环境的能力[98]，包括建构空间意象图谱和空间定位的能力，并能更好地与同龄群体和其他周边人群建立良好的互动关系[99]。Trisha Maynard等人结合行为观察法的研究得出结论：在更自然的户外空间发起儿童活动能够放大儿童自发学习的影响，并减少不成功的感觉，增强儿童的成功感[100]。Richard Tucker等人采用行为注记方法对比研究了儿童在可持续学校与传统学校中的环境态度和行为，证实儿童在可持续学校中有更多的亲环境态度和行为[101]。Makalew通过行为观察总结出儿童在行人空间的行为以跑步为主[242]。儿童空间行为的移动性有助于儿童培养方向认知、地方感知能力以及互动交往能力[102]。

国内对儿童空间行为的研究主要集中在公园、广场、儿童医院以及居住区公共空间等公共场所方面。毛华松等结合实地行为观察和理论分析的方法对城市公共场所中的儿童活动空间现状和儿童的活动特点等进行了研究，认为儿童在公共空间的活动具有集聚性、随意性等特征[18]。彭畅琳以儿童公共场所为观察对象，研究了儿童的行为特征，认为儿童行为具有聚众性、主动性、连续性、探索性、专注性、亲自然性等心理特征[19]。黄冰对儿童患者的行为活动、行为特征与行为状态进行分析，归纳出儿童医院空间环境下的患儿的具体需求与行为特征，以此为依据研究儿童医院空间环境的设计向导[213]。丁诗瑶对就医过程中儿童的行为状态与习惯特征进行了分析研究[214]。孙迪以

小学教学空间作为研究对象，运用环境行为学方法，对小学生心理行为需求进行研究，并提出适应我国国情的小学教学空间组合模式建构原则[215]。李娜以儿童户外行为心理特征为切入点，对儿童进行观察、采访、问卷分析，总结出儿童行为优先原则、行为领域范围及行为动因等，并将其应用于儿童公园的改造设计中[203]。郑玮锋认为儿童的户外空间活动具有移动性、连续性和亲自然性等特点[20]。俞琦徐对儿童户外空间活动的行为特征与心理特征进行了研究，认为儿童户外空间活动具有探知欲和冒险性的特点，而户外空间的空间形式和环境色彩是影响儿童对户外空间进行选择的重要因素[216]。徐从淮认为儿童的空间行为具有动态性、好奇感知性和聚众性等特点，并对儿童的行为空间进行了分类[217]。陈洁菡通过对儿童的环境行为进行观察研究，发现处于不同阶段的儿童环境行为具有不可预测性和随意性的共性[218]。李洲荣（2015）通过硕士论文《基于少儿行为模式下小学外部环境规划设计》，从小学生行为角度出发研究了小学生在校园外部环境中的行为模式[219]，并以此指导小学外部环境的规划设计，但该研究仅从行为理论上进行分析。

近年来，环境行为研究在方法上并未取得显著性的突破，绝大部分有关儿童环境行为的研究中，所采用的研究方法基本以传统的问卷法及行为观察法为主，其包括访谈、心理测验法、行为跟踪法、行为注记法、行为痕迹法、行为地图法等。

1.3.5　与小学及儿童有关的建筑 POE 研究现状

有关小学建筑 POE 的研究一直以来都较为活跃。近年来，小学建筑 POE 的研究多偏向于客观环境的效能评价，如空气质量评价、教室环境质量评价等[84, 240]，这些研究重点从环境绩效出发，通过客观参量的测试数据进行评价性分析，从而提出相应改进建议。在评价范围方面，最近的研究多注重从中观或微观层面进行讨论，如小学规划布局可达性的评价研究[192]、绿色校园及生态校园的综合评价体系研究等[85, 193]，这些研究着重从建成环境的某一侧面进行评价分析。在评价主体方面，大多数研究的评价数据主要来源于专家，如一些关于小学校园环境使用者的满意度及综合评价的研究[86, 194]，虽然这些研究不同程度地强调了环境使用方面的主体评价地位，但其评价数据主要来源于教师群体。在小学建成环境主观评价的研究中，对儿童使用感受的关注相对不足，仍缺乏从儿童视角进行相对宏观的综合性评价方面的探讨。

在国内，近年来对小学建成环境的研究颇为活跃，如西安建筑科技大学的李志民、张宗尧教授带领的研究团队，他们从 20 世纪 70 年代至今持续对中小学建筑设计进行了研究，取得了丰硕的研究成果。有关小学建成环境评价的研究较多，这些研究大多只关注环境对象的某一侧面。如武汉大学刘潇（2017）对小学规划布局中的可达性进行评价研究[195]；清华大学刘畅建立了灾后重建学校的绿色校园评价体系[196]；重庆大学童琳（2014）在使用后评价的基础上归纳并总结了灾后重建学校的差异性和在使用过程中存在的问题，提出了相应的小学设计策略和建议[197]；西安建筑科技大学的夏坤（2014）利用GIS技术对中小学的空间可达性、服务半径进行分析，得出中小学空间布局的服务半径指标[198]；同济大学张国祯（2006）的博士论文以中国台湾中小学校园为例进行研究，建立了生态校园评价体系及指标权重[199]。

对小学建筑POE较完整的研究目前有如下两篇文献：华南理工大学江朔（2014）的硕士论文对国际学校这一类型的小学进行了相对宏观、完整的建筑POE研究。作者对天合国际学校使用后评价的层次、类型、层面、方法、指标体系进行研究，同时从宏观层面的土地利用、交通流线系统、公共开放空间系统、建筑规划，以及微观层面的小学教室场景、室内共享区场景、室内运动区场景展开了使用后评价研究，最后，作者结合评价研究中发现的问题，提出了一些改进建议[200]。西南交通大学赵玲侬的硕士论文对灾后重建中小学建成环境的评估方法进行了研究。作者从评估方法论、通用评估法、资料收集和处理三个层级进行研究，提出了实证和非实证主义相结合的灾后重建中小学校建成环境评估方法[201]。上述研究虽然较全面地探讨了小学建筑POE的研究框架，但其主要目的仍然是探讨小学建筑的“基本需求”层面，对儿童使用主体在心理层面的“奢侈需求”仍略显不足。

1.3.6 小结与评价

经过多年来的发展，建筑POE方法至今已取得长足进步，特别在吴硕贤院士主持的国内建筑POE研究体系中，有关建筑POE方法的发展逐渐走向深化，逐渐走向更加专门性的细分领域。在以儿童为使用主体这一类型的建筑POE细分研究领域中，针对性、专门化的建筑POE方法成为备受期待的研究工具之一。

近年来有关儿童的主观评价、儿童环境心理及行为方面的建筑POE研究成果丰硕，为本课题的实施提供了坚实的理论基础和重要的实践参考，尤其是个别建筑POE中采用儿童画的研究案例为本课题指出了一种新的研究思路。尽管如此，在面向儿童群体的建筑POE研究方面仍然存在以下几点不足：

（1）综观建筑POE方法的研究现状，对儿童环境评价问卷的可靠性、可操作性，以及适用性等方面仍缺乏专门性的讨论。在面向儿童群体的建筑POE研究中，到底存在哪些实质性问题，以及我们如何应对，这些问题在以往的建筑POE研究中尚未予以系统性探讨。

（2）在针对儿童的建筑POE研究中，由于儿童的特殊性，对常规建筑POE数据搜集方法（如结构化问卷、访谈等）是否适用于儿童这一问题的探讨，仍然是建筑POE领域的研究空白之一。

（3）对于什么样的环境评价尺度适用于儿童，以及儿童点赋值评价结果如何正确解读等突出问题，成为面向儿童群体的建筑POE研究的主要障碍，而这些问题在以往的建筑POE研究中尚未得到解决。

（4）有关儿童环境行为的研究所采用的方法基本上都是传统的行为研究法。这些研究基本上都以儿童的行为现象为聚焦点，很少对方法本身进行系统性的讨论，且有关文献常以理论分析为主，缺乏通过实地调查来探讨有关儿童行为观察的问题。因此，在面向儿童群体的建筑 POE 研究中，很有必要对行为观察法的实际应用作针对性探讨，从而促进我们更好地开展有关儿童的环境使用行为研究。

（5）个别研究从儿童画的视角讨论了儿童的环境心理现象，但仅仅是有关环境意象的初步分析。目前建筑 POE 领域尚无有关儿童画的进一步应用。儿童画的分析路径为本课题寻求适用于儿童群体的新方法起到了一定启示作用。

依据上述有关研究现状，本课题得以明确相应研究内容（1.4.1 节），从而确定基本问题探讨及方法拓展探索两个层面的研究方向。

1.4　研究内容与方法

1.4.1　研究内容

（1）研究内容取向

本书紧密围绕建筑 POE 方法针对儿童群体专门化的核心议题，以源自儿童的 POE 信息为切入点，从儿童结构化问卷、儿童行为观察、儿童画及儿童自由报告等四个方面，较系统地探讨其存在的主要问题及如何有效、充分利用这些 POE 信息源。

为抓住本课题的主要矛盾，论文从研究深度和广度上作出了平衡。一方面，研究素材仅限定于儿童及小学校园环境，并未展开与成年人之间的对比研究，且仅聚焦于探讨 POE 信息源有关的几个重点分项议题，目的是缩小研究范围；另一方面，方法及应用案例的研究试图以儿童心理行为的 POE 反馈为着眼点，通过理论与实践的多方位交织与印证，从而尽可能全面、综合地探讨相应方法专门化的实现途径。

需要指出，本书作为建筑 POE 方法的基础性研究，课题研究重心偏向于对建筑 POE 方法及应用的探讨，其研究目的聚焦于方法而非设计，因此，在应用案例研究中弱化了对环境设计问题本身的论述，未进一步展开探讨 POE 反馈结果对于建筑设计指导方面的具体意义。

（2）具体研究内容

本书以儿童及小学校园环境为研究对象，根据研究目标（1.2.1 节）和选题旨趣，确定如下三项具体研究内容：一是关于方法的基础理论研究；二是关于方法的重点问题研究；三是方法的拓展应用研究。

①关于方法的基础理论研究

首先通过文献研究，梳理与本课题有关的研究现状，进而指出研究不足，为本课题选定研究方向提供依据。然后对有关儿童建筑 POE 方法的理论作铺垫性研究，概要性地阐明建筑 POE 主要研究儿童的什么方面，以及如何研究等基本问题，为后续研究奠定理论基础。

②关于方法的重点问题研究

针对儿童作广泛的前期调查，发现并总结其存在的突出问题，并提出有关 POE 操作的建议。根据前期调研中提出的三个重点议题（与儿童有关的环境评价尺度、点赋值评价方法及行为观察法），对其开展专项研究予以解决和讨论，从而建立适用于儿童的环境评价尺度，揭示儿童点赋值评价的规律，提出有关儿童行为观察的具体操作建议。

③方法的拓展应用研究

借鉴儿童绘画心理学的研究方法，尝试从跨学科领域中探寻适用于儿童的新型建筑 POE 方法。通过理论研究，初步提出一种有关儿童画的建筑 POE 分析方法，并通过应用案例研究初步验证其可行性和有效性。

利用自然语言处理技术的新兴研究成果，探讨其在儿童建筑 POE 中应用的可行性，初步提出一种“儿童自由报告 + NLP”的 POE 研究方式，并结合案例研究，指出该技术在面向儿童群体的建筑 POE 中的具体研究方法与步骤。

1.4.2 研究过程、方法及技术支撑

（1）研究过程

本书按照自下而上的逻辑顺序，将整个研究划分三个阶段：第一个阶段主要通过撰写文献综述，对相关方法的理论基础作前置性论述；第二个阶段主要采用现场踏勘、问卷调查、访谈和行为观察等手段，全面地对儿童建筑 POE 进行前期调查，初步从前期研究中总结存在的主要问题，并对这些问题开展专项研究予以解决和讨论；第三个阶段是探索新的研究方法，通过借鉴儿童绘画心理学领域的研究方法及人工智能领域的自然语言处理技术，探讨该方法在面向儿童群体的建筑 POE 中应用的可行性。具体研究过程将在相应章节作介绍。

（2）研究方法

本书主要采用质化与量化相结合的研究方法，积极利用量化研究方法在数据处理方面的优势，同时也充分发挥质化研究方法在分析、归纳过程中的重要作用，两者互相佐证、互为补充。由于面向使用者的建筑 POE 所研究的主体对象是环境中的人，而不是物，关于人的研究与自然科学中关于物的研究存在着本质区别，它通常需要研究者置身于研究情景之中，运用多种调查方法去接近、体验和理解被研究者。因此，本课题着重综合地采用描述性统计方法进行数据处理，研究时更加强调数据源的收集、描述与解读过程，而并不过分追求所谓缜密的科学法则。

本书采用理论研究与应用案例研究相结合的策略，在各分项研究内容中，着重以实

证方式，通过穿插完整的建筑 POE 项目对相应方法的应用作进一步演绎和说明，目的是使相应方法具备更强的实操性和普适性。由于建筑 POE 属于多学科、综合化的研究门类，所涉及的理论、方法及技术纵横交错，研究目标和对象也千差万别，导致建筑 POE 方法研究在很多情况下难以通过应用案例加以严密推演或证明，特别是涉及质化分析的研究方法更是如此。因此，本书所采用的案例研究并不是以方法的严密验证为主要目的，而是从实践的角度强调相应方法的实际作用及具体过程，藉以实现方法理论与应用实践的相互印证与支撑。事实上，从方法应用的角度看，实证案例研究本身也属于方法研究的一部分。

本研究采用的具体研究方法如下：

①文献研究法。

②问卷调查、访谈、行为观察、数理统计等实证研究法。

③语义分析法。

④心理画及认知地图法。

⑤自然语言处理技术。

（3）技术支撑

本课题的难点在于面向的是儿童这一特殊群体，相关研究面临较大困难。但从数据获取的途径来看，儿童较易获取大量调研样本，这为本课题的实证研究提供了技术操作上的可行性。另外，华南理工大学亚热带建筑科学国家重点实验室和吴硕贤院士带领的建筑 POE 研究团队及其研究成果为本课题提供了技术、理论和方法上的有力支持，使本研究得以顺利开展。

1.4.3　研究架构及章节安排

本书以建筑 POE 方法针对儿童群体专门化的议题为统领，以源自儿童的建筑 POE 信息为线索，围绕儿童结构化问卷、儿童行为观察、儿童画及儿童自由报告等四个主要 POE 信息源来建构本书的主体结构。在逻辑层次上，由研究铺垫、重点问题探讨、方法拓展探索等三个具有递进层次关系的研究内容所构成。本书的横向组织结构及纵向逻辑层次如图 1–1 所示。

在章节安排方面，相关理论基础由第 1 章、第 2 章组成；第 3 章的主要目的是通过前期调查以揭示面向儿童群体的建筑 POE 研究中存在的突出问题，为后文的研究作出铺垫；第 4 章、第 5 章的任务是解决前期调查中发现的与儿童结构化问卷有关的两个突出问题——评价尺度问题及点赋值评价结果解读问题；第 6 章的任务是探讨前期调查中发现的有关儿童行为观察中存在的 POE 操作问题；第 7 章、第 8 章的目的是尝试从跨学科领域借鉴新的方法与技术，分别探讨如何有效、充分利用儿童画及儿童自由报告这两种 POE 信息源。

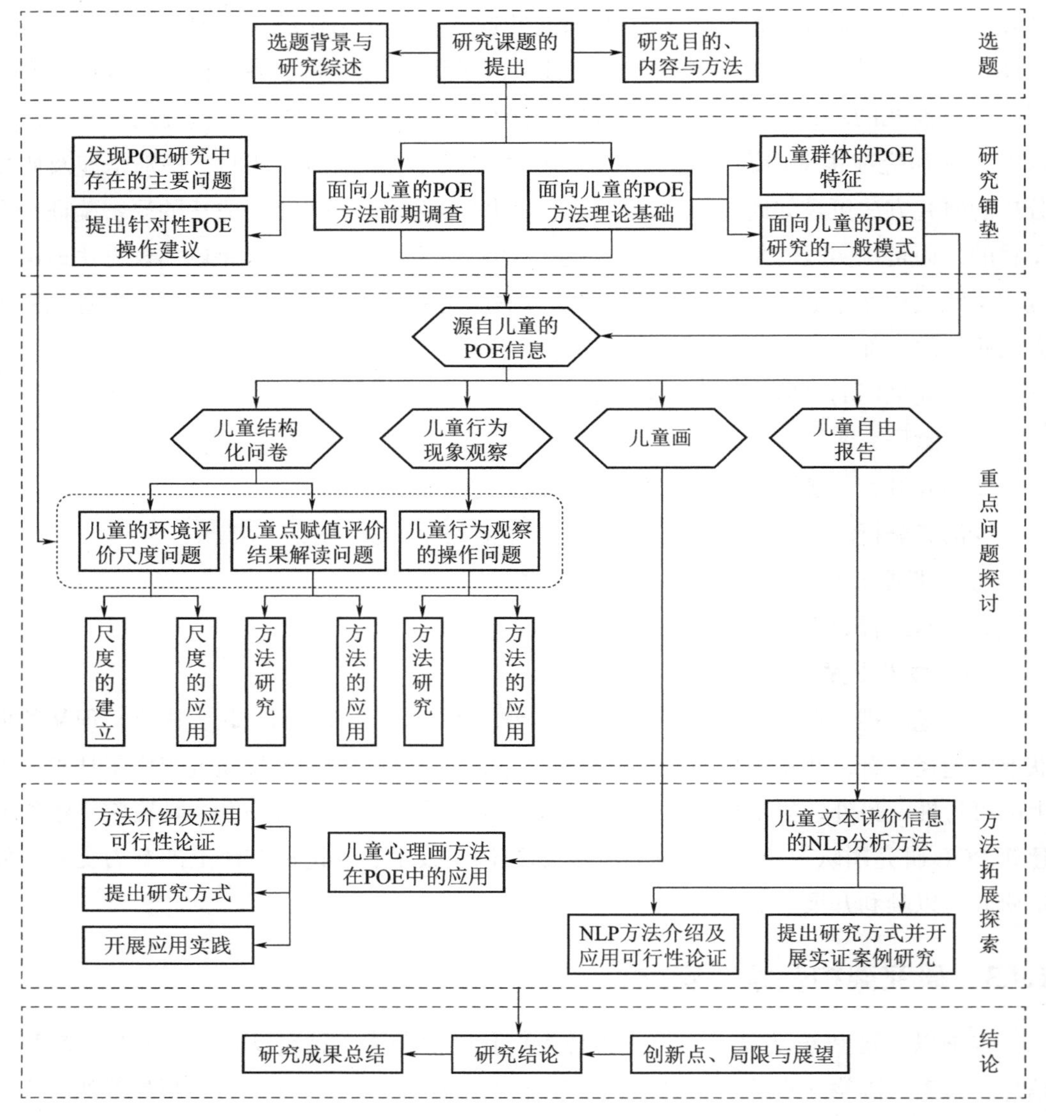

图 1–1　研究架构

本书四个主体研究部分对应各章节属于并列逻辑关系，其共同的研究宗旨都是探讨如何实现 POE 方法针对儿童群体专门化的途径。另外，需要特别指出，本书对相关方法的应用案例研究并未分成独立的章节进行撰写，而是将其贯穿于各部分的理论研究之中，目的是强化方法研究与应用研究之间的紧密关系，强调相应方法在具体研究项目中的实际作用和实践效果。

第 2 章
面向儿童的建筑 POE 方法理论基础

2.1 引言

面向使用者的建筑 POE 方法是指在建筑 POE 研究过程中，需要使用者直接参与或配合的建筑 POE 方法，如问卷调查法、行为观察法、认知地图法及试验心理学方法等。相对应地，不需要使用者直接参与的建筑 POE 方法可称之为面向建筑的建筑 POE 方法。作为一种设计反馈机制，面向使用者的建筑 POE 所研究的主要任务是通过收集人群对设计环境的使用及评价信息，并以此来检视使用者对环境的价值需求，从而衡量环境设计得失，为日后设计类似环境提供参考[81-83]。面向使用者的建筑 POE 是一种强调从使用者视角思考环境问题的建筑 POE，它是公众表达生活愿景的重要途径，也是设计师与环境使用者交流互动的主要桥梁，它在推动设计民主化进程中起到至关重要的作用。

在针对儿童群体的建筑 POE 方法分项研究之前，本章首先对建筑 POE 的类型进行划分，通过相关理论的梳理，对建筑 POE 主要研究儿童的什么方面，以及如何研究等基本问题作概要性的明确，为本书后续研究奠定必要的方法理论基础。

2.2 建筑 POE 的类型及特点

2.2.1 建筑 POE 类型的划分

建筑使用后评价有“主观—客观”“质化—量化”“专家—公众”等评价类型之分。由于建筑 POE 的研究内容越来越庞杂，其分类方式也形形色色，容易造成人们对诸如“满意度评价”“喜爱度评价”“舒适度评价”等理解上的混淆。为此，根据本书的研究需求，通过梳理和提炼前人的研究成果，以评价内容的性质为依据对建筑使用后评价进行系统性分类，将其划分为如下四个层面：技术评价、功能评价、舒适评价和意象评价。

（1）技术评价

技术评价是指建筑在使用过程中有关技术性的、效能性的检验，主要是根据现行规范、标准的一套客观指标来进行测量比对，从而检验建筑本身的运行状况。如工艺匹配、安全防火、通风采光、节能环保、生态智能等评价，都属于技术评价的范围。这部分的评价内容通常也称为使用后评估。它一般不依赖于使用者的参与，通常采用客观评价方法进行研究。

（2）功能评价

功能评价是用来检验建筑空间、场所、设施设备等人工环境满足人们各种使用需求的程度。它关心的是用起来好用不好用、用起来方便不方便、用起来满意不满意等问题。这里所指的功能是指使用者对建成环境的使用功能，包括居住、工作、生产、生活、休闲娱乐等。功能因素包括空间布局、功能分区、流线布置、特定建筑类型的专门化等。功能评价的范围很广，如使用功能满意度评价、空间满意度评价、环境满意度评价等都涉及功能评价。一方面，功能评价通过使用行为现象来反馈环境功能的契合程度，通过使用过程中的事故报告以及投诉等现象进行功能上的客观评价；另一方面，功能评价通过了解建成环境使用功能的满足程度而进行主观评价。

（3）舒适评价

舒适评价是指人的感官在环境作用下引起的与舒适性感受有关的心理反应。环境感觉品质评价、人体工学的尺度舒适性评价、视觉舒适性评价、声舒适度评价、热舒适评价、烦恼度评价等都属于舒适评价。这种评价是直接基于人的感官知觉所产生的评价。舒适评价大多数研究内容是研究客观物理量与主观感觉量之间的关系。

（4）意象评价

意象评价是指使用者对建筑、环境在记忆中的印象有关的评价，如喜爱度评价、愉悦度评价、情感评价、审美评价、社会历史性意象评价等，是对建筑产生的一种内在的、相对稳定的心理倾向，这种倾向是基于感官知觉但又超越感官知觉、依赖于主体内在经验和个性而形成的情感状态。

2.2.2 各建筑 POE 类型之间的关系

根据评价内容的性质，四个建筑 POE 层级具有较鲜明的特征和相对的独立性，但四者的划分并无绝对界限，也不是完全独立的评价维度，他们之间甚至有互相渗透、重叠和相关联的部分。四个建筑 POE 层级关系如图 2-1 所示。

四个建筑 POE 层级具有较明显的递进关系。技术评价和功能评价更多是以建筑为中心展开研究，更多地依赖于专家、采用量化和客观评价的方法，它们的研究内容与过程更多地根植于实证主义思想。从舒适评价到意象评价，上述研究性质则偏于相反。尤其是意象评价，它属于评价的“上层建筑”，其研究主要以使用者为中心，一般采用人

文的、质化的研究方法为主，它是纯粹的主观评价，从而决定其存在“脱实向虚”的研究取向。

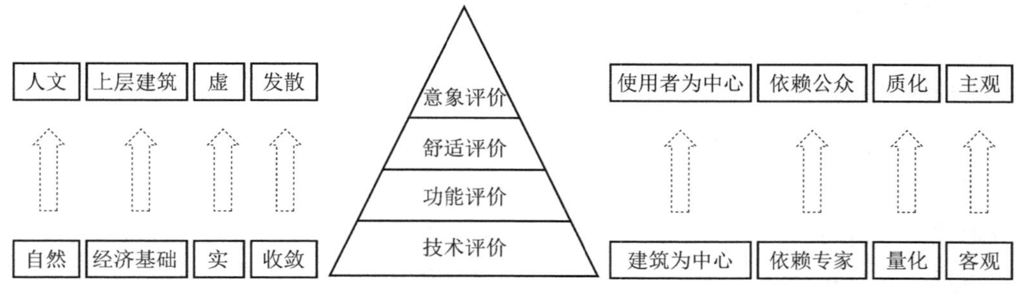

图 2-1　建筑 POE 层级关系

舒适评价和意象评价都是研究人的内在心理反应，区别是，前者是以感官为媒介的实时心理反应，后者是态度和情绪的再现。前者多依赖于感官，后者多依赖于经验和意识；前者强调即时反应，后者强调印象回忆。

2.3　与建筑 POE 有关的儿童特征

2.3.1　儿童表达 POE 信息的主要载体及形式

（1）儿童表达信息的载体

建筑 POE 反馈的研究离不开儿童的信息表达，即儿童以什么方式向我们传达建筑 POE 信息？根据儿童心理学，儿童向外界表达信息的载体可归纳为三种语言：

①声音语言，包括啼哭、笑、叫、说话等。

②书画语言，包括涂鸦、绘画、文字书写等。

③行为语言，包括生理反应、表情、肢体动作，宏观行为等。

建筑 POE 研究并不需要依靠上述全部语言进行信息交流。对于不同年龄段的人群，获取有关环境心理行为及主观评价信息的主要来源是有所差异的。对于学龄前儿童，由于其语言表达能力较弱，有关心理及行为的研究主要从涂鸦、生理反应、表情及肢体动作等方面获取研究信息。而对于成年人，相关研究则多从口头语言交流、文字语言交流、生理反应、宏观行为等方面获取研究信息。

与学龄前儿童和成年人有所不同，小学阶段的儿童由于其语言能力及知识结构的特殊性，他们表达建筑 POE 信息主要依赖于三种具体语言，即文字语言（包括口头和书面）、绘画语言和行为语言。这三种具体语言构成了研究儿童建筑 POE 方法的主要载体。其中，书面语言并不适用于低年级（一～三年级）儿童，因为低年级儿童的写作能力较弱。因此，对于低年级儿童，其主要依赖于绘画语言和行为语言以传递建筑 POE 信息。

（2）针对儿童的POE信息获取形式

在面向使用者的建筑POE研究中，使用者反馈的数据源是建筑POE研究的基本素材。这些数据源的获取形式包括：结构化问卷、访谈、有关使用者的档案资料搜集、文本形式的自由报告、宏观行为观察、有关心理行为的“刺激—反应”试验、绘画作品等。对于儿童群体，不同信息获取形式的适用性各有不同。事实上，在POE信息理解—表达方面，一～六年级儿童之间存在明显的差异，且这种差异是连续变化的。对于低年级儿童（一～三年级），由于他们基本不具备写作能力，因此有关文字表达的信息获取形式并不适用，例如需要填写文字的问卷形式、文字记载的档案资料搜集形式、自由报告形式等。针对低年级儿童，只能通过其他形式以扩充信息获取渠道，如儿童绘画形式、访谈形式、行为观察形式等，特别是绘画形式，它是儿童心理分析的主要途径之一。不论是低年级儿童还是高年级儿童，通过他们获取档案资料、组织他们在现场开展相关心理行为试验等方式都不太适用，其与面向成年人的建筑POE调研方式存在很多不同。关于具体调研方式的适用性问题，将在下一章作进一步探讨。

总结起来，针对儿童群体的建筑POE数据来源主要包括如下四大类：

①结构化问卷调查的数据源。包括自主填写的问卷、访谈辅助填写的问卷等。

②行为观察的数据源。包括宏观行为现象的观察、心理行为试验等。

③绘画心理分析的数据源。包括用于绘画心理学分析、认知图示分析等绘画素材。

④自由报告的数据源。包括以文本形式存在的访谈记录、开放式问卷收集的文本数据及其他渠道获取的文本评价数据。

这四类数据源即构成本书有关儿童群体建筑POE方法专门化研究的切入点。

2.3.2 儿童建筑POE反馈信息的特征及可靠性

（1）儿童建筑POE信息交流的特征

在面向儿童的建筑POE研究过程中，他们在建筑POE信息交流方面表现出以下几个较为明显的特征：

①在知识系统方面，相较于学龄前儿童，儿童对有关自身感受的建筑POE问题有较好的理解能力，但由于其知识结构及组成方面的局限，他们仍难以理解一些专业性较强的建筑POE概念。

②在语言表达方面，儿童具备较强的口头语言表达能力，能自如地表达内心真实想法。但由于识字量有限，尤其是低年级儿童，他们的书面文字表达能力较弱，而通过绘画来表达的能力则相对较强。

③在心理行为方面，与成年人不同，儿童的好奇心极强、心理稳定性较差、容易受外界因素的影响，这对建筑POE调研的交流配合以及具体操作造成了很多负面影响（另见3.3.1节及6.5.1节）。事实上，建筑POE调研交流亦对儿童产生非常明显的教育作用，他们通常不自觉地在建筑POE交流中进行学习，而这种即时学习的结果可能会

临时改变他们的认知，从而可能造成建筑 POE 反馈结果有所偏离。

（2）儿童建筑 POE 反馈信息的可靠性探讨

作为未成年人，儿童反馈的信息在可靠性方面往往备受质疑，如法律领域的儿童证词就不能作为有效的庭审证据。在针对儿童的建筑 POE 研究中也面临类似的困惑，但这并不意味着面向儿童的建筑 POE 研究就毫无意义。

首先，儿童具备一定自主意识，这种意识能在某种程度上反映儿童的心理需求，而这种需求正是建筑 POE 所关注的基本要素之一。其次，环境设计是多要素综合权衡的结果，建筑 POE 反馈信息仅仅是设计要素的一个方面，从儿童视角反馈的建筑 POE 结论不能完全决定环境设计，它只能作为一种辅助性的设计参考。再者，儿童反馈的信息是否可靠，不能一概而论，需根据建筑 POE 研究的具体问题进行具体分析。另外，根据"结构—人文"的研究观点，建筑 POE 应持开放、包容的态度，从多个角度来建构意义，这也许会出现不同的甚至是矛盾的反馈结果，但这些结果构成了我们对儿童使用者的全面理解。

2.4　儿童建筑 POE 研究的主要内容及一般模式

2.4.1　面向儿童的建筑 POE 研究什么——三种建筑 POE 反馈范式

建筑 POE 的核心任务就是反馈。如果我们把目光聚焦于儿童使用者，建筑 POE 的任务就是搭建"使用者—设计师"之间的反馈桥梁。换言之，设计师需要从儿童使用者的视角了解哪些有关建筑 POE 的信息以帮助其实现针对性设计，就对其进行相应反馈。其反馈内容不外乎包括如下三个核心问题：

（1）儿童如何认识和理解建成环境？

（2）儿童如何感受和评价建成环境？

（3）儿童如何使用建成环境？

正如 1.1.2 节研究背景所述，该三个问题是当前儿童环境设计师最为关心的主要问题。在克莱尔 • 库珀 • 马库斯等的著作中也指出人们如何感知、评价和使用空间在建筑 POE 中的重要作用[162]，朱小雷的研究中也提出了认知反馈及行为反馈的重要建筑 POE 范式[189]。事实上，这三个问题构成了面向使用主体的建筑 POE 研究的三个核心内容，即环境认知反馈、主观评价反馈和使用行为反馈。其反馈内容构成如图 2-2 所示。该三种建筑 POE 反馈形式中，前两者属于使用者心理层面的反馈，后者属于使用者行为层面的反馈。

认知反馈的建筑 POE 研究主要以认知地图、空间感知、认知距离、空间定向、表皮认知、公共意象等为研究内容，其研究方法有图示法、试验心理学法等，也有穿插一些主观评价方法。评价反馈研究的内容非常广泛，它主要包括使用者对建成环境的满意度评价、喜爱度评价、意象评价、综合评价、确定指标权重的主观评价等，其研究方法以问卷法为主。行为反馈主要研究的内容是建成环境的使用方式、使用者的环境行为等，其研究方法包括行为地图法、行为注记法、认知地图法等。

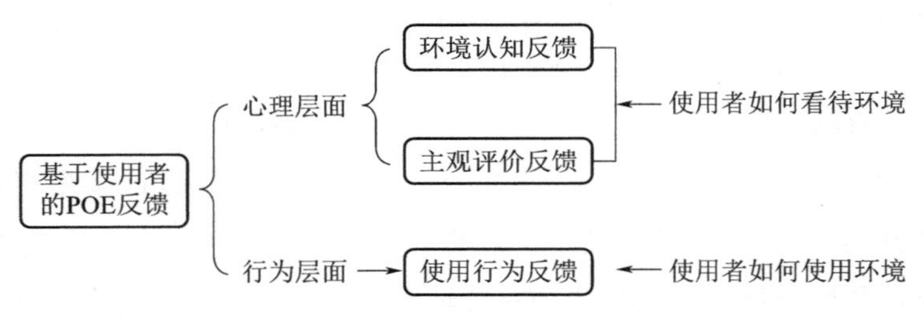

图 2-2　基于使用者的三种建筑 POE 反馈范式

认知反馈和评价反馈主要研究使用者如何看待环境，行为反馈主要研究使用者如何使用环境。认知反馈或行为反馈本身并不是一种直接评价方法，它是一种间接的评价方式，两者的研究结论一般难以直接给出具体的设计建议，其研究结论更多的意义是发挥其启发作用、参考作用。而评价反馈则能根据实际反馈结果直接给出某些设计改进建议，它关注的问题更加客观和具体。

事实上，面向儿童使用者的建筑 POE 研究内容与环境心理学和环境行为学有着紧密的联系，它们本质上都是在探讨人与环境之间的价值关系。

2.4.2　反馈的任务及地位

根据 2.2 节对建筑 POE 类型的划分，我们描绘了一个相对完整的建筑 POE 研究架构。事实上，基于儿童使用者的建筑 POE 过程是无法完成全部四个建筑 POE 层级的内容的。上述三种反馈形式在四个建筑 POE 层级（2.2 节）中有不同的研究地位，它们只能完成相应的研究任务。

第一，儿童的认知反馈难以反映建筑 POE 技术层面的问题，它主要立足于意象评价的研究层面。认知反馈的主要任务是研究儿童如何认识和理解环境，虽然它可以部分反映某些功能认知以及舒适性要素的感知状况，但它不能从具体的功能绩效以及环境舒适性设计问题进行直接、有效的使用反馈，它所能完成的研究任务较为有限。

第二，评价反馈在四个建筑 POE 层级中具有最为广泛和直接的研究作用，不管是功能评价、舒适评价还是意象评价，它们都不能完全脱离评价反馈的路径独立进行，可以说，从实现途径上看，它们是等同的概念。然而，作为儿童，他们对许多建筑的功能性概念或与建筑功能相关的专业知识并不能完全理解，换言之，建筑 POE 不能完全依赖儿童评价反馈来进行功能层面的评价研究。

第三，行为反馈在四个建筑 POE 层级中以研究功能评价为主。正如前文所述，儿童对环境功能概念的理解能力有限，功能评价层面的建筑 POE 仍然需要以行为反馈为主。另外，行为反馈能从某些侧面印证意象评价的研究结论，可以作为一种意象评价的

辅助手段，它在相应建筑 POE 层级中占有非常重要的研究地位。

第四，基于儿童使用者的各建筑 POE 反馈形式在不同建筑 POE 层面上表现出不同的研究任务和地位。综上论述，三种基于儿童的建筑 POE 反馈形式与四类建筑 POE 研究内容的大致关联程度如表 2–1 所示。

反馈形式与研究内容的大致关联程度　　表 2–1

评价	认知反馈	评价反馈	行为反馈
意象评价	强	中	弱
舒适评价	弱	强	弱
功能评价	弱	强	强
技术评价	无	无	无

2.4.3　反馈模式的结构组成

（1）基于儿童的建筑 POE 反馈的出发点

以往建筑 POE 反馈的模式大多是围绕建筑本身为中心开展研究，都是针对建成环境的某一部分或某一方面进行调查反馈，如通过客观物理环境的测量进行设计效能反馈，如以绿色校园标准进行绿色建筑评价反馈等。这种反馈模式重点关注建筑设计问题或建筑运行效能的本身，它是站在“第三人称”的立场进行评价反馈的。而基于儿童群体的建筑 POE 反馈模式主要以“第一人称”形式探讨其对建成环境产生的心理行为现象。它是一种以使用者为研究出发点的建筑 POE 反馈模式。

该反馈模式指向的是主体的“生活世界”，因此反馈的研究路径必然是以现场实证研究为主，而不是完全基于的某种纯粹的理论思辨。该模式不同于预设评价指标的评价体系，它是一个发展变化、多元开放的反馈体系。其研究思想既重视“大多数”或“平均人”的概念，又强调主体的个性化。

（2）儿童建筑 POE 反馈模式的组成及结构

通过上述理论研究的铺垫，在此基础上建立一个基于儿童的、相对系统化的研究架构。该架构分为四个子模块，即对象描述模块、形式方法模块、理论分析模块、反馈数据库模块。模块组成结构如图 2–3 所示。

对象描述模块是指建筑 POE 研究时确定的研究对象，包括客观环境对象，使用主体对象，以及两者的基本使用关系状况等。这一模块的研究任务较为简单，只需进行相应的客观现象描述即可。

形式方法模块即指 2.4.1 节中的三种反馈形式：认知反馈形式、评价反馈形式、行为反馈形式。各形式中包括相应的具体方法，如认知地图法、语义分析法等，这些方法可以是多元化的、综合性的。

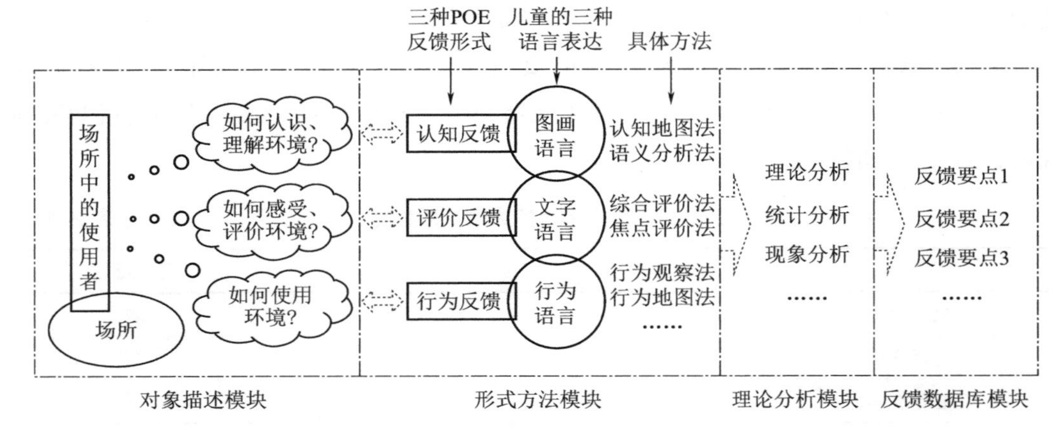

图 2-3 模块组成结构

理论分析模块是在确定研究形式和方法之后，结合相关理论进行实证分析的一个研究环节。这一部分的研究以科学实证的方法为主，采用量化与质化相结合的分析方法，进而得出要点性的反馈信息。

反馈数据库模块是通过三种反馈形式和途径所获取的、对设计师有直接参考意义的反馈信息要点的集合。由于环境设计是一个多要素相互权衡、协调的过程，基于使用者的 POE 反馈结论仅仅是其参考要素之一，很难仅仅依靠使用者的反馈结论就能给出具体的优化设计建议，因此，POE 反馈数据库更多的价值是在于提供设计参考依据，而不完全是提供具体设计建议。反馈数据库是一个开放的“盒子”，它需要通过不断的案例研究进行充实和丰富。

2.4.4 一般研究流程

本反馈模式的研究程序是对应上述四个模块的组成结构来进行的，其操作流程也符合四个模块的递进顺序，其一般操作流程如下：

认知反馈流程：主体与客体的实态描述——确定具体方法（方法优先原则）——结合相关理论进行多角度解读——达成反馈数据库的充实。

评价反馈和行为反馈流程：主体与客体的实态描述——确定研究目标（目标优先原则）和具体方法——进行量化、质化分析——达成反馈数据库的充实。

由于认知反馈研究结论可能偏于不确定性或“发散”性，它较难指向于某个预设的研究目标来展开研究证明，因此它更适合采用“方法优先原则”，这意味着这种研究形式可能会达成意想不到的研究成果。

2.5 本章小结

为探讨儿童建筑 POE 的主要研究任务，本章首先根据建筑 POE 研究内容的性质对

建筑 POE 类型进行划分，并阐述各建筑 POE 类型的研究特点及相互之间的关系；通过与建筑 POE 有关的儿童特征的分析，指出儿童传达建筑 POE 信息的主要载体及形式，并探讨儿童建筑 POE 反馈信息的可靠性及研究价值；最后对儿童建筑 POE 研究的一般模式进行系统性阐述，提出儿童建筑 POE 反馈的三种基本形式，分析其反馈任务及研究地位，以此建立起一种儿童建筑 POE 研究的基本架构，并指出该建筑 POE 模式的一般操作流程。

本章主要对儿童建筑 POE 方法的研究语境作相关阐释。通过理论分析，初步阐明儿童建筑 POE 的主要研究内容及研究方式（即研究儿童的什么方面以及如何研究），为后续分项方法研究作必要的理论铺垫。

第 3 章
面向儿童的建筑 POE 方法前期调查

3.1 引言

在针对儿童群体的建筑 POE 研究中，传统建筑 POE 方法可能存在适用性、可靠性等问题。作为未成年人，儿童在生理和心理两方面都处于快速发育和成长阶段，在需要他们参与、配合的建筑 POE 过程中，他们对调研问题的理解和表达存在一定局限，他们在面对建筑 POE 调研时的心理行为特征与成年人有较大不同，这给相应的建筑 POE 工作带来了较大的研究障碍。

具体而言，在针对儿童群体的建筑 POE 研究中到底存在哪些突出问题？以及我们该如何应对？——这些都需要通过实地调查才能加以明确。只有通过广泛的前期调查才能发现具体问题，从而为解决这些问题提供必要的研究素材。

3.2 针对儿童的建筑 POE 前期调查概述

3.2.1 调查内容与目的

（1）调查内容

针对儿童作有关建筑 POE 方法的前期调查，调查内容包括两个部分：

①试探性调查：采用多种形式，针对儿童建筑 POE 调研中可能存在的突出问题作广泛的试探性调查。

②问卷可靠性初步调查：针对儿童问卷可靠性作初步的实证调查与分析。

（2）调查目的

本部分采用“发现问题——分析问题——解决问题”的经典思路进行实地调查研究。一方面，结合大量面向儿童的建筑 POE 调研实践经验，通过现场走访及问卷初步分析，总结在面向儿童的建筑 POE 研究过程中所遇到的突出问题，分析问题形成的原

因，探讨常规建筑 POE 方法在面向儿童时的适用性和优缺点，并以此给出相应的建筑 POE 方法改进建议；另一方面，通过问卷信度的实证调查，初步探讨儿童建筑 POE 问卷的可靠性，从而提出相应的建筑 POE 建议。

3.2.2　调查对象

调研对象选取原则：具有广泛的代表性，包括四省区 14 所小学，样本中包括城市普通小学、乡镇小学和乡村小学。学校主要建成时期包括三个时代，即 20 世纪末、21 世纪初和 2010 年后建成的学校。

调研学校名单、概况及调研学校的现场概况如表 3–1、表 3–2 所示。

调研学校名单及概况　　表 3–1

区域	学校	概况	合计
广东省	湛江市第八小学（老校区）	城市小学，广东省一级学校，主要建造年代为 20 世纪 90 年代，占地面积小，环境设施老旧，学生多，比较拥挤	城市小学 9 所，乡镇小学 1 所，乡村小学 4 所；20 世纪末建成（主体建成）的 5 所，21 世纪初建成的 5 所，2010 年后最新建成的 4 所
福建省	福清市高山镇西江小学	村小，2013 年建设完成，环境设施比较完善，学生较少	
	福清市石门小学	城市小学，建于 2013 年，建筑环境较新，教学设施较为先进	
广西壮族自治区	南宁市天桃实验学校（荣和校区）	城市小学，2011 年建成投入使用，是推行新教改的示范性小学，环境设施等较为先进	
	柳州市景行小学	城市小学，建于 2003 年	
	桂林窑头中心校	城市郊区村小，21 世纪初建成（信息源于教师）	
	桂林市李家小学	城市郊区村小，20 世纪 90 年代建成（信息源于教师）	
贵州省	遵义市朝阳小学	城市小学，主楼建于 2000 年左右，位于城市中心地段，平均班额 70 多人	
	仁怀市实验小学	城市小学，2003 年建成投入使用，是“新课标”等新型教学改革推行的示范性学校，平均班额 57 人	
	仁怀市中枢一小	城市小学，建于 20 世纪 80 年代，教学楼老旧，至今仍在进行环境改建	
	仁怀市中枢三小	城市小学，建于 20 世纪 90 年代，综合楼于 2013 年进行扩建完成	
	仁怀市城南小学	2016 年一期建设基本完成，现有 90 个教学班，学生 4000 多人，是调研学校中规模最大、环境最新的小学	
	仁怀市三合一小	乡镇小学，主教楼建于 20 世纪 90 年代，2017 年增建综合楼尚未投入使用	
	仁怀市安居小学	乡村小学，建于 2003 年，6 个教学班，规模较小，设施较落后	

调研学校的现场概况　　表 3–2

学校	局部环境	学校	局部环境
湛江市第八小学（老校区）		福清市高山镇西江小学	
福清市石门小学		柳州市景行小学	
南宁天桃实验学校		桂林窑头中心校	
桂林市李家小学		仁怀市中枢一小	
仁怀市实验小学		仁怀市三合一小	

续表

学校	局部环境	学校	局部环境
仁怀市 安居小学		仁怀市 城南小学	
仁怀市 中枢三小			

3.2.3　调查过程及方法

（1）关于第一部分调查内容（试探性调查）

主要采取现场勘查、问卷调查及访谈等三种形式进行。

首先通过现场勘查，主要了解学校基本情况以及儿童对小学建成环境的使用概况，以选出具有代表性的研究客体。另外，通过现场调查，了解与儿童建筑 POE 问卷调查互动时儿童的反应及行为特征，从而总结出勘查过程中出现的具体问题。

然后，通过 6 份常规环境评价（物理环境舒适度、使用功能满意度等）探索性问卷的发放、回收与分析，了解问卷方法在面向儿童的建筑 POE 操作过程中存在的问题，有针对性地提出建筑 POE 操作建议并对重点问题采取进一步研究。问卷见附录—问卷 1～6。

根据上述问卷中的 5 个开放性环境评价自由报告，再次选择个别学校对儿童进行面对面的试探性访谈，对比问卷自由报告和面对面访谈的建筑 POE 效果的差异，总结出两种方法在操作过程中的优缺点，建议性地提出问卷自由报告和面对面访谈操作过程中的注意事项。

（2）关于第二部分调查内容（问卷可靠性初步调查）

①评价者选择：在调研学校中选取某小学三～六年级各一个班级的学生填写同一份问卷，同时该校教师也填写同一份问卷。评价者样本分布为：三年级 51 人，四年级 47 人，五年级 45 人，六年级 48 人，教师 35 人。

②问卷设置：问卷设置 6 个常见的建成环境主观评价项目。评价问题设置原则如

下：第一，设置的问题具有恒常性，本身基本不受时间、天气、环境等变化的影响，以免重复测量时受非受试者因素的影响。第二，问卷设置内容具有普遍性和代表性，问卷中包括常用的语义量词和量级。问卷详情见附录—问卷 9。

③操作过程：采用重测信度检验方法进行调查分析。重测间隔时间不宜过长也不宜过短，太长则有可能导致被测试者的特征随时间发生改变，太短则有可能受上一次问卷填写的影响，使得重复测量结果不一定能真实反映研究对象的特征，重测间隔时间一般 2～4 周为宜。本次重复测量选择间隔 2 周进行。第二次测量时问卷内容的顺序打乱后再进行填写。问卷填写方式为儿童自主填写。

3.3 基于实地调查的儿童建筑 POE 问题及优势总结

3.3.1 建筑 POE 问卷的操作性及可靠性问题

（1）儿童问卷的操作性问题

建筑 POE 问卷包括访谈问卷和自主填写的问卷。根据前期调查结果，对传统建筑 POE 方法在针对儿童时存在的操作难度及问题总结如下：

①访谈的可操作性问题

访谈一般分为小组访谈和个别访谈，小组访谈的优点是组员之间可以互动，访谈效率较高。在几次小组访谈的初步调查中发现，儿童的小组访谈与成年人小组访谈有很大不同，他们的自主性较弱，容易出现“异口同声”的现象，组员回答时相互影响较大，导致建筑 POE 访谈结果不尽真实。一对一的访谈能克服以上弱点，但效率较低，获取大样本时需要巨大的调研工作量，且在一对一访谈调研中发现，部分儿童容易产生紧张情绪，不利于真实数据的搜集。

②问卷收集数据的可操作性问题

通过若干所小学的大量实地调研，汇总各年级儿童问卷的具体操作情况，如表 3-3 所示。总结儿童问卷的可操作性问题，其主要表现在如下三个方面：

首先，低年级儿童基本无自主填写问卷的能力。这给建筑 POE 提出一个问题：到底从几年级开始可以采用自主填写问卷方法?

其次，高年级儿童虽然可以自主填写问卷，但他们对专业性问卷的理解能力有限。这使我们不得不思考：如何设置问卷才能保证儿童易于理解?

最后，集体问卷辅助填写容易带来干扰。辅助填写不仅课堂秩序难以维持、解释操作缓慢，更严重的是个别辅助问答会促使周围其他学生跟着某个学生的回答进行“抄袭”，且发生这种“抄袭”现象较为普遍，这显然会导致访谈问卷结果失真，面对这种情况该如何进行应对?

各年级问卷操作情况　　表 3-3

年级	集体问卷填写的特点
一年级	1. 几乎无自主填写问卷的可能； 2. 只能以单个访谈形式进行，调查者自行填写
二年级	1. 难以维持课堂秩序； 2. 只能在逐个题目解释的形式下进行问卷填写； 3. 对辅助解释理解显得困难，只能完成简单问题； 4. 操作较为缓慢，一节课大概能完成 10～20 题； 5. 与个别学生的问答会影响周围学生的问卷填写； 6. 回收问卷有效率低
三年级	1. 有一定的课堂自律性； 2. 仍只能逐个问题进行指导填写； 3. 对简单的口头解释有较好的理解； 4. 操作相对缓慢
四年级	1. 能按要求进行自主问卷填写； 2. 需现场指导讲解，可不必逐一问题进行解释
五年级 六年级	1. 能按要求进行自主问卷填写； 2. 可以发放后不监督，按时回收问卷

（2）儿童问卷的可靠性问题

在前期试探性问卷调查的初步统计分析中发现，个别儿童问卷的重测一致性较差，甚至有不少中年级儿童的重测一致性系数低于 0.5（如表 3-4 所示，结果来自附录一问卷 8 评价项目 1～8）。这提出了一个疑问，即儿童对建成环境评价问卷是否存在信度和效度普遍偏低的现象？

由于儿童的心理状态存在相对不稳定性，在评价态度和调查配合度方面与成年人有很大不同，这很可能造成测量结果也有较大的不稳定性，从而导致问卷信度过低，使其成为无效问卷。因此，通过调查揭示儿童环境评价问卷的信度特征、排除信度过低所造成的不利影响，是确保儿童问卷可靠性的必要条件。

儿童问卷重测一致性系数　　表 3-4

项目	三年级	四年级	五年级	六年级
评价项目 1	0.51	0.61	0.69	0.69
评价项目 2	0.45	0.48	0.59	0.63
评价项目 3	0.56	0.63	0.63	0.70
评价项目 4	0.71	0.67	0.73	0.75
评价项目 5	0.60	0.66	0.68	0.74
评价项目 6	0.61	0.63	0.65	0.64
评价项目 7	0.74	0.72	0.75	0.70
评价项目 8	0.62	0.53	0.57	0.57

3.3.2 建成环境的评价尺度问题

在前期调查中，一项有关儿童对评价语义量词理解的初步访谈中发现，35 名儿童中仅有 54% 的儿童认为“相当”一词的强烈程度高于“非常”一词，也就是说，这两个评价语义量词在儿童看来，其强烈程度的差异并不明显。但在传统的 5 级环境评价尺度中，两个评价语义量词却分别代表着两个不同强度的评价等级。这说明，儿童对评价语义量词的理解与成年人可能存在偏差。

这一现象衍生出建筑 POE 评价尺度理论方面的两个基本问题：

（1）儿童环境评价适合选用什么样的评价语义量词体系，才能满足评价尺度等级相对等距的原则？即评价语义量词等级的相对线性关系问题。在任何主观评价过程中，不管采用 7 级还是 5 级评价，我们都希望评价词量级之间保持相对较好的等距线性尺度关系，这样才能保证评价结果的准确性和科学性。虽然建筑 POE 研究者们采用常规量级进行评价无可厚非，但对于儿童而言，他们的心理尺度和对评价语义量词的理解有可能与成年人存在较大的不同，因此，如何建立与儿童相适应的、相对线性的评价尺度是面对儿童开展建成环境评价的一个基础性问题。

（2）评价尺度标准的统一问题。如果不采用统一的评价尺度标准，显然会妨碍不同研究结果之间的比较和借鉴。儿童对建成环境的主观评价同样面临这一问题，因此，首先解决这一尺度问题，才能促进今后类似研究的相互融合。

对于上述问题，本书将在第 4 章展开专门性的研究加以解决。

3.3.3 点赋值评价结果的解读问题

在儿童问卷的前期研究中多次发现，儿童点赋值（百分制）评价结果与区间赋值（等级评价）评价结果之间存在较大的差异。如对某一环境评价对象，采用点赋值时显示为正面评价，采用区间赋值时则显示为负面评价。在采用点赋值评价时，儿童的评价结果往往偏于高分段分布，区分度很小。也就是说，儿童的点赋值和区间赋值评价结果可能存在明显的差异性。

上述现象其实就是一个点赋值和区间赋值评价结果的匹配关系问题。点赋值的优势就是更加精确，分值评价结果不存在统一标准障碍，可以进行横向比较。点赋值虽然在数值上是线性的，但反映的心理尺度不一定是线性关系。因此，只有弄清这两者的差异问题和匹配关系，才能准确地解读儿童点赋值评价结果所反映的相对心理尺度。

针对这一问题，本书将在第 5 章开展深入研究予以解决。

3.3.4 行为观察法的操作问题

在多所小学的初步调研中发现，儿童的好奇心和戒备心都极强，当一个陌生观察者手持记录设备在学校里进入他们的视线时，他们的自主行为就会立即发生改变。在调研

过程中发现这样一个现象：即进行介入性观察时，特别是在室外环境中，高年级学生一般会躲避"被观察"；而低年级学生一般会因为好奇而上前围观。因此，介入性行为观察法获取的环境行为信息会在很大程度上偏离本来的自然状态（图 3–1）。

图 3–1　观察者闯入后的情形

调取监控或设置隐蔽观察点进行非介入性观察能有效克服这一缺陷，但相应地也存在若干自身的缺陷。首先是监控录像覆盖区域不够理想，且监控录像一般没有录音，录像距离较远，难以获取儿童的行为细节。再者，某些场所不便单独架设隐蔽的录像设备。另外，行为观察法的工作量大，时间成本高，统一不同观察员的记录口径和标准较难，很大程度上依靠观察员的学术道德来保障研究的信度和效度。

上述现象引出一个建筑 POE 问题，即如何采用与儿童相适应的行为观察法进行环境行为研究？这需要作进一步、针对性的讨论予以明确。针对这一问题，本书将在第 6 章作专门探讨。

3.3.5　建筑 POE 数据源的优势

在本书（2.3.1 节）理论基础研究中指出，面向儿童的主要建筑 POE 数据来源包括四大类，即结构化问卷调查的数据源、行为观察的数据源、绘画心理分析的数据源、自由报告的数据源等。其中，用于心理分析的儿童绘画资源和自由报告形式的文本评价信息是面向该群体的最具优势的建筑 POE 数据源。

作为儿童表达内心世界的主要方式，儿童画是研究儿童心理现象最直接和有效的途径之一。由于儿童画自身的特征，它在研究有关儿童认知、情感、人格等方面具有巨大优势。事实上，成年人绘画作品反而不具备这种优势。由于成年人受后天因素的影响，其绘画作品难与自身建立明确的心理联系，使其难以用于心理分析。因此，相对成年人，儿童绘画资源成为研究该群体特有的优势之一。尤其在问卷法难以操作的情况下，儿童画成为我们探究其环境心理的重要窗口。况且，儿童具有喜爱绘画的特点，其数据源的获取具有较高的可操作性。若能充分利用这一优势，面向儿童的建筑 POE 研究将获益匪浅。关于建筑 POE 如何利用儿童画，本书将在第 7 章作深入探讨。

另一方面，自由报告也是面向儿童群体的建筑 POE 数据源优势之一。通过类似命题作文形式，以儿童熟悉的方式，很容易获取大量文本评价数据。加之儿童心理稚拙性的特点，其自由报告内容更有利于情感、认知等方面的分析。由于自由报告特有的研究优势，它能有效弥补结构化问卷研究的诸多缺陷。事实上，面向成年人的建筑 POE 调研中，让成年人撰写有关环境评价的自由报告是不太现实的，在操作上难以实现。因此，充分利用儿童自由报告数据源的优势，才能最大限度发挥建筑 POE 研究的积极作用。有关儿童自由报告的 POE 分析与利用，本书将在第 8 章作深入探讨。

3.4 儿童建筑 POE 问卷可靠性初步调查与分析

3.4.1 问题的提出

可靠的问卷数据是获得科学研究结论的基础，尤其是做定量分析的结构化问卷数据。对于主观评价数据，它的可靠性首先取决于问卷的评价者可信度（Scorer Reliability）。评价者可信度包括评价者间信度和评价者内信度。其中，评价者内信度是度量同一调查者在不同场合下（如不同时间、地点等）的评价稳定性。这种稳定性主要取决于评价者自身的因素。如果评价者对问卷问题的理解和填写态度存在问题，或主观评价心理存在较大不稳定性，就有可能会造成“乱填”的现象，那么所搜集到的评价数据就可能不可靠。对于儿童建筑 POE 问卷，评价者内信度是检验其可靠性的主要依据之一。

在针对儿童的建筑 POE 前期调查中发现，一些评价项目在作同条件重复性研究时，两次研究结论明显不同，对于一些基本不受环境和时间变化的评价项目也是如此。这种现象是否具有普遍性？这一现象在儿童和成年人中是否存在差异？带着这些问题，对儿童问卷评价者可信度作初步调查分析，对比各年级儿童之间、儿童与成年人（教师）之间的评价差异，分析其造成信度差异的原因，并在此基础上提出相应的调研建议，为针对儿童的建筑 POE 提供方法上的支持，以便在问卷设计方面能有更合理的把握。

3.4.2 调查分析方法

评价者内信度通常采用 Kappa（下文简称 k 值）统计量进行统计分析。k 值可用于比较评价者前后两次评价结果的稳定性，它可以用于描述由评价者的因素所造成的概率性评价误差。k 值计算过程如下：

前后两次（重测）评价数据按表 3–5 进行统计。

重测统计表　　表 3–5

评价		评价 Ⅱ				
		1	2	…	x	合计
评价 Ⅰ	1	P_{11}	P_{12}	…	P_{1x}	R_1
	2	P_{21}	P_{22}	…	P_{2x}	R_2
		…	…	…	…	…
	x	P_{x1}	P_{x2}	…	P_{xx}	R_x
	合计	S_1	S_2	…	S_x	1

表中，x 为评价语义量词的量级。

P_{ij} 为前后两次相应评价量级所对应的评价比例。

观察一致率 $P_o=\sum_{i=1}^{x}P_{ii}$。

期望一致率 $P_e=\sum_{i=1}^{x}(R_iS_i)$ 。

$k=(P_o-P_e)/(1-P_e)$。

Landis J R 和 Koch G G 将 k 值的大小划分为六个区段，即 k 值小于 0：极差；0～0.2：微弱；0.21～0.4：弱；0.41～0.6：中度；0.61～0.8：显著；0.81～1：极佳[104]。

本调查即采用此区间划分的 k 值来衡量儿童问卷的可靠性。

3.4.3　数据处理过程及结果

首先，将回收的 226 对（前后两次）重测问卷作“去噪”处理，对不完整的问卷、明显奇异的问卷予以剔除，再剔除前后两次不能配对的问卷，最终得到有效问卷：三年级 45 对、四年级 41 对、五年级 33 对、六年级 37 对、教师 30 对。回收问卷有效率为 82%。由于本次调查仅用于问卷本身的可靠性分析，奇异的评价数据本身就反映这种可靠性的高低，因此不必根据奇异评价数据作进一步问卷剔除。

统计每个年级、每个评价项目的重测评价结果。例如三年级的 45 份问卷中，第一个评价项目的重测统计结果如表 3–6 所示，表中第一行第一列的数据“0.44”即表示：第一次和第二次评价都填“满意”的人数比例为 44%；表中第一行第二列的数据“0.18”则表示：第一次填满意，而同条件重测时却填不满意的人数比例为 18%。也就是说，约 27%（0.18 + 0.09）的人前后两次填写的答案不一致，即观察一致率为 73%。

重测统计　　表 3–6

评价		评价 Ⅱ		
		满意	不满意	合计
评价 Ⅰ	满意	0.44	0.18	0.62
	不满意	0.09	0.29	0.38
	合计	0.53	0.47	1.00

根据表 3–6 的数据，按照上一节所述 k 值计算方法，可得：

$P_o = 0.44 + 0.29 = 0.73$

$P_e = 0.53 \times 0.62 + 0.47 \times 0.38 = 0.51$

$k = (0.73-0.51)/(1-0.51) = 0.45$

该 k 值说明，三年级儿童对该评价项目的评价结果具有中度可靠性（0.41～0.6）。同理，逐一计算各年级儿童、教师对应评价项目的 k 值，其结果如表 3–7 所示。

k 值结果 表 3–7

项目	三年级	四年级	五年级	六年级	教师	三～六年级总平均值
项目 1	0.45	0.54	0.61	0.60	0.72	0.55
项目 2	0.40	0.42	0.52	0.55	0.63	0.47
项目 3	0.38	0.43	0.43	0.50	0.61	0.44
项目 4	0.41	0.51	0.47	0.55	0.66	0.49
项目 5	0.50	0.67	0.68	0.76	0.73	0.65
项目 6	0.31	0.40	0.45	0.44	0.58	0.40

3.4.4 调查结论与讨论

（1）结论

按照 3.4.2 节所述分析方法，根据表 3–7 中的数据处理结果，可以从两个方面进行分析解读：一方面是不同评价主体对 k 值的影响，另一方面是不同评价项目对 k 值的影响。通过分析两个方面的数据规律，归纳出如下几条主要结论：

①儿童问卷的 k 值平均值总体上低于教师。虽然 k 值的大小受不同问卷评价项目的影响，但在相同评价项目条件下，儿童问卷的重测可信度总体低于教师。对应以上 6 个常见的评价项目，三～六年级儿童问卷的评价者内信度平均水平处于中度稳定（0.41～0.6）；成年人（教师）问卷的评价者内信度平均水平处于显著稳定（0.61～0.8）。年级越低，k 值平均值总体上越小。通过教师组 k 值与儿童组 k 值（表 3–7 最后两列数据）的均值检验发现（检验结果见表 3–8），两者具有显著性差异（$p<0.05$）。换言之，相较于教师，儿童问卷更容易造成概率性评价误差。

教师组与学生组 k 值均值差异显著性检验 表 3–8

研究对象	成对差分					t	df	Sig.（双侧）
	均值	标准差	均值的标准误	差分的 95% 置信区间				
				下限	上限			
教师组 – 学生组	0.15500	0.03728	0.01522	0.11587	0.19413	10.184	5	0.000

②不同评价项目对 k 值的影响较大。根据表 3–7 研究结果发现，评价偏于主观倾向性的项目（如项目 6、项目 3）时 k 值偏小；对于评价量级小、评价偏于客观状态描述的项目（如项目 1、项目 5）时 k 值偏大。同样采用以上方法进行均值检验发现，项目 6 与项目 1、项目 6 与项目 3、项目 5 与项目 1、项目 5 与项目 3 之间的 k 值均值具有显著性差异，说明不同评价项目对 k 值的影响较大。

③三年级儿童部分评价项目的 k 值相对过低，评价者内信度水平处于弱稳定性。一般认为，k 值低于 0.4 时可判定问卷无效。根据表 3–7 的结果可以判定，项目 3 和项目 6 的问卷结果并不可靠。

（2）讨论

以上调查结果进一步验证了儿童重测评价相对不稳定的现象。儿童问卷的信度普遍低于成年人。这一现象可能是儿童自身因素所造成的，作为儿童这一特殊群体，他们在问卷理解、问卷填写态度、主观评价的心理稳定性等都与成年人有所不同，从而更容易造成问卷的测量误差。

问卷问题的设置也是影响问卷重测可信度的一大因素，上述研究仅有 6 个常见问题类型，样本量较少，还不完全说明什么样的问题形式更容易造成问卷信度过低。通常情况下，评价选项越多、问卷问题主观差异性越大、问卷答案越容易产生判断不确定性的选项，就越可能产生低信度问题。因此，在针对儿童问卷研究时，研究者应当把这一影响因素考虑在内，在下定结论之前应当加以明确。

3.5　基于前期调查的儿童建筑 POE 方法建议

对于前期调查中总结出的第一个问题，笔者采取综合分析方法，结合长期调研实践经验，直接提出相应的方法建议；对于后面三个问题，由于所涉内容较多，需进一步开展专项研究予以解决（另见第 4 章～第 6 章）。

通过对第一个问题（即儿童建筑 POE 问卷的操作性及可靠性问题）的分析，提出以下几点具体改进建议和针对性措施：

3.5.1　访谈的操作建议

（1）开放式问题宜以访谈为主，问卷形式为辅。在四～六年级独立填写的大量问卷回收过程中发现，开放式问题的有效填写比率非常低，“答非所问”的现象很普遍。造成这一现象有以下两个主要原因：一是儿童对开放式的问题理解和文字表达存在一定难度，二是无人强制监督时儿童填写积极性不高，尤其是填写内容较多时，问卷“空白率”较高。但是相同问题如果采用面对面的访谈形式，不仅学生口头表达更加通畅、积极，回答的内容也更加贴近学生的实际心理状态。因此，开放式问题采用访谈为主，辅以问卷形式，会收到很好的问卷效果。

（2）面向儿童访谈时，2～3 人的小组访谈最为合适。在访谈中发现儿童的心理与情绪容易受同伴的影响，独立性、自主性较弱。小组访谈虽然有加快样本搜集速度的优点，小组成员之间能实时产生必要的互动，但小组成员较多时，不仅秩序难以维持，而且他们回答问题时会受到互相影响。而“一对一”访谈可以克服这种影响，但其缺点是搜集速度较慢，更重要的是“一对一”访谈时，一些儿童会显得情绪紧张，这可能影响访谈效果。因此，2～3 人的小组访谈形式较为适合儿童，在实际调研实践中，其效果也是相对好的。

3.5.2 问卷的简化及“翻译”建议

儿童自主填写的问卷应当进行适当“翻译”，使之简化为儿童容易理解的内容。对每一份事先设计好的问卷，其“翻译”步骤如下：

（1）问卷形式转化

表格式的评价问卷应当转化为单个题型（图 3-2）。虽然表格式的问卷形式简洁，但儿童更容易理解单个题型的问卷形式。

单次问卷内容不宜过多，一般不超过一张 A4 纸为宜。答题时间宜在半小时以内，时间太长时儿童的注意力难以持续集中。选项中的评价语义量词和评价词不宜分开在题干和选项中，如“非常满意”“很舒适”等应当作为一个整体出现在选项中，以便儿童更容易理解。

（2）句式和专业术语简化

问卷题目的句式应当尽可能采用简单句，避免采用长难句。专业术语应当替换为便于儿童理解的词句，同时保证最大限度地接近原有意义，如“庭院”替换为“院子”，“语言清晰度”转化为“你是否听得清”等。对于一些难以替换的术语，如教室“物理环境”评价，则应分解为教室的“冷热、噪声、通风、照明等综合情况”。

（3）字词的选用与校验

将问卷中可能超纲的字词一一列出，通过《人教版小学语文字词教学大纲》等文件进行校验，校验以“就低不就高”的原则进行，如四～六年级的问卷，应以四年级的识字量为准，校验后对超纲字词尽可能进行转化。根据小学语文教师的教学经验，儿童识字量一般会超出教学大纲，因此问卷中不可避免出现个别超纲字词是可行的，但此时应由富有经验的小学语文教师予以确认。

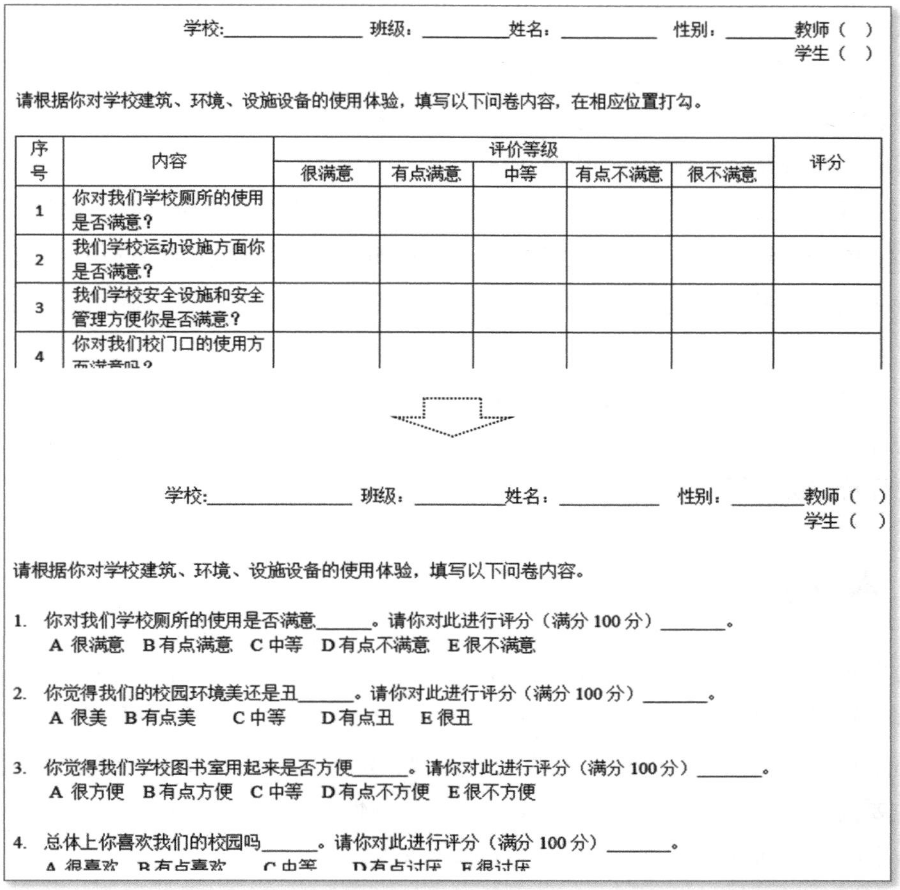

学校:______________ 班级：__________姓名：__________ 性别：_______教师（ ）
学生（ ）

请根据你对学校建筑、环境、设施设备的使用体验，填写以下问卷内容，在相应位置打勾。

序号	内容	评价等级					评分
		很满意	有点满意	中等	有点不满意	很不满意	
1	你对我们学校厕所的使用是否满意？						
2	我们学校运动设施方面你是否满意？						
3	我们学校安全设施和安全管理方便你是否满意？						
4	你对我们校门口的使用方						

学校:______________ 班级：__________姓名：__________ 性别：_______教师（ ）
学生（ ）

请根据你对学校建筑、环境、设施设备的使用体验，填写以下问卷内容。

1. 你对我们学校厕所的使用是否满意______。请你对此进行评分（满分 100 分）_______。
   A 很满意 B有点满意 C 中等 D有点不满意 E很不满意

2. 你觉得我们的校园环境美还是丑______。请你对此进行评分（满分 100 分）_______。
   A 很美 B有点美 C中等 D有点丑 E很丑

3. 你觉得我们学校图书室用起来是否方便______。请你对此进行评分（满分 100 分）_______。
   A 很方便 B有点方便 C 中等 D有点不方便 E很不方便

4. 总体上你喜欢我们的校园吗______。请你对此进行评分（满分 100 分）_______。
   A 很喜欢 B有点喜欢 C中等 D有点讨厌 E很讨厌

图 3-2　问卷形式转化

3.5.3　自主填写问卷的建议

三年级及以下的儿童不宜使用自主填写问卷的方式搜集建筑 POE 数据。根据前期调研经验，一、二年级的学生由于识字量有限，对调研问题的理解能力较低，导致其基本没有问卷自主填写的能力。如果逐个问题通过口头解释进行辅助填写，不仅可操作性较低，而且集体填写问卷时还会存在一个问题，就是学生的问答过程会影响其他学生的填写结果，容易造成问卷“抄袭”“趋同”的现象。

另外，通过评价者可信度研究也表明，低年级儿童的主观倾向性评价问卷的可靠性低于高年级儿童问卷的可靠性（具体见 3.4.3 节）。因此，低年级儿童（三年级及以下）不建议采用自主填写问卷的方式搜集建筑 POE 信息。如必须使用问卷时，也应当对个别儿童进行辅助填写。

3.5.4　关于问卷可靠性的建议

根据 3.4 节的调查结论与分析，提出以下几点保障儿童建筑 POE 问卷可靠性方面的建议：

（1）在针对儿童做问卷研究之前，应当对那些容易产生低信度的评价项目进行可靠性检验。如主观差异性较大的评价问题、容易使评价者产生“模棱两可”的评价项目，都应当在研究之前作相应的信度检验。

（2）可在问卷中“隐蔽地”插入个别可能引起低信度的评价项目，这样可以简化 k 值进行重测检验，不用专门分发两次问卷，从而快速、简易地剔除低信度问卷。若某一评价项目的检验结果为中度一致性以下，则应对该评价项目进行调整或直接删除该项目。

（3）针对儿童设置问卷时，尤其是主观倾向性评价，如满意度、喜爱度等，这类问题的评价选项不宜过多，一般不超过 5 级。如确有较多量级的研究需求，建议采用点赋值的评价方法进行研究。

3.6 本章小结

为揭示儿童建筑 POE 研究中可能存在的突出问题，本章遵循“发现问题—分析问题—解决问题”的研究思路，通过现场勘查、问卷调查与访谈等三种形式对若干所小学进行前期调查。通过广泛调查及初步分析发现，常规建筑 POE 方法在面向儿童时存在四个主要问题，即建筑 POE 问卷的操作性及可靠性问题、环境评价尺度问题、点赋值评价结果的解读问题，以及行为观察法的操作问题。

对于第一个问题，根据广泛的前期调查与分析，结合笔者长期面向儿童的建筑 POE 调研经验，有针对性地提出相应建筑 POE 方法的操作建议。该建议从访谈操作、问卷简化及“翻译”问卷自主填写，以及问卷可靠性保障等四个方面给出了较为细致的应对策略及具体措施，为今后针对儿童的建筑 POE 提供了重要的实践性参考，为面向儿童的建筑 POE 工作奠定了必要的方法基础。

对于另外三个问题，由于涉及内容较多，本书将在后续章节（第 4 章～第 6 章）进行专项讨论。

第 4 章 基于儿童的建成环境评价尺度建立及应用

4.1 引言

建成环境主观评价（subjective evaluation of built environment，简称 SEBE[119]）是利用科学客观的方法，收集人群对正在使用的设计环境的评价信息，检验环境对使用者价值需求的满足程度，从而衡量环境设计得失，为日后设计类似环境提供参考。SEBE 是建筑 POE 的主要研究内容之一，它通常采用等级量表的方法对建成环境的好坏、优劣作出主观评价。等级量表的回答选项多以自然语言来呈现[21]。量表选项中用于表征人们评价事物心理量的等级性自然语言，称之为语义量词[22]，或称之为评价量词。语义量词具有模糊性的特点，其相对强烈程度是量化评价的基本依据之一[23，148]。语义量词是建筑 POE 进行语义分析的基本单元，明确语义量词所对应的心理尺度是对建成环境评价结果进行量化分析的重要前提。

然而，国内建筑 POE 对中文语义环境评价尺度的使用尚未引起足够重视，由于缺乏相应的评价尺度标准，大部分建筑 POE 的研究都采用英文直译或借鉴其他研究以确定相应评价尺度，这导致环境评价尺度出现极不统一的现象。如近年有关建成环境评价的研究文献中就出现数种评价尺度[28–30，202]，这些尺度所选用的评价量词随意性很大。这带来两个根本性的问题：一是随意选用的语义量词不能科学地反映使用者具体的心理标度；二是非统一的尺度标准不利于研究结果之间的横向比较和借鉴。尤其是针对使用主体为儿童的建筑 POE（如小学、儿童游乐园、少年宫等），由于儿童理解上的偏差，上述问题会显得更为突出。因此，建立适用于儿童群体的建成环境评价尺度，是开展这一类型的建筑 POE 研究的基础和关键，它对于使用主体为儿童的建筑 POE 研究而言具有重要的现实意义和迫切的必要性。

4.2 研究策略

（1）研究内容及目标

为解决前期调查中（3.3.2 节）所提出的儿童环境评价尺度问题，本章确定如下两个方面的研究内容和目标：

①基于儿童的理解，选定适用于儿童的环境评价语义量词，采用问卷试验方法，建立适用于儿童的一般性环境评价尺度，为今后针对类似群体的建筑 POE 研究选用适当语义量词提供科学依据。

②利用该尺度开展建筑 POE 应用案例研究——儿童对小学建成环境的主观综合评价研究，从实践的角度初步探讨该尺度的优缺点和适用性。

（2）研究框架及实施策略

根据研究目标，以前期调查为基础，利用第 3 章提出的儿童建筑 POE 操作原则及建议，对上述两项研究内容开展实证研究。研究框架如图 4–1 所示。

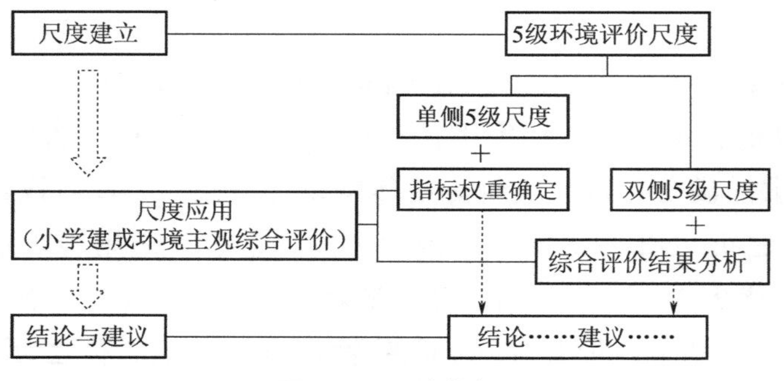

图 4–1 研究框架

建筑 POE 工作的重要原则之一就是易操作性。为避免研究手段和研究过程过于复杂化，本章在研究实施过程中尽可能选取易于操作的研究方法，对一些公知性的研究方法及次要的数据统计过程仅作简化叙述。具体研究对象、研究流程及分析方法在后续对应部分另作详细介绍。

4.3 基于儿童的建成环境评价尺度建立

4.3.1 研究设计

（1）调研对象选取

根据 3.5 节的研究结论，由于三年级及以下儿童不适宜采用自主填写问卷的方法，因此选择四～六年级的儿童作为调研对象。为确保调研对象具有较广的覆盖面和较强的代表性，在表 3–1 调研学校名单中的贵州省范围内，选择 2 所城市小学、1 所乡镇

小学和 1 所乡村小学，每所小学四～六年级中分别选择一个班作为调研对象。城市小学和乡镇小学每个班发放问卷 45 份，乡村小学每个班发放问卷 20 份，调研对象共计 465 人。

（2）评价内容及评价量级的选取

特别指出，由于本研究的目的是建立一般性的建成环境评价尺度，因此，研究时以建成环境为评价内容（见附录—问卷 7）。

建筑 POE 通常采用 5 个测量等级对一般性建成环境作出主观评价[24, 220]。7 级以上区分度较低，且信度不会显著提高[103, 149]，而 4 级只适用于无中间选项的强制性选择[1]。5 级评价量级包括单侧 5 级和双侧 5 级，单侧 5 级需选择 5 个合适的评价语义量词；双侧 5 级实际上是对称关系，只需选择 3 个合适的评价语义量词。

（3）研究过程与方法

首先参考小学字词教学大纲等文件筛选儿童常用的评价语义量词，在确定双侧评价的中间评价语义量词之后，再通过问卷试验方法测得每个语义量词的心理标度，进一步结合强度值等距、方差最小、使用频度最高等原则，选定 5 级区间中点值对应的语义量词，以构成双侧和单侧 5 级环境评价尺度。

具体的数据处理过程及分析方法在后文相应部分另作详细介绍。

4.3.2　评价语义量词初选

汇总《人教版小学语文一～六年级词语盘点汇总》、四～六年级儿童自由报告中提及的评价语义量词（8.6 节所述的副词分词结果），并对所汇总的评价语义量词进行初步选取和分类，结果见表 4–1。根据评价倾向，将评价语义量词分为增强型、减弱型与否定型三种。增强型的功能是增强评价词的倾向强烈程度，减弱型的功能是减弱评价词的倾向强烈程度，否定型的功能是改变评价词的倾向极性。

儿童常用评价语义量词　　**表 4–1**

	类型	程度	常用词
评价语义量词	增强型	高	太、最、超、非常、特别、格外、尤其（无比、极其、极端）
		中	好、很、真、挺
		低	够、确实、较、比较
	减弱型	低	普通、几乎、差不多、大致、中等
		中	有一点、有点、有些
		高	稍、稍微、稍微有点、好像有点、有一丝
	否定型		不、不够、不大、毫不、一点也不、不怎么、不很

评价语义量词的选取原则是：

（1）选取四～六年级儿童都能够认识和理解的字词。首先排除超出小学教学大纲范围的评价语义量词，如“极度”“略微”等词。对于未超出小学大纲、但超过四年级教学大纲的评价语义量词，原则上以“就低不就高”的原则予以排除，但考虑到儿童识字量一般会超出本年级教学大纲，因此这部分评价语义量词在经四年级语文教师的认可后也予以采用（如表 4-1 中括号内的评价语义量词）。

（2）评价语义量词要足够简洁、常用、容易发音，且能够较广泛地匹配各种评价词，对一些儿童虽然认识，但不常用的评价语义量词应予以排除，如“倍儿”“透”“不好不坏”等。

（3）评价语义量词应大致能均匀覆盖从最大到最小的评价尺度，如表 4-1，评价语义量词的强烈程度从上到下大致呈递减趋势。

4.3.3 双侧中间等级语义量词确定

为何要单独确定双侧评价的中间等级语义量词？主要原因是中间等级语义量词（如“一般”“中等”）与其他等级评价量词不同。它只能单独使用，后面不能紧跟任何评价词（包括正面和负面）。因为紧跟评价词后会偏离中间值，如“中等满意”“一般喜欢”，会被理解为偏正面等级的评价，而不是中间等级评价。也就是说，如果将中间等级语义量词与其他等级语义量词进行比选或排序时，它可能会出现在单侧的中间位置，而不是出现在双侧的中间位置。因此，双侧中间等级评价语义量词应单独加以确定。

在传统的建筑 POE 方法中，双侧 5 级评价的中间等级（第 3 级）语义量词通常采用“一般”一词。但对于儿童，采用“中等”一词更为合适，主要有三个原因：

（1）“中等”与“一般”具有相似的评价语义，对于环境评价而言，两个词语基本上可以互相替换。相较于“普通”“说不清”“不好不坏”等几个儿童常用中间等级语义量词，“中等”一词更加简洁，更能代表中间等级，而且与评价语句之间具有更好的搭配能力。

（2）“一般”一词有多种理解。通过初步访谈，部分儿童将“一般”理解为“通常”的意思，是一个时间上的概念，而不是评价上的概念。而“中等”一词没有歧义，语义明确，更加便于儿童理解。

（3）“般”字并不在人教版小学语文教学大纲要求掌握的字词范围之内，它只出现在小学语文课外阅读、语文园地等地方。通过实地访谈也证实，个别儿童将“般”字误认为“股”字。因此，采用儿童更加熟悉的“中等”一词来替换“一般”，能更好地保证儿童的自主识别和理解。

综上，采用“中等”一词作为儿童的双侧评价中间等级语义量词。

4.3.4 问卷设置

问卷分为两部分，一部分是双侧 5 级评价尺度，一部分是单侧 5 级评价尺度。

5 级双侧评价是对称关系，在确定中间等级评价语义量词后，实际上只需确定另外 2 个评价语义量词。由于双侧评价一般是一对反义评价词，因此不选用否定型评价语义

量词。根据 4.3.2 节中的 3 个原则，再将表 4–1 中的评价语义量词进一步精简为 10 个备选词（表 4–2）。

5 级单侧评价是只出现正面或只出现负面的评价，备选评价语义量词数量和等级划分相对于 5 级双侧评价要多，而且可以选用否定型评价语义量词，因此备选单侧评价语义量词精简至 15 个（表 4–2）。

备选评价语义量词　　**表 4–2**

双侧备选词		单侧备选词		
非常	极其	非常	极其	特别
FC	JQ	FC	JQ	TB
很	特别	很	挺	真
H	TB	H	T	Z
比较	挺	比较	确实	有些
BJ	T	BJ	QS	YX
有点	有些	有点	好像有点	稍微有点
YD	YX	YD	HXYD	SWYD
好像有点	稍微有点	不怎么	不	一点也不
HXYD	SWYD	BZM	B	YDYB

为便于儿童填写，采用 5 级线分刻度的方法进行测试[25]，语义量词对应评价刻度如图 4–2 所示。问卷中要求儿童们根据备选评价语义量词的评价强烈程度，在 5 级等分刻度右侧对应的括号内填入相应的评价量词，强烈程度高的填在上面，低的填在下面，中间程度的评价量词则根据刻度平均等级关系进行填写。单侧和双侧均采用 5 级线分刻度等级进行测试。问卷填写前先给学生们进行示范讲解，以增加填写成功率。问卷设置详见附录—问卷 7。

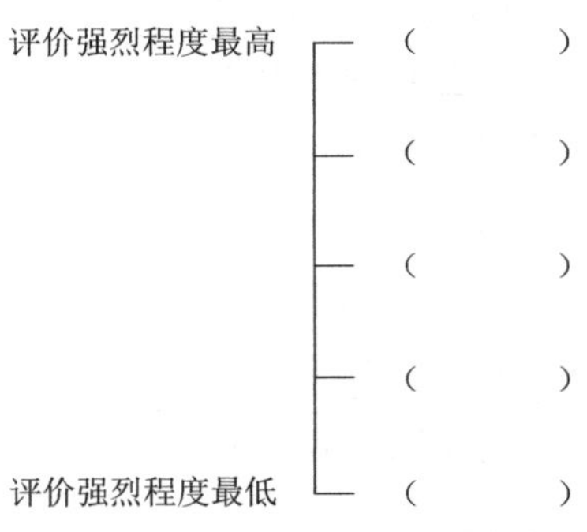

图 4–2　评价语义量词的尺度等级

4.3.5　分析方法

本研究采用描述性统计方法中的频数分析法和均值分析法进行数据处理和分析。

根据研究目标，实际上只需要在双侧 5 级评价的 10 个备选词中选定 2 个评价语义量词，在单侧 5 级评价的 15 个备选词中选定 5 个评价语义量词，语义量词的评价倾向极性一般采用 −1 到 1 进行赋值[26]。因此，在单侧评价强度的统计分析时，将问卷中的 1～5 级（低到高）对应的语义量词分别赋值 0、0.25、0.5、0.75、1。在双侧强度值统计时，由于中间语义量词（“中等”，赋值为 0）已确定，因此剩余 5 个待选量词根据 1～5 级依次赋值为 0.2、0.4、0.6、0.8、1，以形成等距关系。需要指出的是，这种统计赋值并不代表绝对心理量，它只是一种等级统计量，仅代表一种相对的线性关系。

根据语义量词强度值统计结果，主要考虑3个因素来筛选评价语义量词，按照其重要程度（从高到低）依次为：

（1）备选评价语义量词的强度值。由于5级评价属于区间评价，类似于“优、良、中、差”评价，4个等级分别代表4个分值区间。因此，5级区间评价语义量词应当选用区间中点值而不是区间的端点值作为代表，也就是说，目标语义量词的理想强度值分别是：双侧为0.4、0.8（0.2～0.6和0.6～1的中点）；单侧为0.1、0.3、0.5、0.7、0.9（5级区间中点值）。这样才能满足评价语义量词区间的代表性、区间等距性（相对线性）的尺度要求。

（2）每个评价区间的评价语义量词被选用的频度。频度越高，说明该词被儿童广泛接受的程度越高。当两个评价语义量词的强度值相近时，应优先选择使用频度较高的评价语义量词。

（3）评价语义量词强度值的标准差。标准差越小，说明儿童评价的离散程度越小，评价语义量词选用的效果就越好。

根据以上三者的统计结果，依据其重要性排序作出综合考虑，最后确定评价语义量词的选用，建立相应的建成环境评价尺度。

4.3.6 数据处理

（1）无效问卷剔除

综合利用本书3.5节提出的儿童问卷操作建议，首先剔除回收问卷中不完整的问卷及明显奇异的问卷，如5个选项答案完全相同、答案不在被选词范围之内等；然后采用SPSS软件计算个体强度值与整体强度值的相关系数，例如表4–3中某个体选用的5个量词强度值，其与对应量词的总体强度值的相关系数为0.99。分别计算每一个体与整体的相关系数，以10%原则剔除总体一致性最差的问卷[232]，最后剩下有效问卷403份。问卷回收有效率为87%。

个体与整体的强度值（双侧） 表4–3

备选词	JQ	TB	FC	H	T	BJ	YD	YX	HXYD	SWYD
总体强度	0.99	0.96	0.86	0.78	0.73	0.62	0.40	0.37	0.28	0.25
某个体强度	1	—	—	0.8	—	0.6	—	0.4	—	0.2

（2）数据统计

统计有效问卷中双侧和单侧备选词在五级线分刻度中被选用的频次，得到结果如表4–4、表4–5所示。例如表中第1行第1列中的“89”，即表示“非常”（FC）一词在第5级线分刻度中被选用89次。

备选词频数分布（双侧）　　表 4–4

等级	FC	JQ	H	TB	BJ	T	YD	YX	HXYD	SWYD
5 级	89	121	57	112	1	23	0	0	0	0
4 级	111	6	90	23	81	88	4	0	0	0
3 级	11	0	84	0	103	81	69	55	0	0
2 级	0	0	0	0	38	11	110	101	87	56
1 级	0	0	0	0	2	0	67	62	143	129

备选词频数分布（单侧）　　表 4–5

等级	FC	JQ	TB	H	T	Z	BJ	QS	YX	YD	HXYD	SWYD	B	BZM	YDYB
5 级	97	127	103	51	17	6	0	2	0	0	0	0	0	0	0
4 级	77	1	23	108	76	55	32	22	6	3	0	0	0	0	0
3 级	22	1	0	54	23	45	76	26	42	58	34	15	0	7	0
2 级	0	0	0	0	2	8	19	9	47	60	88	90	17	61	2
1 级	0	0	0	0	0	0	0	0	0	0	2	0	178	35	188

（3）样本统计量及其检验

根据频数分布，按照 4.3.5 节所述的统计赋值方法，分别计算双侧和单侧备选词的强度值、被选用频次、强度值标准差等描述性统计量，得到结果如表 4–6、表 4–7 所示。表中参数即为确立 5 级评价尺度的调查依据。

从表 4–6、表 4–7 可以看出，大多数语义量词的强度值标准差较大，说明其强度值分布的离散程度较高。这也是本次调查样本量达到 400 数量级时强度值分布才趋于稳定的主要原因。

备选词统计量（双侧）　　表 4–6

统计量	FC	JQ	H	TB	BJ	T	YD	YX	HXYD	SWYD
强度值	0.87	0.99	0.78	0.97	0.64	0.72	0.41	0.39	0.28	0.26
标准差	0.12	0.04	0.15	0.08	0.15	0.15	0.16	0.15	0.10	0.09

备选词统计量（单侧）　　表 4–7

统计量	FC	JQ	TB	H	T	Z	BJ	QS	YX	YD	HXYD	SWYD	B	BZM	YDYB
强度值	0.85	0.99	0.95	0.75	0.73	0.63	0.53	0.57	0.39	0.38	0.31	0.29	0.02	0.18	0.00
标准差	0.15	0.01	0.07	0.12	0.11	0.16	0.11	0.16	0.14	0.13	0.10	0.06	0.04	0.12	0.01

进一步采用 SPSS 统计软件对备选词强度值进行单样本检验，得到各备选词在 95% 置信度条件下的强度值置信区间，如表 4–8、表 4–9 所示。由表可见，仅“YD”

"YX""HXYD""SWYD"等少量备选词的强度值置信区间相重叠，其他绝大部分备选词的强度值置信区间均较为分散，表明强度值的分级效果较好，说明问卷设置中的备选词选择是较为合理的。

备选词统计量（单侧） 表 4-8

备选词	*t*	*df*	均值	差分的 95% 置信区间	
				下限	上限
FC	109.03	210	0.87	0.86	0.89
JQ	262.04	126	0.99	0.98	1.00
H	76.24	230	0.78	0.76	0.80
TB	148.71	134	0.97	0.95	0.98
BJ	64.28	224	0.64	0.62	0.66
T	67.66	202	0.72	0.70	0.74
YD	41.34	249	0.41	0.39	0.43
YX	39.61	217	0.39	0.37	0.41
HXYD	43.01	229	0.28	0.26	0.29
SWYD	38.46	184	0.26	0.25	0.27

备选词统计量（单侧） 表 4-9

备选词	*t*	*df*	均值	差分的 95% 置信区间	
				下限	上限
FC	69.59	195	0.85	0.82	0.87
JQ	230.14	128	0.99	0.99	1.00
TB	110.49	125	0.95	0.94	0.97
H	61.93	212	0.75	0.72	0.77
T	49.88	117	0.73	0.70	0.76
Z	38.03	113	0.63	0.60	0.66
BJ	37.74	126	0.53	0.50	0.55
QS	22.92	58	0.57	0.52	0.62
YX	24.94	94	0.39	0.36	0.42
YD	30.64	120	0.38	0.36	0.41
HXYD	29.50	123	0.31	0.29	0.34
SWYD	33.31	104	0.29	0.27	0.30
B	4.30	194	0.02	0.01	0.03
BZM	12.73	102	0.18	0.15	0.21
YDYB	1.42	189	0.00	0.00	0.01

4.3.7　结果及讨论

（1）结果

根据上述数据处理，得到各备选词的强度值分布如图 4–3、图 4–4 所示；再将表 4–4 和表 4–5 中各备选词的频数除以样本总数（403），得到备选词在 5 级标度中被选用的频度，如图 4–5、图 4–6 所示。

由图 4–3、图 4–4 可见，备选词极性值的大小大致呈均匀分布，取得了很好的极性值覆盖效果。从图 4–5、图 4–6 中备选词的使用频度分布来看，中间等级（2～4 级）中出现的备选词较为分散，尤其是单侧评价的第 3 级中出现的语义量词达 12 种之多，表明儿童对中间等级语义量词的选择自由度较大；而两端（1 级、5 级）出现的备选词则相对集中，说明儿童对端点评价等级语义量词的认同度较高。

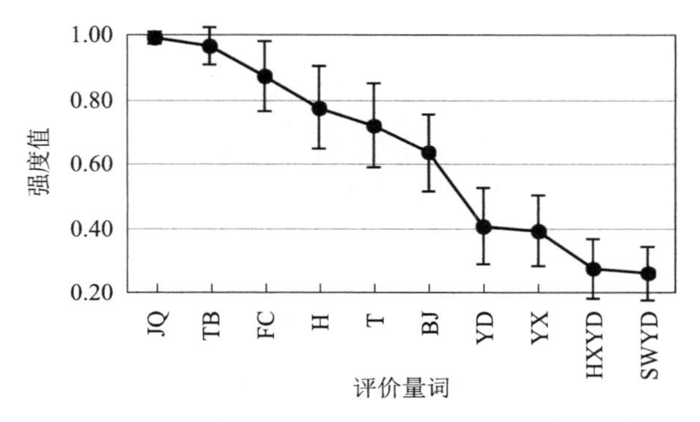

图 4–3　评价语义量词强度值和标准差（双侧）

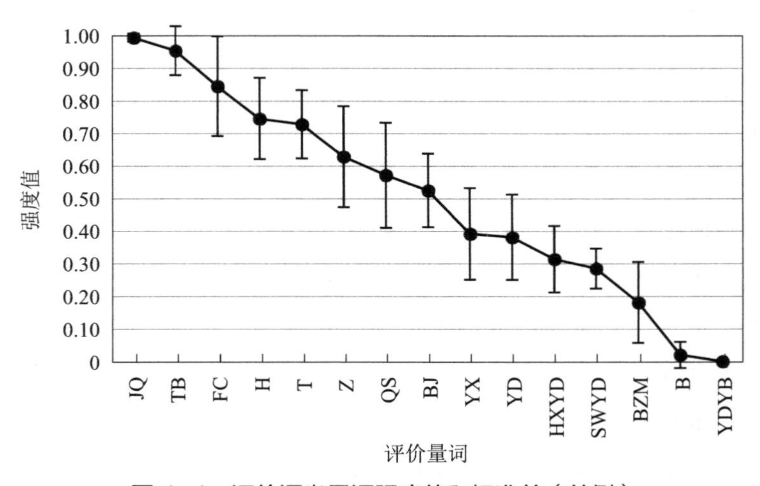

图 4–4　评价语义量词强度值和标准差（单侧）

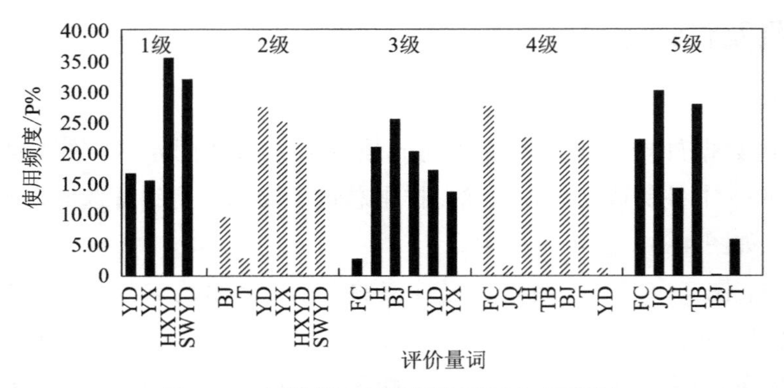

图 4-5　评价语义量词被选用频度（双侧）

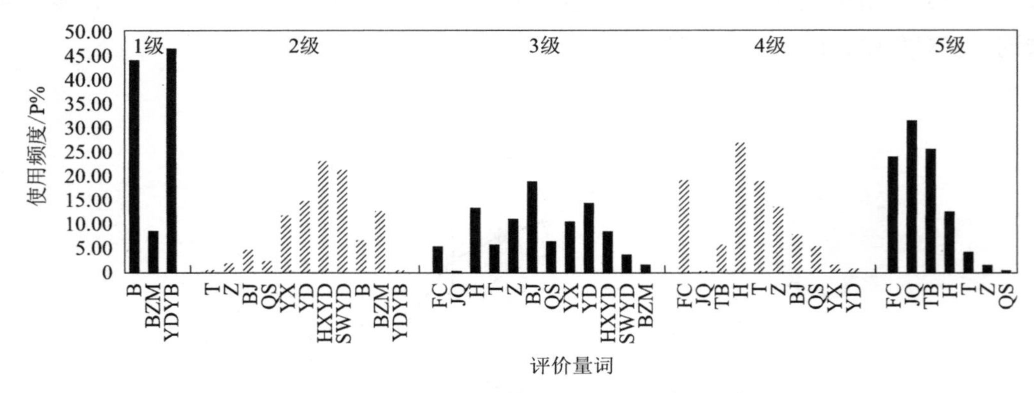

图 4-6　评价语义量词被选用频度（单侧）

按照 4.3.5 节所述分析方法，根据图 4-3，由等距离强度值优先原则，初步确定双侧评价尺度等级的两个候选评价语义量词为："很""有点"或"有些"。"有点"和"有些"的强度值相近，但根据图 4-5，"有点"的使用频度高于"有些"，因此优先选用"有点"。最终确定双侧 5 级评价语义量词（即双侧尺度）为：很（负面）；有点（负面）；中等；有点（正面）；很（正面）。

同理，根据图 4-4、图 4-6 确定单侧 5 级评价语义量词（即单侧尺度）为：不；好像有点；比较；很；特别。

（2）讨论

①区间评价强度端点值与中点值的讨论

如果将一系列评价语义量词的倾向极值（−1～1）按大小排列（例如图 4-3），再将排列好的评价语义量词按倾向极值等距离划分为 N 个区间，即 N 级评价，那么 N 级区间评价实际上有 N 个强度中点值和 $N+1$ 个强度端点值。通常情况下都采用区间的中点值（平均值）来对应某一区间的评价，例如 90～100 分代表"优"，假如某学生获得"优"的评级，在我们不知道具体分数的情况下，我们一般按中点值 95 分计算，而不是按端点值 90 分或 100 分计算。有的研究也根据实际需要采用端点值对应的评价语义量词，以尽可能覆盖更广的评价范围。

由于本尺度主要应用于儿童对建成环境的一般性主观评价，没有特殊的心理量测量需求，因此本尺度不选用极端评价语义量词，如“极其”“一点也不”，而是选用常用的区间中点值对应的评价语义量词来代表某一区间的评价尺度。

②本尺度与其他常用尺度的差异讨论

在建成环境主观评价中，常用的 5 级评价语义量词有很多种[28−30，181]，它们与本次 5 级尺度评价语义量词的差异如表 4−10 所示。

各尺度存在差异的主要原因如下：

首先，评价尺度问题尚未受到建筑 POE 领域的足够重视，尚未形成相应的统一标准，而且由于研究对象和目的不同，也不可能使用唯一标准来测量所有主观评价量。

其次，儿童对评价语义量词的理解与成年人有所不同，儿童对常用评价语义量词与其心理感觉量的对应关系尚未建构成熟。

最后，本尺度选用区间中点值对应的评价语义量词来建构评价尺度，而其他尺度通常没有明确这一点。

5 级评价尺度语义量词比较　　表 4−10

尺度类型		尺度等级				
双侧	本次尺度	很（负面）	有点（负面）	中等	有点（正面）	很（正面）
	其他常用尺度	很（负面）	较或比较（负面）	一般	较或比较（正面）	很（正面）
		非常（负面）	比较（负面）	一般	比较（正面）	非常（正面）
		特别（负面）	比较（负面）	一般	比较（正面）	特别（正面）
单侧	本次尺度	不	好像有点	比较	很	特别
	其他常用尺度	一点也不	好像有点	比较	相当	特别
		毫不	有点	比较	非常	极其

③本尺度的适用性讨论

需要指出的是，本尺度的建立是基于儿童对建成环境的一般性主观评价，其适用范围不宜过度推广至其他年龄段或其他研究客体之上。事实上，本研究所测出的各评价语义量词的相对强度值，可为其他类型评价尺度的选定提供基础的测度参考数据，如确定七级评价尺度、选定评价端点值、选定评价中点值等。

4.4　尺度的应用——儿童对小学建成环境的主观综合评价

建成环境主观综合评价是建筑 POE 的主要研究内容之一[119]，它是关于各环境要素价值权重的系统性评价，是使用主体对客体价值的主观判断，本质上是使用者掌握环境意义的观念活动[1，174]。作为使用主体为儿童的小学建成环境，其主观综合评价的量化分析离不开科学的测量尺度。得益于前文有关儿童环境评价尺度的研究成果，本书尝试以小学建成环境的主观综合评价为研究内容，对该评价尺度的应用开展案例研究。

4.4.1 研究设计

（1）研究内容与目的

为进一步探讨前文所建立的评价尺度在实际项目中的应用效果，以该尺度为 POE 工具，从儿童的视角出发，对小学建成环境主观综合评价进行研究，并从中探讨该尺度的适用性和合理性。研究内容包括建立基于儿童使用主体的综合评价指标集、确定评价指标权重、开展主观综合评价等。主要目的包括两点：

①采用 4.3 节建立的单侧 5 级尺度进行主观赋权，对比其与排序法赋权的差异，从而探讨该尺度在指标赋权中的应用效果。

②采用 4.3 节建立的双侧 5 级尺度进行主观综合评价，分析评价结果的特征，从而探讨该尺度的适用性。

（2）研究对象概况

选择 3 所具有典型代表性的小学进行研究，分别为贵州省仁怀市的实验小学、中枢三小和三合一小。

实验小学于 21 世纪初建成投入使用，是“新课标”等新型教学改革推行的示范性学校。现有 45 个教学班，师生共计约 3500 人。学校占地约 2 万 m^2，建筑面积约 9000m^2，绿化面积约 5000m^2。作为新型小学的代表，其环境、设施等条件都较为先进。

中枢三小为城市中心小学，师生共计 2000 余人，34 个教学班。学校建于 20 世纪 90 年代，占地面积约 1 万 m^2，主教学楼建于 20 世纪 90 年代，教辅楼、综合楼相继于 2013 年进行扩建完成。作为城市普通小学的代表，其环境、设施相对老旧，是数量最多的一类小学。

三合一小为乡镇小学，师生共 300 余人，8 个教学班。学校建于 20 世纪 90 年代，占地面积约 6000m^2。新办公楼于 2016 年建设完成，但未投入使用。作为乡镇小学的代表，其场地相对较小，各方面条件都较为落后。

（3）研究过程及方法

研究过程及方法如下（分为三步）：

①基于儿童的理解水平，按照相应原则（详见 4.4.2 节）建立评价指标集，根据指标性质对其进行分类，并建构评价指标层级。

②采用主观赋权法（详见 4.4.3 节）确定各指标权重，对比单侧 5 级尺度赋权与排序法赋权的差异。

③根据排序法所得指标权重，采用双侧 5 级尺度开展综合评价，从中探讨双侧 5 级评价尺度的应用效果。

为增强行文叙述的连贯性，具体操作流程、数据处理及分析方法等将在后文相应部

分另作详细介绍。

4.4.2　综合评价指标集的建立

建成环境主观综合评价指标集的提取、形成过程尚无统一标准。一般情况下都是依据一定提取原则，结合专家（或研究者）经验以建构评价指标集，然后根据各自研究需求，采用不同数据分析方法加以处理、优化，最终形成综合评价体系。鉴于此，根据本案例的研究需求，从儿童使用主体的主观评价视角建立相应综合评价指标集。需要强调，由于建立本指标集的主要目的是探讨评价尺度的应用效果问题，因此本书暂不讨论指标之间的相关性、指标权重合理性、指标体系优化等方面的问题。

（1）评价指标的提取原则

本书以儿童为评价主体，从公众的视角对小学建成环境进行主观综合评价。评价指标的提取需遵循如下原则：

①一般性原则。评价指标体系的建立应遵照科学性、客观性、独立性原则等一般性原则[41]。所建构评价指标尽可能全面、不重叠和易于取得[42]。

②易于儿童理解的原则。小学建成环境评价指标体系的建构应体现儿童的主体性。超出儿童环境认知的评价概念与超出儿童理解水平的评价指标，对于儿童而言是没有评价意义的。因此，评价指标的建立应首先确保其处在儿童的理解范围之内，诸如尺度、流线、布局等评价因子，不应予以列入。对儿童可能难以理解的评价指标的名称，应对其进行简化、“翻译”替换或直接排除，具体简化及“翻译”过程另见 3.5.2 节。对个别难以替换而又必要的评价概念，应在问卷发放时作出专门性解释和说明。

③考虑儿童环境使用主观感受的原则。综合评价指标的细分是难以穷尽的，因此应抓住评价的主要方面，充分考虑与儿童环境使用主观感受密切相关的评价因素。对与儿童使用感受无直接关系的评价指标，如车辆停放、办公条件等则不予列入。对于评价内容较多且比较重要的评价指标（如空间场所等），则可适当细分其评价因子，增加二级或三级评价指标的数量。

（2）评价指标集的建立

结合前期调查，以本书儿童画和儿童自由报告研究（7.6.2 节、8.6.3 节）中出现的环境评价要素为依据，将小学建成环境主观综合评价指标分为 6 个一级指标，即空间场所、景观绿化、物理环境、设施设备、游戏体育与规划布局。

根据指标提取原则，将空间场所分为 4 个二级评价指标，包括：普通教室、专用教室、配套辅助空间和课外空间。每个二级指标再根据实际使用状况，将其细分至第三级，并列出主要评价项目。各级评价指标细分的评价项目共计 51 项，基本涵盖小学建成环境综合评价的主要方面，具有较好的全面性。评价指标集及层级划分如表 4–11 所示。

评价指标集 **表 4–11**

一级指标		二级指标		三级指标	
编号	名称	编号	名称	编号	名称
A1	规划布局	B1	学校离家远近		
		B2	交通方便性		
		B3	家长接送方便性		
		B4	学校周边环境好坏		
		B5	校园活动互相干扰情况		
A2	空间场所	C1	普通教室	H1	教室形状大小
				H2	教室装饰装修
				H3	教室座位布置形式
				H4	教室物品存放
				H5	教室拥挤情况
				H6	教室的教学成果展示
		C2	专用教室	J1	专用教室数量
				J2	美术书法教室的使用
				J3	音乐舞蹈教室的使用
				J4	计算机教室的使用
				J5	图书阅览室的使用
				J6	多媒体阶梯教室的使用
				J7	其他专用教室的使用
		C3	配套辅助空间	K1	卫生间的使用
				K2	学生活动中心的使用
				K3	心理咨询室的使用
				K4	医务室的使用
				K5	其他课室房间的使用
		C4	课外空间	L1	过厅走廊的使用
				L2	楼梯间的使用
				L3	读书角的使用
				L4	操场广场的使用
				L5	校门出入口的使用
				L6	室外展示场所的使用
A3	景观绿化	D1	校园绿化		
		D2	校园景观		
		D3	教学楼的形象		
		D4	建筑和场地的色彩		
A4	物理环境	E1	教室通风		
		E2	教室气温		
		E3	室外噪声对上课的干扰		
		E4	多媒体屏幕的反光		
		E5	校园的日照情况		

续表

一级指标		二级指标		三级指标	
编号	名称	编号	名称	编号	名称
A5	设施设备	F1	饮水设备的使用		
		F2	教室课桌椅的使用		
		F3	广播设备的效果		
		F4	灯具照明的效果		
		F5	室外座位设施		
		F6	指示牌标示情况		
		F7	室外遮阳挡雨设施		
		F8	垃圾回收设施		
A6	游戏体育	G1	游戏场地和器材		
		G2	足球场的使用		
		G3	篮球场的使用		
		G4	乒乓球台的使用		
		G5	其他游戏体育场地和器材		

4.4.3　指标权重确定——单侧 5 级尺度的 AHP 赋权与排序赋权的比较

指标权重确定的方法主要分为客观赋权法和主观赋权法。客观赋权法（如主成分分析法、熵值法等）具有较强的数学理论依据，但它弱化了指标的实际意义；主观赋权法（专家评分法、对比排序法等）所得的权重一致性较高，但难以反映指标之间的内在联系[43]。主、客观赋权的具体方法不下几十种之多，各种方法都有其相应的优缺点。

为探讨本章所建立的单侧 5 级尺度在指标赋权中的应用效果，本书选用主观赋权法中较常用的层次分析法（Analytical Hierarchy Process，简称 AHP）和对比排序法进行比较。两种赋权法的优点都是操作简易，能较好地体现评价者的主观倾向，都适用于单次评价数量较少的情况。

4.4.3.1　采用单侧 5 级尺度的 AHP 赋权结果

（1）AHP 赋权法简介

AHP 法是最常用的指标赋权方法之一，其原理是通过建构两两判断矩阵，计算判断矩阵最大特征根对应的特征向量，即为各评价指标的权重系数。其操作步骤如下：

①根据研究需求建立评价指标集（表 4-11）的层次模型。同一层的诸因素从属于上一层的因素或对上层因素有影响，同时又支配下一层的因素或受到下层因素的作用。最上层为目标层，最下层通常为方案或对象层，中间可以有一个或几个层，通常称为准则层或指标层。

②对同一层的所有评价指标作成对比较，构造主观判断矩阵。成对比较时一般以1～9级尺度进行比较[76]，实际操作时通常采用5级语义尺度及相邻等级插值的方法进行赋值（表4−12）[77]。在5级语义尺度的选用中，目前相关文献选用的尺度类型并不统一，如“同等、略微、相当、明显、绝对”，又如“相同、稍微、明显、强烈、极端”等[78，233]，其选用随意性较大。在此背景下，本章建立的具有相对线性等距关系的5级评价尺度正好弥补了尺度选用过程中无据可依的欠缺。

AHP中使用的5级评价尺度[77] **表4−12**

标度	定义
1	同等重要
3	略微重要
5	相当重要
7	明显重要
9	绝对重要
2，4，6，8	相邻判断的中间值

按照上述等级尺度对比方法，建构主观赋权的成对比较矩阵。例如表4−13，表中数字“7”则表示指标3“明显”比指标1更重要（采用表4−12的评价尺度）。然后计算该矩阵的最大特征值，即可求出其对应的特征向量，对该向量作归一化处理，即得到指标权重向量。

成对比较矩阵 **表4−13**

指标	指标1	指标2	指标3
指标1	1	1/3	1/7
指标2	3	1	1/5
指标3	7	5	1

③作一致性检验，计算各层指标权重。由于成对比较法容易出现判断逻辑上的错误，例如某评价者认为指标1比指标2更重要、指标2比指标3更重要，而同时又认为指标3比指标1更重要——这就造成评价不一致的现象。因此，需要对评价结果作一致性检验。检验时，以CR表示一致性指标，其计算方法如下：一致性指数$CI=(\lambda_{max}-n)/(n-1)$，$n$为判断矩阵阶数；$RI$为随机指数（其与$n$的关系如表4−14所示），一致性指标$CR=CI/RI$。一般而言，$CR$愈小，判断矩阵的一致性越好，通常认为$CR<0.1$时具有满意的一致性；如果$CR\geq 0.1$，则该判断矩阵不合理，需对其进行修正和调整[77]。

通过一致性检验之后，对多位评价者的权向量求和，再作归一化处理，即得到指标层各指标的最终权重系数；然后将对象层指标的评价结果逐层乘以权重系数再求和，即得到目标层的综合评价结果。

随机指数 *RI* 对照表　　表 4-14

n 阶	3	4	5	6	7	8	9	10	11
RI 值	0.58	0.9	1.12	1.24	1.32	1.41	1.45	1.49	1.51

目前，有关 AHP 的计算工具非常多（如 SPSSAU、YAAHP 等），借助这些成熟的工具可以便捷地实现上述计算过程。

（2）问卷设置

采用本章单侧 5 级环境评价尺度（不、好像有点、比较、很、特别），通过 AHP 法对指标集（表 4-11）中的准则层 A 和准则层 C 进行赋权（注：由于该成对比较法在儿童群体中的操作难度较大，本研究仅针对 A、C 两个准则层进行调研）。问卷设置时，所采用的 5 级尺度如表 4-15 所示。由于儿童较难理解相邻两个评价等级之间的插值关系，因此，2、4、6、8 等级不予列入问卷评价选项。根据表 4-15 的尺度关系设置成对比较问卷，在 3 所学校中分别选择一个班级（五年级）进行调研，回收问卷 91 份。

AHP 赋权的 5 级尺度　　表 4-15

标度	定　义
1	X_i 与 X_j 的重要程度相比是：互“不”比对方高
3	X_i 与 X_j 的重要程度相比是：X_i“好像有点”高
5	X_i 与 X_j 的重要程度相比是：X_i“比较”高
7	X_i 与 X_j 的重要程度相比是：X_i“很”高
9	X_i 与 X_j 的重要程度相比是：X_i“特别”高

（3）数据处理及结果

在回收的问卷中，首先剔除不完整、明显奇异的问卷，再逐一统计每份问卷的判断矩阵。如某评价者对准则层 A 的指标作出的成对比较矩阵，如表 4-16 所示。

根据表 4-16 的判断矩阵，采用 SPSSAU 计算该矩阵的特征向量及 *CI* 值，所得结果如表 4-17 所示。

评价者的判断矩阵　　表 4-16

评价指标	A1	A2	A3	A4	A5	A6
A1	1	1/3	3	5	1/5	1/3
A2	3	1	7	5	1/5	1
A3	1/3	1/7	1	1	1/7	1/5
A4	1/5	1/5	1	1	1/5	1/3
A5	5	5	7	5	1	3
A6	3	1	5	3	1/3	1

判断矩阵的特征向量计算 表 4–17

评价指标	特征向量	权重值	最大特征值	*CI* 值
A1	0.651	0.109	6.49	0.098
A2	1.178	0.196		
A3	0.240	0.040		
A4	0.287	0.048		
A5	2.585	0.431		
A6	1.059	0.177		

对表 4–16 判断矩阵作一致性检验，结果如表 4–18 所示。

一致性检验结果汇总 表 4–18

最大特征根	*CI* 值	*RI* 值	*CR* 值	一致性检验结果
6.49	0.098	1.26	0.078	通过

同理，逐一计算、检验每位评价者的赋权结果，汇总通过一致性检验的问卷，再根据个体与整体的评价一致性检验（个体赋权数据与整体赋权数据的相关系数），以 10% 原则剔除一致性系数最低的问卷，得到有效问卷 37 份。然后通过二次汇总，对所有有效问卷的权重赋值求和，再作归一化处理，得到 A、C 准则层的 AHP 赋权结果，如表 4–19 所示。

AHP 赋权结果（A、C 准则层） 表 4–19

指标编号	1	2	3	4	5	6
A	0.154	0.198	0.120	0.124	0.215	0.188
C	0.267	0.198	0.183	0.352		

4.4.3.2 采用排序法的赋权结果

（1）排序赋权法简介

排序赋权法是要求评价者强制性给出各个评价指标相对重要性的排序，然后按顺序给指标记分，最不重要的指标记 1 分，其次记 2 分，以此类推，然后按如下公式计算各指标的权重[43]：

$$\omega_i = \frac{\sum_{j=1}^{m} \log_n k_j}{m} \tag{4–1}$$

式中 ω_i——第 i 个指标的权重；

m——评价者数量；

n——指标数；

k_j——第 j 个评价者对该指标排序的记分值。

由于对比排序法是强制性要求评价者一次性给出所有指标的权重排序，它不会出现AHP 法赋权那样的决策逻辑错误，因而无需对单个评价者的赋权结果作一致性检验。

（2）问卷设置及数据处理

根据表 4-4 评价指标集，将各层级指标列于问卷之中，要求评价者对各指标的权重进行排序。排序赋权组共计 11 个，包括 A1～A6；B1～B5；…… L1～L6。问卷内容详见附录—问卷 10。数据采集对象来源于调研小学的三个班级（四～六年级），回收问卷 131 份。对回收问卷中不完整、明显乱填的问卷首先予以剔除，得有效问卷份数为：实验小学 122 份；中枢三小 106 份；三合一小 68 份。

统计每份问卷的排序结果，如表 4-20 所示。

指标重要性排序　　　　表 4-20

指标	1	2	3	4	5	6	7	8
A	3	2	4	1	5	6		
B	1	2	4	3	5			
C	1	2	4	3				
D	1	2	3	4				
E	2	3	1	4	5			
F	2	1	3	5	4	6	7	8
G	1	4	3	2	5			
H	4	3	1	5	6	2		
J	3	4	6	5	1	2	7	
K	1	4	3	2	5			
L	4	2	1	3	5	6		

按式（4-1）计算各指标权重系数。如 A1～A6 指标，其权重计算结果为：0.774，0.898，0.613，1，0.387，0；将 A1～A6 指标的个体权重系数与整体（所有评价者）权重系数作一致性检验，即计算两组数据相关系数，按 10% 原则剔除评价一致性最低的数据。通过二次汇总有效数据，对所有评价者的赋权结果求和，再作归一化处理，得到各指标最终权重系数如表 4-21 所示。

排序法赋权结果　　　　表 4-21

指标编号	1	2	3	4	5	6	7	8
A	0.170	0.160	0.147	0.148	0.187	0.187		
B	0.203	0.198	0.265	0.161	0.173			
C	0.239	0.227	0.298	0.236				
D	0.198	0.268	0.248	0.286				
E	0.186	0.220	0.152	0.218	0.224			
F	0.113	0.121	0.124	0.119	0.153	0.155	0.112	0.103
G	0.180	0.220	0.177	0.205	0.218			

续表

指标编号	1	2	3	4	5	6	7	8
H	0.205	0.199	0.153	0.176	0.139	0.129		
J	0.117	0.148	0.141	0.144	0.117	0.155	0.179	
K	0.162	0.198	0.218	0.162	0.259			
L	0.175	0.182	0.140	0.163	0.156	0.184		

4.4.3.3 单侧5级尺度的AHP赋权与排序赋权的效果对比

根据上述两种方法的赋权结果，可得到一级指标（A1～A6）和二级指标（C1～C4）对比关系，如图4-7、图4-8所示。

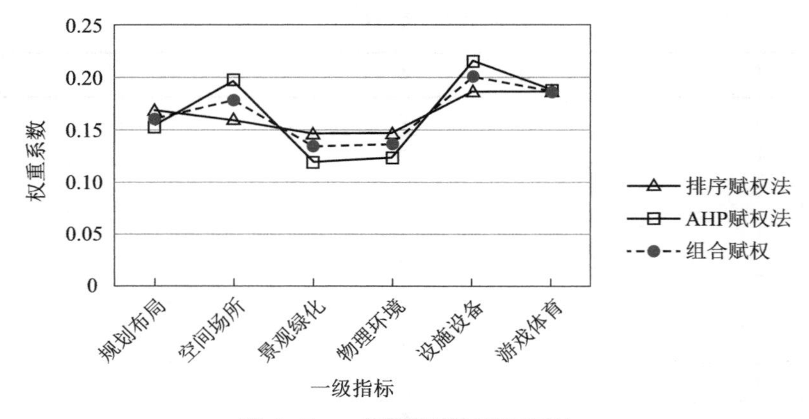

图4-7 一级指标赋权结果对比

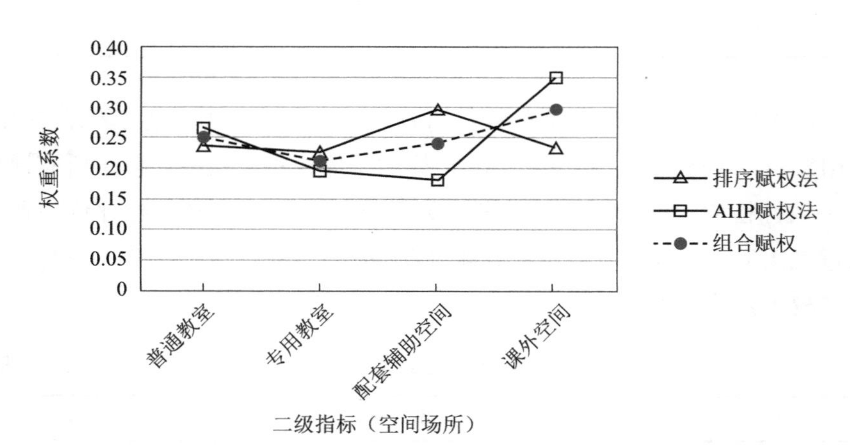

图4-8 二级指标（空间场所）赋权结果对比

根据图4-7、图4-8，作如下分析与讨论：

（1）儿童对校园环境评价指标的赋权特征

从两种方法的组合赋权（平均值）结果看，儿童对6个一级评价指标（A1～A6）的赋权结果（0.162，0.179，0.134，0.136，0.201，0.188）差异较大。其组合权重排序为（从大到小）：设施设备，游戏体育，空间场所，规划布局，物理环境，景观绿化。

从组合赋权结果看，儿童对 4 个二级指标（C1～C4）的赋权结果（0.253，0.213，0.241，0.294）相对均衡。他们的赋权排序为（从大到小）：课外空间，普通教室，配套辅助空间，专用教室。

（2）两种赋权法的差异

①从评价一致性来看，采用单侧 5 级尺度的 AHP 赋权结果与采用排序法的赋权结果差异较大。由于两种方法所得结果属于等级性赋权数据，适合采用 Kendal 一致性进行检验[79]，检验结果如表 4–22 所示。由检验结果可见，一级指标 A 和二级指标 C 均无显著一致性（$p>0.05$）。也就是说，两种赋权法的赋权效果不具有评价一致性。

两种赋权结果的一致性检验　　表 4–22

赋权方式		A（AHP）	C（AHP）
A（排序法）	相关系数	0.690	
	Sig.（双侧）	0.056	
	N	6	
C（排序法）	相关系数		−0.333
	Sig.（双侧）		0.497
	N		4

对比指标 A 和指标 C 的一致性检验发现，两种方法对评价指标 A 的赋权一致性高于指标 C。究其原因，可能与评价指标的数量有关，即单次评价指标数量较多时，可能两种方法的赋权一致性更高。但这仅仅是一种假设，仅凭本次研究仍不能充分证明。

②从赋权的敏感性来看，采用单侧 5 级尺度的 AHP 赋权结果更具敏感性，即指标权重之间的数值差距相对较大。而排序法赋权结果则相对均衡，权重曲线趋于平缓，其区分度不如 AHP 方法所得赋权结果。

造成这种赋权敏感性差异的原因可能与两种赋权法的特征有关。排序法是一种“相对”赋权法，它仅能反映评价指标权重之间的相对关系，不能反映指标之间权重大小的实际距离。当指标权重差距本来很大的情况下，排序法容易造成“劫富济贫”的现象，使得赋权结果趋于均衡分布。而采用 5 级尺度的 AHP 赋权法是一种“绝对”赋权法，它不仅能反映指标权重之间的相对关系，而且还通过 5 级尺度给出指标权重大小之间的实际距离。因此，在指标权重差距本来很大的情况下，5 级尺度的 AHP 赋权结果更能反映指标权重大小之间的实际差距，即赋权敏感性更高。

4.4.4　三所小学的综合评价——双侧 5 级尺度的应用

为探讨本章所建双侧 5 级尺度在主观综合评价中的实际应用效果，采用 4.4.2 节建立的评价指标集和 4.4.3 节确定的指标权重，对三所小学的建成环境开展主观综合评价研究。

（1）问卷设计及数据采集

采用本章所建双侧5级评价尺度，利用里克特量表形式制定结构化问卷（见附录—问卷11）。量表的5个评价等级为：很（负面）、有点（负面）、中等、有点（正面）、很（正面），采用区间赋值方法，分别赋值1、2、3、4、5，以转化为主观评价的等级统计量。问卷内容包括综合评价指标集中的51个评价指标（表4-4中的对象层指标）。

三所学校分别选择3个班级（四～六年级）发放问卷。综合采用3.5节提出的问卷操作建议，根据回收问卷中插入的个别问题重测结果（如附录问卷中的问题19和问题52），快速剔除评价不一致的问卷，再剔除不完整、明显奇异的问卷，最后获得有效问卷份数为：实验小学122份；中枢三小106份；三合一小68份。

（2）评价结果的均值分析

统计3所学校的评价结果，如图4-9所示。

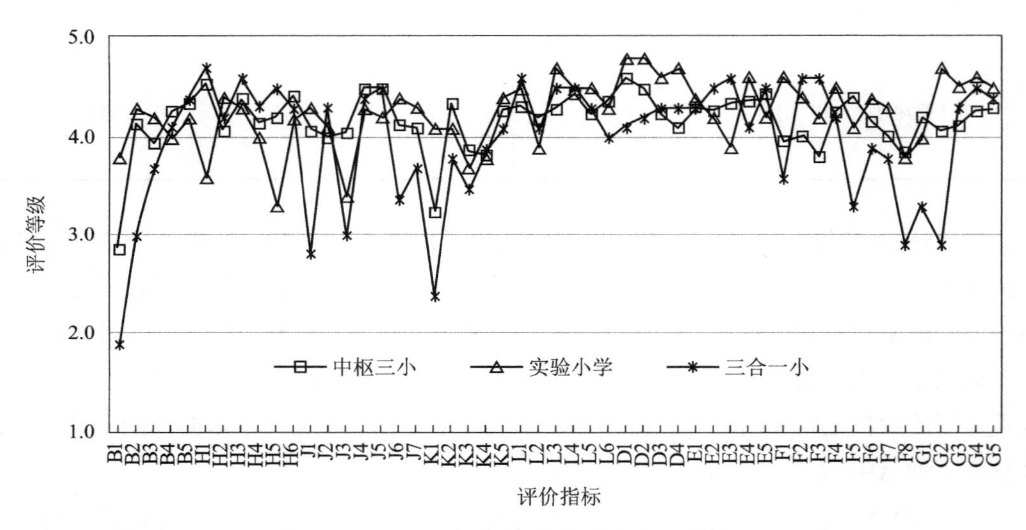

图4-9　3所小学建成环境各指标的评价结果

以3所学校为变量作均值分析，分别统计各因素主观评价的总体趋势和平均水平。从图4-9可以看出：儿童对这3所学校建成环境的大体评价趋势集中在4级与5级之间，整体评价较高。仅三合一小的B1（上学距离）、J1（专用教室数量）、K1（卫生间的使用）、F8（垃圾回收设施）、G2（足球场的使用），中枢三小的B1（上学距离）等几个指标处于负面评价。

（3）综合评价结果的对比分析

将图4-9的评价数据分别乘以各指标对应的权重系数（表4-5），例如B1～B5指标的评价得分分别乘以对应权重系数，再求和，即得到上一级指标A的最终评价得分。依此方法，逐一计算得到3所学校6个一级指标的综合评价结果如图4-10所示。

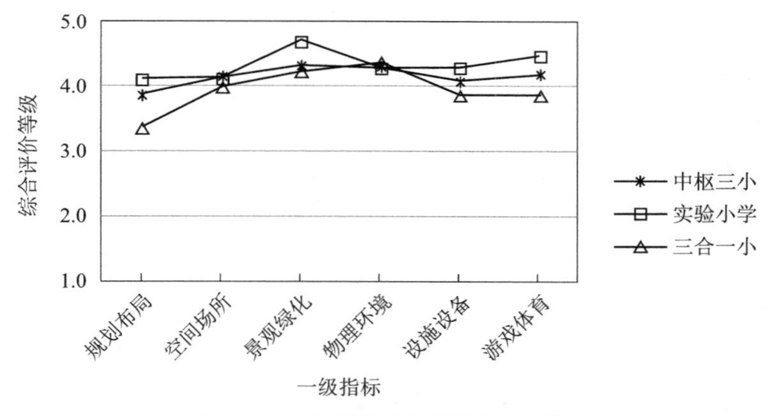

图 4-10　3 所学校的评价结果对比

结合均值分析，由图 4-10 可见：

①虽然 3 所小学建成环境的差异较大，但在空间场所与物理环境两个指标上，其综合评价结果却没有太大差异，都在 4 级评价之上。尤其是空间场所，新建的实验小学总体上明显优于另外两所小学，但它们的综合评价结果却非常接近。这说明，儿童对空间场所主观评价的敏感度不高。

②新建城市小学（实验小学）在设施设备和游戏体育指标方面的综合评价结果明显高于其他小学。乡镇小学（三合一小）对这两项指标的综合评价结果最低。这说明，旧学校在游戏体育和设施设备方面有较大的改善空间。从评价的敏感性来看，旧学校建成环境可重点从该两项指标入手，通过改善相应的设施条件，则可有效提高建成环境的主观综合评价。

③在规划布局指标中，上学距离、交通方便性是评价差异最大的两项二级指标（图 4-9），尤其是作为乡镇小学的三合一小，其规划布局方面的评价结果与两所城市小学差距较大。这说明，规划布局因子更容易成为综合评价的“短板”。在景观绿化指标中，实验小学丰富、灵活布置的景观花园显著地提高了儿童的主观评价等级（约 0.5 个等级）；而景观绿化条件最差的三合一小，其综合评价结果未出现过低的评价等级，仍处于 4 级以上。这表明景观绿化因子对提升综合评价有较好的效果，而较差的景观绿化条件却不会明显“拉低”综合评价的得分。

（4）双侧 5 级尺度的测量效果讨论

衡量一个尺度的测量效果主要体现在两个方面，一是量程是否合适，即是否出现量程过大或量程过小的现象；二是精度是否满足要求，即测量结果之间是否有足够大的区分度。根据本次 3 所小学综合评价的案例研究，从量程和精度两个方面对双侧 5 级尺度的测量效果作如下分析与讨论：

根据图 4-9，从单个评价因子的评价结果看，采用双侧 5 级评价尺度所得到的某些评价结果具有较宽的覆盖范围，如 B1 指标、K1 指标等都分布在中间评价等级的两侧。这一方面反映了该评价指标本身的评价结果有较大差异，另一方面也表明双侧 5 级尺度

在测量这些指标时量程覆盖效果较好。

根据图 4-9，3 所学校建成环境的指标 L、指标 D 及指标 E 的评价结果基本上分布于正面评价的第四评价等级之上。也就是说，某些环境评价指标的评价结果可能只存在于评价尺度的某一侧（正面或负面）。这说明采用该尺度测量这些评价指标时显得“量程过剩”。在这种情况下，如果只是对其作单项评价分析，换用单侧评价尺度（正面单侧或负面单侧）进行评价更为合适。

根据图 4-10 的分析可见，儿童对小学建成环境的空间场所及物理环境两个一级指标的评价敏感度不高。从图 4-9 也可看出，指标 L、指标 D、指标 E 评价得分的区分度相对较小。这从另一个侧面说明，利用双侧 5 级尺度对这两个指标内容进行评价是不够精细的。如需对这些指标作精细化分析，该双侧 5 级尺度显然难以满足其测量要求。

4.5 有关评价尺度研究的结论与建议

4.5.1 主要结论

通过评价尺度建立及应用案例两部分的研究，总结出如下主要结论：

（1）根据儿童常用评价语义量词的筛选，通过 5 级线分刻度的问卷试验方法，得出基于儿童使用主体的 5 级建成环境主观评价尺度为：

①双侧：很（负面）；有点（负面）；中等；有点（正面）；很（正面）。

②单侧：不；好像有点；比较；很；特别。

（2）根据试验结果得到基于儿童理解的常用评价语义量词的强度值（图 4-4）排序为（单侧从高到低）：极其，特别，非常，很，挺，真，确实，比较，有些，有点，好像有点，稍微有点，不怎么，不，一点也不。这一结果可为其他等级评价尺度在选定评价量词时提供科学依据。

（3）在本次小学建成环境主观综合评价的案例研究中，采用单侧 5 级尺度的 AHP 赋权结果更具敏感性，即更能拉开指标权重之间的数值差距。而排序法赋权结果则趋于均衡，其区分度不如单侧 5 级尺度的 AHP 赋权结果。从评价一致性来看，采用单侧 5 级尺度的 AHP 赋权结果与排序法赋权结果不具显著一致性，说明两种方法不可互相取代。

（4）采用本书所建立的双侧 5 级评价尺度进行综合评价总体上是较为合适的，但由于评价主体和评价客体自身的原因，导致本次综合评价中大多数指标的评价结果过于偏向评价尺度的某一侧分布（正面），且其评价结果的区分度较低，使得该尺度不能充分发挥其应有的测量作用。这进一步表明，该双侧 5 级评价尺度仅适用于精度要求不高的一般性环境评价项目。

4.5.2　建议

本尺度是以儿童这一特殊群体为出发点，通过较大样本的实地调查和统计分析而建立的。所建尺度不仅反映了各评价量级之间的线性等距关系，且对评价区间的端点值和中点值都较为明确，使其在测量儿童主观评价心理量时具有较强的客观性和针对性。

本研究建立的双侧 5 级评价尺度同时包含正面评价和负面评价，其评价覆盖范围较广，但精度相对较差；而单侧 5 级评价尺度仅覆盖正面评价或负面评价，其评价精度相对较高。在双侧尺度的使用过程中，如果某些评价指标的评价结果总体高于 4 级（或低于 2 级），评价结果之间的区分度较低时，建议换作单侧 5 级尺度或点赋值的方法进行评价，以获取较高的评价精度。

有关尺度的适用性方面，作如下几点说明及建议：

（1）本尺度的建立是基于儿童对建成环境的一般性主观评价，其适用范围不宜过度推广至其他年龄段或其他研究客体之上。

（2）本双侧 5 级评价尺度仅适用于一般性的环境评价项目，如综合性评价、满意度评价、舒适度评价等。对某些特殊评价项目并不适用，如需要精细化分析的评价项目、仅存在负面或仅存在正面的评价项目（如噪声烦恼度评价、美景度评价）等。

（3）由于本尺度选用的评价量词是 5 级区间中点值对应的评价量词，因此，本尺度对极端心理量的测量并不适用。

4.6　本章小结

本章是关于面向儿童群体的建筑 POE 方法的基础性研究。首先，基于儿童的理解，参考小学字词教学大纲等文件对儿童常用的评价语义量词进行筛选，采用问卷试验方法测出各语义量词的相对强烈程度，并按照线性等距原则确定出单侧 5 级评价尺度和双侧 5 级评价尺度。进一步将该尺度作为 POE 工具开展应用案例研究实践，从儿童视角出发，对小学建成环境进行主观综合评价，通过单侧 5 级尺度赋权效果及双侧 5 级尺度评价效果的综合分析，探讨该尺度在实际评价项目中的应用效果，并提出有关该尺度应用的必要说明及适用性建议。

本章所建立的评价尺度解决了建成环境主观评价中缺乏针对性尺度标准、评价尺度不统一等基本问题，其研究成果为今后相关研究选用适当语义量词提供了科学依据与参考标准。它是研究使用主体为儿童这一类型的建筑 POE 的关键性测度工具，是使用者心理测量结果可靠性的基本保证。

第 5 章
儿童点赋值评价方法及应用

5.1 引言

建成环境主观评价包括点赋值和区间赋值两种评价方法。所谓点赋值评价，即指评价主体采用一组连续数值中某一点值对客体进行主观评价的方法，如常用的十分制、百分制等，都属于点赋值评价方法。区间赋值评价是指评价主体采用等级量表对客体进行主观评价的方法，如五级评价、七级评价等，都属于区间赋值评价方法。

在建成环境主观评价研究中，点赋值方法是最重要、最常用的心理测量方法之一。然而，在建成环境点赋值评价结果的分析中，由于儿童的特殊性，他们作出的点赋值评价结果究竟反映出怎样的评价倾向，在建筑 POE 研究中仍没有明确的结论。因此，探索儿童点赋值评价的规律十分必要。本章研究的目的就是通过实证调查以探讨这种规律，从而为正确解读儿童点赋值评价结果提供科学依据，同时，也为其他针对儿童群体的建筑 POE 研究提供一种可借鉴的方法参考。

5.2 研究概述

5.2.1 问题的提出

通过本书第 4 章所建立的 5 级区间评价尺度虽然能有效地保证其心理测量的相对线性等距关系，但对于一些需要精细化分析的环境评价项目，5 级区间评价尺度显得较为粗糙，此时点赋值评价可以发挥其更加精确的优势。通常情况下，5 级区间评价在统计时一般都会将等级统计量转化为点值进行计算和表述，如 1～5 级分别赋值 1～5 分、0～1 分或 −1～1 分等，这种统计上的后期赋值不可避免地掺入了研究者的主观性，在统计运算时可能会进一步放大这种赋值的影响，有时甚至会因为赋值方法的不同而导致综合评价中的因子权重排序截然不同。因此，采用评价者直接点赋值的评价方法，能有

效减小这种后期统计赋值带来的不利影响。

然而，评价者采用点赋值进行主观评价的结果仅仅是在数值上呈线性关系，所反映的心理量并不一定是线性关系，这导致我们难以准确把握点赋值评价结果所反映的实际评价倾向。尤其是儿童，他们采用点赋值评价的倾向可能与成年人存在较大差异。这种差异无疑将进一步加大点赋值评价结果解读的偏差。因此，只有明确直接点赋值评价结果与等距区间赋值评价结果之间的匹配关系，我们才能更加准确地测量和解读评价者的实际心理量。

5.2.2　研究内容与目的

为解决前期调查中提出的儿童点赋值与区间赋值评价结果的匹配问题，探讨儿童点赋值评价的特征，本章确定如下两个方面的研究内容及目标：

（1）点赋值评价方法研究

基于本书第 4 章所建立的具有相对线性等距关系的 5 级区间评价尺度，通过问卷调查，探讨儿童点赋值（百分制）评价结果与 5 级区间赋值评价结果之间的差异及匹配关系，为正确解读儿童点赋值评价结果提供理论依据。

（2）点赋值评价方法的应用案例研究

对儿童点赋值评价方法开展应用案例研究——儿童对小学校园空间场所的喜爱度评价研究，并通过案例研究初步对比、验证儿童点赋值评价结果在多大程度上反映实地走访的调查结果。

5.3　儿童点赋值评价方法研究

5.3.1　研究过程与方法

（1）研究过程

首先利用第 4 章建立的 5 级环境评价尺度，要求儿童采用区间赋值方法对若干环境评价项目作出评价，同时要求他们采用点赋值（百分制）方法对相应评价项目进行评价。这一步骤的主要目的是让儿童充分理解点赋值评价和区间赋值评价的概念和含义，以提高调研结果的可靠性。随后，根据儿童对两种评价赋值方法的理解，要求其采用点赋值（百分制）评价方法对相应评价等级（双侧 5 级）予以赋值。然后统计各评价等级的点赋值评价结果，通过线性插值方法对两者进行匹配。最后对比分析儿童与成年人（教师）之间的点赋值评价差异与特征。

（2）问卷设置及数据采集

问卷设置 12 个常规建成环境主观评价项目、1 个评价匹配项目（见附录—问卷 8）。问卷中区间赋值评价采用 4.3 节所建立的双侧 5 级尺度，即：很（负面）、有点（负面）、中等、有点（正面）、很（正面），依次为1～5级评价；点赋值评价采用儿童最熟悉的百分制（0～100分）。评价匹配项目的问卷设置形式如下（1级）：如果你的评价为“很差”“很不满意”“很不……”时，你的评分是（0～100分）______。其他等级以此类推。然后统计回收问卷的匹配结果，对评价数据作进一步处理与分析。

（3）数据分析方法

本研究采用描述性统计方法中的均值分析方法进行研究。均值分析结果可以反映群体对某问题评价结果分布的离散程度，也可以检验两组评价结果差异的显著性。均值比较方法较为简单、常用，其数学原理在此不予赘述，统计分析采用SPSS软件进行计算。

5.3.2 统计结果与分析

（1）数据处理及结果

在回收的有效问卷中，首先剔除不完整、明显无效的问卷，再按10%原则剔除与整体一致性最差的奇异问卷（具体方法见4.3.6节），最后从剩余问卷中选取学生问卷135份，教师问卷35份。

根据调查问卷的评价匹配结果（附录—问卷8第13题），分别统计学生和教师问卷中与每个区间评价等级（1～5级依次从负面到正面进行排序）所对应的百分制平均得分，结果如表5–1所示。

各等级的平均得分　　表5–1

指标	评价量级				
	1	2	3	4	5
儿童评分均值	41	62	72	84	92
教师评分均值	23	52	65	79	90

（2）样本均值检验

对所有评价者的赋值结果作单样本均值检验，汇总检验结果如表5–2、表5–3所示。

根据儿童点赋值评价结果的均值检验发现，1级、2级评价所对应的点赋值平均得分的置信区间相对较大，其均值在95%置信度条件下分别落于“37～45”“59～65”区间范围之内，说明儿童对负面评价等级的点赋值结果的离散程度较大。而正面评价时，其均值的置信区间较小，点赋值评价结果趋于集中分布。教师赋值结果也有类似趋势。

均值检验结果（儿童）　　表 5-2

分级	t	df	均值	差分的 95% 置信区间	
				下限	上限
1 级	21.05	134	41.38	37.49	45.27
2 级	42.23	134	61.76	58.86	64.65
3 级	97.94	134	71.59	70.15	73.04
4 级	112.21	134	83.53	82.05	85.00
5 级	158.65	134	92.36	91.21	93.51

均值检验结果（教师）　　表 5-3

分级	t	df	均值	差分的 95% 置信区间	
				下限	上限
1 级	9.55	34	22.86	17.99	27.72
2 级	56.45	34	51.86	49.99	53.72
3 级	73.92	34	65.14	63.35	66.93
4 级	83.78	34	78.86	76.94	80.77
5 级	88.52	34	89.57	87.51	91.63

（3）点赋值的 5 级区间插值匹配结果

将表 5-1 中的平均分通过线性插值，再将百分制评价结果划分为对应的 5 级区间进行比较，得到五级区间评价与点赋值评价的匹配关系如表 5-4 所示。

五级区间评价与点赋值评价的匹配关系　　表 5-4

评分区间	评价量级				
	1	2	3	4	5
儿童评分区间	0～52	52～67	67～78	78～89	89～100
教师评分区间	0～43	43～59	59～72	72～85	85～100

（4）数据分析

根据上述数据处理及检验，可从中看出，儿童点赋值评价结果与区间赋值评价结果并非线性对应关系。点赋值评价结果对应的 5 级区间划分趋向于高分段分布。在儿童点赋值评价结果中，高分段的评价敏感性较高，即分值变化小，而反映的心理量变化却比较大；低分段的评价敏感性则相反。另一方面，儿童点赋值评价结果对应的 5 级区间划分比教师更趋向于高分段。也就是说，在相同评价等级条件下，教师点赋值结果的期望值低于儿童。

5.3.3 结论与讨论

上述关于儿童点赋值评价研究的主要结论及讨论如下：

（1）在儿童对建成环境的主观评价中，点赋值评价结果只是在数值上呈线性关系，但所反映的心理量并非线性关系，儿童点赋值评价结果的 5 级等距区间趋向于高分段分布。根据研究结果，儿童评分在约 72 分以下时就偏于负面评价（5 级评价低于中间等级第 3 级，即正负面评价分界点），而不是低于 50 分或 60 分时才偏于负面。这一结论有助于我们准确把握儿童对建成环境点赋值评价结果所反映的实际心理量。

造成儿童点赋值评价结果趋于高分段分布的主要原因可能与他们日常接触百分制的经验有关。他们可能受到学力评价中百分制意涵的影响，从而形成自己对点赋值评价概念的固有理解，使其评价结果出现上述显著特征。是否在 10 分制、5 分制等其他点赋值方法中也存在类似现象，亦值得对其作进一步探讨。

（2）儿童点赋值评价结果对应的 5 级等距区间比教师更趋向于高分段分布。换言之，在相同得分的情况下，儿童的评价更趋向于负面。例如根据研究结果，儿童评分 70 分时偏于负面，教师评分 70 分时则偏于正面。具体对应关系见表 5-1 和表 5-4。

5.4 点赋值方法的应用——儿童对小学校园空间场所的喜爱度评价

喜爱度评价是使用者对建成环境喜爱程度的描述，它在一定程度上体现了儿童的环境态度及使用行为的选择倾向。较高的喜爱度评价意味着主客体之间有更好的使用契合度，意味着有更多使用行为机会，意味着客体更能满足主体的心理需求，反之亦然。虽然喜爱度的影响因素很多，如个体因素、环境熟悉度等，但作为一种直觉印象，喜爱度评价能直接、综合地反映使用者的环境偏好和取向[202]。其评价结果有助于我们了解环境设计的得失，为将来改进环境设计提供参考依据。

在喜爱度评价研究中，评价赋值方法的合理选择至关重要。得益于前文有关儿童点赋值评价方法的研究成果，使我们在解读儿童点赋值评价结果方面有更合理的把握，为喜爱度评价提供了科学的评价赋值方法及分析依据。为进一步探讨儿童点赋值方法在实际 POE 项目中的作用，本章以小学校园空间场所的喜爱度评价为研究内容，对该方法的应用开展实践性案例研究。

5.4.1 研究过程与方法

（1）研究对象选取

①研究主体。根据本书第 3 章的研究结论，自主问卷填写的主观评价不宜在三年级

以下的儿童中开展，因此，主观评价选择四～六年级的儿童作为研究主体。从 3 所学校的四～六年级中分别选取 1 个班级进行调研。在现场调研访谈中，访谈对象为随机抽取。

②研究客体。重点选择 3 所具有典型代表性的小学进行深入研究，分别为贵州省仁怀市的实验小学、中枢三小和三合一小。实验小学作为新型小学的代表，其环境、设施等各种条件都较为先进；中枢三小作为普通城市小学的代表，其环境、设施相对老旧，是目前数量最多的一类小学；三合一小作为乡镇小学的代表，其场地较小，各方面条件较差。3 所学校局部环境现状如图 5–1～图 5–3 所示。

图 5–1　实验小学局部环境现状

（2）研究过程

儿童对小学校园空间场所喜爱度评价的案例研究步骤如下：

①评价场所的选取

将 3 所小学中儿童常用的室内外场所进行划分，选取 3 所学校都具备的主要场所类型，以便于三者之间进行比较。评价对象共计 18 个，如图 5–4 所示。

②利用点赋值方法对喜爱度评价进行问卷调查

将各场所列于问卷之中，让儿童对每个场所作出喜爱度评价，采用点赋值评价方法，评价以百分制进行赋值。然后统计喜爱度问卷评价结果，对其进行均值分析，并比较 3 种类型校园场所总体喜爱度的差异。每所学校发放问卷 135 份。实验小学回收有效问卷 131 份，男女比例为 1.11∶1；中枢三小回收有效问卷 122 份，男女比例为 1.14∶1；三合一小回收有效问卷 95 份，男女比例为 1.11∶1。

图 5-2　中枢三小局部环境现状

图 5-3　三合一小局部环境现状

③基于喜爱度评价进行实地调查与分析

根据喜爱度评价结果，对较高或较低的评价对象分别进行现场调研访谈，以了解造成较高或较低评价的原因，对比点赋值评价结果是否与现场调研结果相吻合，从而初步

探讨该方法的应用效果。

（3）研究方法

本研究主要依托第 2 章、第 3 章的方法研究成果，包括适用于儿童的问卷设置原则及“翻译”程序、评价尺度的选用以及问卷信度的检查方法等。喜爱度评价采用百分制点赋值的评价方法进行研究，因为儿童更为熟悉百分制的评价形式。对于点赋值的喜爱度评价，采用均值分析方法进行研究；对于现场调研，主要采用访谈法进行研究。

5.4.2　点赋值评价结果及均值分析

（1）儿童对小学校园空间场所的喜爱度评价结果

通过调查统计，得到 3 所小学各场所的喜爱度评价结果如图 5–4 所示。

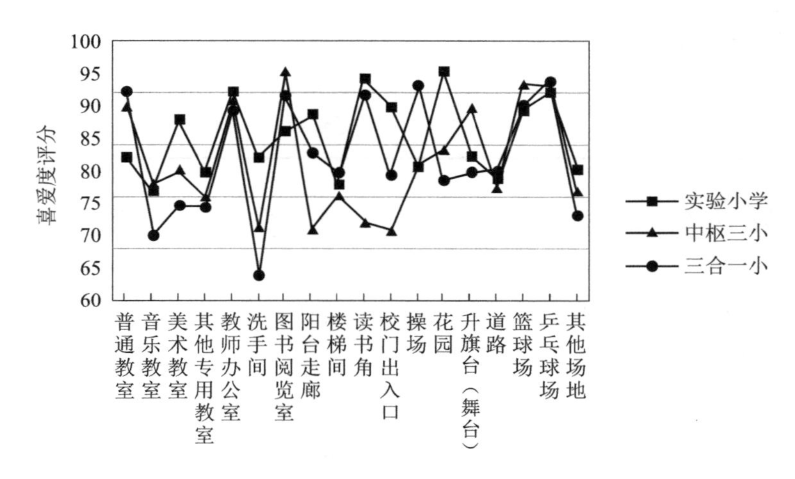

图 5–4　儿童对 3 所小学各场所的喜爱度评价

（2）均值分析

平均值可以精确反映样本的集中趋势，均值分析能科学地检验这种集中趋势的差异显著性。将 3 所学校喜爱度评价结果进行均值比较，采用 SPSS 软件进行分析，样本统计量如表 5–5 所示。

均值比较样本统计量　　　　**表 5–5**

编号	学校名称	均值	*N*	标准差	均值的标准误
对 1	实验小学	85.54	18	5.87	1.38
	中枢三小	81.61	18	8.42	1.98
对 2	实验小学	85.54	18	5.87	1.38
	三合一小	82.26	18	8.95	2.11
对 3	中枢三小	81.61	18	8.42	1.98
	三合一小	82.26	18	8.95	2.11

根据统计结果可以看出，3 所学校各场所的喜爱度评价得分平均值较为接近，相

差在 5 分以内。按照儿童点赋值评价方法与区间赋值评价结果的匹配关系（表 5–4），3 所学校各场所喜爱度评价结果的平均值均在 5 级评价的第 4 级区间之内。实验小学各场所的喜爱度平均得分为 85.5 分，高于三合一小的 82.3 分，三合一小各场所喜爱度平均得分高于中枢三小的 81.6 分。

虽然结果数值有高低差异，但其差异是否具有显著性，还需进行均值检验。通过 SPSS 软件对其均值进行检验，检验结果如表 5–6 所示。

样本均值检验　　表 5–6

编号	学校名称	均值差	标准差	均值标准误	差分的 95% 置信区间		t	df	Sig.（双侧）
					下限	上限			
对 1	实验小学 – 中枢三小	3.927	9.196	2.167	−0.645	8.501	1.812	17	0.088
对 2	实验小学 – 三合一小	3.277	8.381	1.975	−0.890	7.445	1.659	17	0.115
对 3	中枢三小 – 三合一小	−0.650	7.908	1.864	−4.582	3.282	−0.349	17	0.732

根据检验结果发现，3 所学校各场所喜爱度平均得分在 95% 置信区间条件下无显著性差异（$p>0.05$）。虽然 3 所学校的场地、设施在总体上有较大差异，实验小学作为新型示范性学校在环境方面明显优于各方面都较为落后的乡镇小学——三合一小，但儿童们对两者的平均喜爱度评价差异却并不显著。

空间场所喜爱度评价的均值无显著性差异的原因可能有以下两点：

①儿童对校园环境的认知具有其特殊性。在成年人看来较好（或较差）的环境，儿童未必持有相同的看法。如中枢三小整体式木制乒乓球台，其质量明显优于实验小学砖砌水泥板乒乓球台，但儿童们对两者的喜爱度评价却没有明显差别。孩子们似乎更加关注设施的有无和设施作为活动载体所带来的活动内容，而场所设施本身的质量，似乎并不是他们关注的主要方面。

根据均值分析结果表明，儿童的评价结果有过于偏向乐观的趋势，即对较差的环境也可能作出较正面的评价。这可能是因为大多数儿童没有去过其他学校，缺乏比较经验所致。因此，将儿童评价结果用于跨校园环境优劣的比较时应持审慎态度。

②均值结果未考虑各场所要素的权重关系，只能从一定程度上反映评价的集中趋势，但不能准确反映整体的喜爱度评价。

5.4.3　基于点赋值评价结果的现场调研与分析

（1）高喜爱度和低喜爱度评价对象的现状

基于 5.3 节的研究，儿童点赋值评价在 92 分以上属于最高等级正面评价，72 分以下则偏于负面评价。对 92 分以上或 72 分以下的评价对象进行现场调研访谈，喜爱度评

价对象现状如表 5–7 所示。

喜爱度评价对象现状　　　　表 5–7

高喜爱度评价对象（92 分以上）		低喜爱度评价对象（72 分以下）	
场所名称	场所现状	场所名称	场所现状
实验小学办公室		实验小学音乐教室	
实验小学读书角		中枢三小洗手间	
实验小学花园		中枢三小阳台走廊	
实验小学乒乓球场		中枢三小校门入口	
中枢三小阅览室		三合一小洗手间	

续表

高喜爱度评价对象（92分以上）		高喜爱度评价对象（92分以上）	
场所名称	场所现状	场所名称	场所现状
中枢三小篮球场		三合一小普通教室	
中枢三小乒乓球场		三合一小操场	
		三合一小乒乓球场	

（2）高喜爱度和低喜爱度评价对象的现场调查及访谈结果

通过现场调研及对儿童的访谈，将各场所的使用状况及访谈结果汇总如表5–8、表5–9所示。表中结果直观地反映了造成高喜爱度评价和低喜爱度评价的原因。

高喜爱度评价场所访谈结果 表5–8

高喜爱度评价对象		基本情况	主要访谈要点（正面）
实验小学	教师办公室	1. 办公室与教室之间有连廊相连，两者之间距离较近。 2. 学校鼓励学生在教师办公室进行课外师生互动，课间学生进出较多	1. 可以去办公室倒水。 2. 老师们都很和蔼、平易近人。 3. 办公室里有空调，很凉快。 4. 办公室有盆景、植物，环境不错
	读书角	1. 分层设置，距离教室很近，使用率较高。 2. 凹形空间，具有一定领域性。 3. 设有座位，个体阅读时间较长。 4. 书目种类多，更新频繁	1. 课外书很有趣。 2. 可以坐在那儿看风景。 3. 在那儿可以和同学们讨论书里有趣的故事
	花园	1. 绿地面积较大，植物种类丰富。 2. 花园中有步道可进入，花园内有可坐靠的台阶。平常使用率较高	1. 花园非常漂亮。 2. 桂花很香，花朵五颜六色。 3. 花园里有蚂蚁，看蚂蚁来抬食物很好玩。 4. 看见花园里的果实一天天变黄就很开心

续表

<table>
<tr><th colspan="2">高喜爱度评价对象</th><th>基本情况</th><th>主要访谈要点（正面）</th></tr>
<tr><td>实验小学</td><td>乒乓球场</td><td>1. 砖砌乒乓球台，水泥板台面。
2. 场地较大，乒乓球台数量较多，有 20 个</td><td>1. 球台很多，想玩的时候都有台子。
2. 老师那儿有很多球拍，不用我们自己买。
3. 不算远，下课 10 分钟都可以来玩会儿</td></tr>
<tr><td rowspan="3">中枢三小</td><td>图书阅览室</td><td>1. 普通教室改作阅览室之用，空间较小。
2. 座位环形布置，中间是阅读台，四周是书籍</td><td>1. 就在教室旁边，下课就可以过来看课外书。
2. 里面有我比较喜欢的科学书</td></tr>
<tr><td>篮球场</td><td>1. 两块篮球场组成的主操场，是开展大型活动的场地。
2. 离教室较远，除课间操、体育课之外，使用率较低。
3. 水泥地面，与其他学校的篮球场相比无明显优势</td><td>1. 平常锻炼身体、体育活动都在这儿。
2. 篮球场很大，不仅可以打篮球，还可以踢球、跳绳、玩耍等</td></tr>
<tr><td>乒乓球场</td><td>1. 木制球台，质量较好。
2. 数量较少</td><td>1. 这两个台子比上面几个要好，没有风吹。
2. 离我们教室近，一下课就来玩</td></tr>
<tr><td rowspan="3">三合一小</td><td>普通教室</td><td>1. 矩形教室，大小形式基本与其他学校相同。
2. 小组式的桌椅布置。
3. 兼具午饭食堂之用</td><td>1. 很明亮，上课的时候很安静。
2. 教室大，学生不挤。
3. 中午可以在教室里吃饭，吃完饭后还可以在里面睡会儿觉</td></tr>
<tr><td>操场</td><td>很普通的一块操场，举行升旗仪式、课间操之用，在施工改造前兼作篮球场之用</td><td>1. 操场很宽大。
2. 操场里可以看见很远的风景。
3. 我们都在操场里玩好玩的游戏</td></tr>
<tr><td>乒乓球场</td><td>木制乒乓球台，与中枢三小相同</td><td>1. 比以前的台子好多了，以前的台子没有球网。
2. 就在教室门口，很方便</td></tr>
</table>

低喜爱度评价场所访谈结果　　**表 5–9**

低喜爱度评价对象	基本情况	主要访谈要点（负面）
实验小学音乐教室	1. 普通教室改作音乐教室之用，排列时空间较小。 2. 乐器课时空间明显不足，不满足多个小组同时开展乐器教学。 3. 音乐教室相邻设置，且离普通教室较近，门窗隔声效果差，互相影响干扰较大。 4. 音乐教室设置于内廊式教学楼的两侧，加强了噪声的相互影响。 5. 无器材储存间，每次上课搬动器材较为麻烦	1. 房间有点小。 2. 有时候很嘈杂。 3. 放东西有点不方便。 4. 声音偶尔影响我们上课
中枢三小洗手间	1. 独立设置，离个别教室较远。 2. 打扫卫生工作由学生值日负责，卫生情况太差。 3. 部分蹲便器破损，不易清理。 4. 浅色地板砖，湿地脚印看起来很脏	1. 非常臭，太难闻了。 2. 地面经常都是湿的，容易滑倒

续表

低喜爱度评价对象	基本情况	主要访谈要点（负面）
中枢三小 阳台走廊	1. 宽度较小，净宽不足 1.5m。 2. 护栏为实体墙，且墙体较高，无通透性，学生的视野较差。 3. 缺少其他楼层户外活动空间，走廊经常出现拥挤情况	1. 走道有点窄，下课时有点儿挤。 2. 要是采用铁栏杆就好了，能看见楼下的风景。 3. 中午打扫卫生的时候，大家把凳子搬来放在走道上，行走不方便
中枢三小 校门入口	1. 高大的实体铁门，显得很封闭。 2. 校门外通道较窄，两侧商铺占道经营，导致放学时很混乱。 3. 家长等候空间不足，且无避雨设施	1. 校门看起来有点土，一点都不漂亮。 2. 大家放学都在买东西，很挤。 3. 校门口卖的东西都是假货。 4. 要走很远才有公交车。 5. 家长不能开车到这个校门来接我
三合一小 洗手间	1. 水泥地面，不宜冲洗。 2. 长便槽设置，不易冲洗，长期积累导致很臭。 3. 由学生值日负责打扫，卫生效果极差。 4. 无挡板设施，私密性极差。 5. 蚊虫较多	1. 有点臭，很不卫生。 2. 蚊子太多了。 3. 有点黑暗，里面吓人

（3）调研结果的分析与总结

根据上述喜爱度评价结果，通过实地调查，结合儿童访谈的反馈信息，分析其造成高喜爱度或低喜爱度评价的原因，作出如下几点总结：

①根据调查，实验小学的教师办公室紧靠教学班级设置，学生进出办公室的现象明显增多。其发挥课外辅导、课外师生互动的功能突显，因而获得学生们较高的喜爱度评价。而另外两所学校则不然。通过调研发现，教师办公室目前主要有两种分组形式，一种是按教学科目划分，如语文组办公室、数学组办公室等；另一种是按年级划分，如一年级组办公室、二年级组办公室等。从综合使用效果看，教师办公室按年级的分组形式优于按教学科目的分组形式。在学生的喜爱度评价中，按年级设置的实验小学办公室也获得较高的喜爱度评价。

②根据调查，读书角设置于距普通教室较近的位置，且考虑较好的领域感、明亮的光线，提供座椅，频繁更新书目等，将能获得较高使用率和较高的喜爱度评价。尤其是座椅的设置对读书角的使用率影响最大。如实验小学的读书角（图 5–5 中），其使用率及喜爱度评价都极高，而另外两所学校的图书角（图 5–5 左、图 5–5 右），由于缺乏较好的领域感，未设置方便使用的座椅，导致其使用率极低，喜爱度评价也非常低。

图 5–5 不同读书角的使用情况

③根据调查，可进入、有花香、有更多自然“野趣”有丰富休闲设施的花园，是儿童们认为最好的花园。实验小学的花园正是如此，从而获得了极高的喜爱度评价。

④根据调查，洗手间的负面评价主要源于卫生条件。导致卫生条件较差的原因主要是由值日学生负责清扫所致。通过强化卫生管理制度、聘请专门保洁人员定期清扫，可有效改善其主观评价。如实验小学制定了严格的卫生管理制度，其洗手间的主观评价则未出现负面评价结果。

5.4.4　点赋值评价方法的应用状况讨论

（1）儿童点赋值评价结果与区间赋值评价结果的对比

利用主观综合评价所得的 5 级区间评价结果（图 4–9，中枢三小的数据），按照点赋值评价与区间赋值评价的匹配关系（表 5–4），采用线性插值方法将其转化为百分制评价结果，与本次点赋值的喜爱度评价结果进行对比（对比指标为两个案例研究中相同的指标，共 10 个），如图 5–6 所示。

由图 5–6 可见，儿童区间赋值评价结果与点赋值评价结果有较好的吻合度，80% 的指标误差在 5%（5 分）范围之内。如果仅从主观评价倾向的程度来看，两种方法所得的评价结果基本一致，并未出现较大的评价差异。

（2）通过现场调查与访谈的结果分析可以看出，实地调查结果与主观评价结果得到了相互印证。72 分以下的评价对象在访谈中出现了较多的负面评价观点，而 92 分以上的评价对象则都是非常正面的评价观点。从方法的实用性来看，儿童点赋值评价以 72 分为低喜爱度评价的分界点、以 92 分为高喜爱度评价的分界点是合适的。

喜爱度评价的主要目的就是调查使用者对哪些环境对象产生高喜爱度或低喜爱度评价，并以此为依据进行现场调查，分析造成高喜爱度或低喜爱度评价的原因，从而在将来的环境设计中做到扬长避短。从这个意义上来说，对儿童点赋值评价方法的研究结论具有非常重要的意义。否则，当我们得到一个点赋值评价结果的时候，我们很难准确把握儿童的真实喜爱度评价倾向。

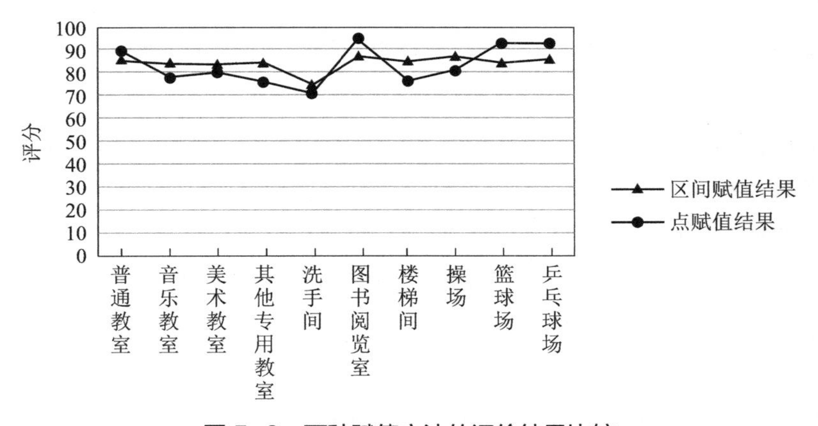

图 5–6　两种赋值方法的评价结果比较

（3）得益于第 4 章中建立的具有相对线性关系的 5 级区间评价尺度，通过其与点赋值评价之间的匹配测验，儿童点赋值评价结果的“非线性”程度才得以明确。由于儿童对建成环境的评价很少有出现较低分段的评价结果，本案例研究仅在较高分段内（趋于正面评价的范围）进行讨论，至于较低分段（趋于负面评价的范围）的点赋值评价结果是否与区间赋值评价结果相一致，仍需作进一步的探讨。

5.5 儿童点赋值评价方法研究的主要结论

通过儿童点赋值方法及其应用案例的研究，总结出如下主要结论：

（1）通过测验，儿童点赋值（百分制）评价结果所反映的心理量并非线性关系，它与 5 级区间赋值评价结果的匹配关系如下：1 级为 0～52 分，2 级为 52～67 分，3 级为 67～78 分，4 级为 78～89 分，5 级为 89～100 分。这一匹配关系为我们正确解读儿童点赋值评价结果提供了科学依据。

（2）儿童点赋值（百分制）评价的正负面分界点为 72 分，而不是 60 分或 50 分。通过案例研究表明，以 72 分以下的评价对象为低喜爱度评价对象、以 92 分以上为高喜爱度评价对象进行建筑 POE 调研是较为合适的。

（3）儿童点赋值评价结果相较于成年人（教师）更趋向于高分段分布，即两者在相同评分的情况下，儿童的评价更趋于负面。如儿童评分 70 分属负面评价，而教师评分 70 分则属于正面评价。

（4）根据应用案例研究，儿童点赋值的评价结果与区间赋值的评价结果有较好的吻合度，这说明本研究得出的点赋值评价与区间赋值评价的匹配关系（表 5–2）是较为准确、可靠的。

5.6 本章小结

本章首先通过较大样本的问卷测验，以第 4 章建立的具有相对线性等距关系的 5 级区间评价尺度为基础，通过儿童点赋值评价结果与区间赋值评价结果的对比分析，揭示了儿童点赋值评价结果的分布规律及其与区间赋值评价结果的匹配关系。随后，应用点赋值（百分制）评价方法开展儿童喜爱度评价的案例研究。通过案例研究，初步探讨了儿童点赋值评价的特征，对比了点赋值与区间赋值评价的一致性，并通过实地调查，从实用性的角度讨论了该方法应用的可靠性。最后，总结方法与应用两部分的研究成果，得出几点有关如何准确解读儿童点赋值评价结果的重要结论。

该研究解决了面向儿童的建筑 POE 中存在的一个基础性问题，即如何把握儿童点赋值评价结果所反映的实际评价倾向？研究结论为解读儿童主观评价结果提供了参考依据，为今后相关建筑 POE 研究奠定了必要的方法基础。该成果对建筑 POE 研究具有重要的实用价值，对充实建筑 POE 方法体系具有积极的理论意义。

第 6 章
针对儿童的行为观察法及综合应用

6.1 引言

环境行为，或称环境使用行为，是建筑 POE 的核心研究内容之一。它主要研究人们如何使用环境，即人的活动和行为发生在何时、何地以及如何变化，目的是弄清物质环境对生活品质所产生的影响，从而为修正和调整物质环境提供参考信息[155]。

在面向儿童群体的建筑 POE 研究中，行为观察法是儿童环境行为最主要的研究手段之一。在前期调查中发现，由于儿童心理行为的特殊性，导致行为观察在实施过程中存在不同程度的不利影响。为进一步探讨针对儿童的环境行为研究方法，本章通过有关行为观察法的回顾，结合本书前期调查，探讨针对儿童行为观察的基本原则及与之相适应的主要研究方法，并采用这些方法对小学校园中的儿童环境行为作多角度研究，最后提出有关儿童行为观察法的建议。

6.2 行为观察法简述

6.2.1 概念与发展

所谓行为观察法，即指观察者对目标行为进行编码和分析的一系列标准化程序[50]，是在某种自然条件下运用感觉器官或观察工具对环境使用者的行为活动进行观测而获取数据的方法[51-52]。在建筑学领域，行为观察法又称为行为场所观察法、行动观察法等，它是行为建筑学研究的主要方法之一，是 20 世纪六七十年代从建筑 POE 研究中发展而来的[49]。

行为观察早期是在实验室内进行的，但这种实验室方法在应对实际情况时的适用性很差[158]，后来，采用实地行为观察逐渐成为环境行为研究的主流方法。在环境行为研究中，许多研究者对行为观察法进行过专门的探索和尝试。20世纪中期，威廉•怀特曾采用摄像技术记录人的活动来研究城市公共空间的社会生活。蔡塞尔曾对观察实质痕迹等作了案例阐述[53]。贝特尔和斯吉瓦斯塔瓦在著作《环境行为研究方法》中归纳了行为地图、行为日志、直接观察、参与性观察、时间间隔拍照、运动画面摄影术等行为观察方法。在国内，戴菲、章俊华等对规划设计学中的行为观察法作了专门性的讨论，并通过案例研究对这些方法开展了应用实践研究[52]。通过多年来的发展，从传统的人眼、相机记录到如今的GPS、热成像传感器记录等，行为观察的数据搜集手段愈加丰富，为当前环境行为研究奠定了坚实的技术基础。

6.2.2 行为观察法的种类及适用场景

行为观察的构成要素包括：观察者、被观察者、观察方式、观察时间、观察场所、观察内容及分析方法等。

从观察者和被观察者的关系来看，行为观察法分为介入性观察（Participant Observation）和非介入性观察（Non-participant Observation）。介入性观察法具有独特的优势，它能灵活地根据实时情况进行观察调整，能与被观察者产生一些必要的互动，可以近距离观察使用者的行为细节，但是其缺点是容易对观察者产生干扰，造成观察结果可能偏离本来的状态。非介入性观察的优点是能保证被观察者的行为状态不受影响，其缺点是无法进行有条件干预，容易出现观察误差，难以把握被观察者的行为细节等。非介入性观察包括两种方式，即物理性非介入和心理性非介入。其中，心理性非介入是指观察者的存在可以被忽略的情形。

按照观察方式的不同，行为观察法可分为直接观察法和间接观察法。两种方法包含若干具体方式。通过对有关环境行为研究的归纳，总结出主要的行为观察方法及适用情况，如图6–1所示。

根据观察手段的不同，行为观察法包括肉眼观察、影像记录、热成像传感器记录，GPS记录等手段。其中影像记录包括等距时间间隔拍照、运动画面摄影、偶发事件拍摄等方式。

按照行为观察的数据记录方式，其主要包括质化记述方法和量化记述方法。其中量化记述方法包括人数统计法、活动统计法、行为核查表方法、行为注记法、行为地图法等。质化记述方法适用于行为的实态初勘，以及难以量化记述的情形。人数统计法适用于节点通过观察、流线观察、档案统计等观察法；活动统计法主要适用于活动类型观察、档案统计及问卷调查；行为核查表、行为注记法、行为地图法等主要适用于行为的动态分布观察。

从行为观察数据的分析角度来看，可以以行为、时间和空间三个对象为切入点进行分析。以行为为出发点的分析强调某种行为的内在驱动及外在影响，如分析儿童的亲自然行为、奔跑行为等。以时间为出发点的分析强调行为时间规律，其研究主要服务于环

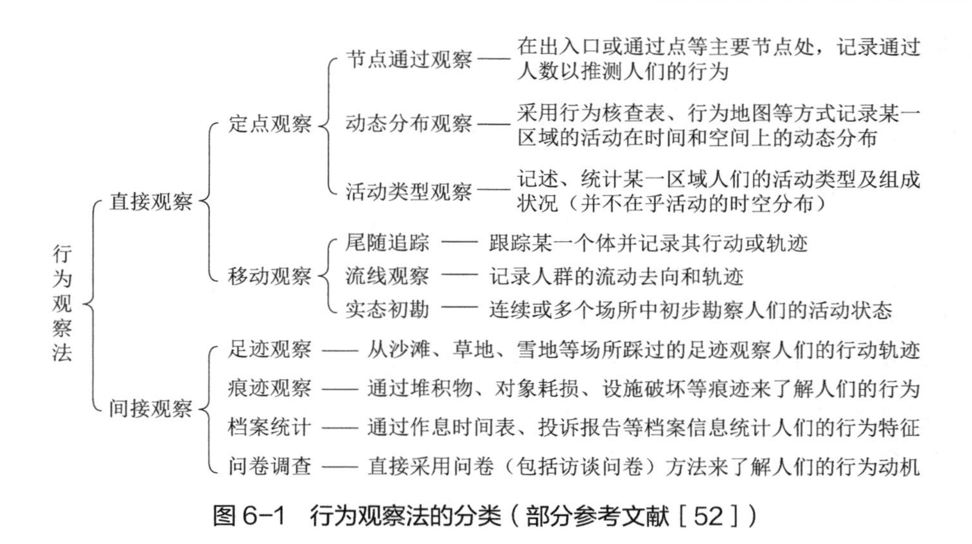

图 6-1　行为观察法的分类（部分参考文献［52］）

境的时间性设计——力求使得建筑环境在不同时段都具有良好的效果[44]。以空间为出发点的分析主要强调空间对人的行为的影响，如研究某场所对使用行为的激发或抑制作用等。以时间为切入点的行为分析又称纵向研究，以行为和空间为切入点的分析又称横向研究。

6.3　儿童行为观察的原则及主要方式

6.3.1　儿童行为观察的基本原则

在针对儿童的环境行为研究中，由于儿童心理行为的特殊性，对其进行行为观察时应遵循以下原则：

（1）一般性原则。行为观察法的一般性原则包括客观性原则、科学性原则、易操作性原则、系统性原则、理论与实际相结合的原则、一般与个别相结合的原则等。其中，客观性原则是指行为观察时应尽量减少观察者掺入过多主观意识和感情色彩，使观察数据尽可能客观真实；科学性原则主要指观察数据的搜集以及分析方法具有科学性；易操作性原则是指行为观察的实施过程具备可行性和方便性；系统性原则强调行为研究的结构化、全面性和完整性；理论与实际相结合、一般与个别相结合的原则主要强调行为观察在数据采集和分析中的互补性和灵活性。这些原则具有通用性的特点，不论针对儿童还是成年人，行为观察都应遵循这些一般性原则。

（2）低介入性原则。在针对儿童的行为观察中，当观察者进入儿童群体的自由活动范围时会存在“鹤立鸡群”的现象，这种现象在活动群体较单一的场所中（如小学校园）最易发生。由于儿童猎奇心理和防备心理的双重作用，观察者的过多介入和干预，会较大程度地影响儿童的自然状态，很容易造成观察结果失真。因此，采取低介入性原则的行为观察才能避免这种不利影响。当然，并不是所有行为都必须采用低介入性观察的方式，一些特殊的行为观察仍然需要适度介入才能获取有效数据，如行为测验、深度访谈等。低介入性原则的目的是使获取观察数据更加可靠。

（3）发展性原则。由于儿童的身心正处于快速发育阶段，其心理行为特征也在不断发生变化。不同年龄段，甚至在较短时间内，儿童的心理行为都处于持续发展的状态。因此，获取儿童行为观察数据之后，应持有发展性的眼光来分析儿童的心理及行为，不仅要注意儿童已经形成的心理行为特点，更要注意那些可能刚刚萌芽的行为特点及发展趋势。该原则的目的是使行为观察数据的分析更具合理性。

（4）教育性及伦理性原则。对于小学阶段的儿童，身边任何事物都可能成为他们的学习对象。事实上，任何一次调研过程，对儿童而言都是一个教育的过程。因此，针对儿童进行行为观察时，应本着对儿童身心健康成长高度负责的态度，避免出现任何“负能量”信息，避免因为研究需求而对其实施欺骗行为，更不能为了实现某种研究目的而侵犯儿童的隐私。

6.3.2 适用于儿童的行为观察方式

儿童的行为特征非常显著，例如，他们的活动范围一般较小，通常都在监护人的陪同下游玩，或是在限定的范围内开展活动；再如，儿童自由行为的持续时间较短、变化较快等。这些特征致使行为观察不可能实现所有的环境行为研究目标，也不是所有的观察方法都对其适用。根据儿童的特点，从如下两个方面阐明适用于儿童的主要行为观察方式：

（1）行为观察的主要内容及对应观察方法

环境行为的研究内容非常广泛，其研究方式也不胜枚举。对于建筑 POE 来说，通过行为观察研究环境行为的内容总体上包括如下三个方面：

①观察儿童行为的时间分布，探讨其活动的时间规律，从而为环境的时间性设计提供建筑 POE 反馈资料。所适用的观察方法主要包括档案统计法、行为核查表方法等。

②观察儿童行为的空间分布，了解空间场所、设施的使用状况，探查建成环境与使用者之间的契合程度，为改进环境设计提供建筑 POE 反馈资料。所适用的观察方法主要包括行为地图法、行为核查表方法等。

③观察儿童活动组成及偏好，分析其心理需求，从而提供相应的建筑 POE 反馈信息。所适用的观察方法主要包括节点通过观察法、活动类型观察法、实态初勘法、问卷法等。

在上述研究内容中，并不是所有的观察法都适用于儿童。例如在低年级儿童中采用问卷法来调查行为心理状态就很难实现；在小学校园中采用痕迹观察法或尾随追踪法也不具太大意义。因此，在面向儿童的行为观察中，应以方法适用为优先考虑因素，应根据实际情况作灵活变通。

（2）行为观察的一般操作流程

根据过去环境行为以及社会学中的行为研究实践，行为观察的一般操作流程如图 6-2 所示。

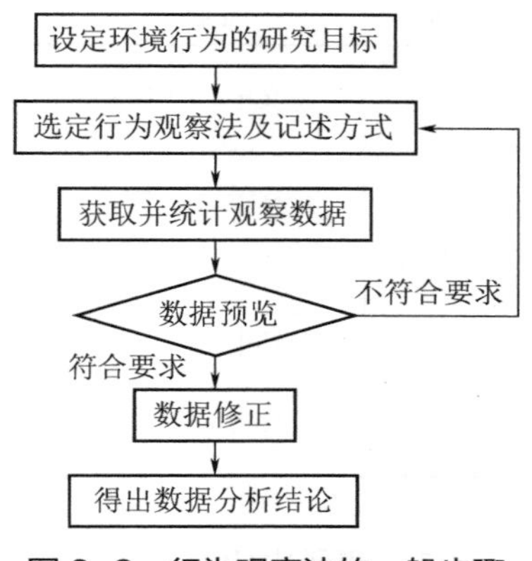

图 6-2　行为观察法的一般步骤

其中，数据预览对于儿童的行为观察具有重要的意义。由于儿童行为的特殊性，行为观察所获取的数据很容易偏离真实状态，此时需要以数据预览的方式来大致核实数据是否符合研究需要、是否与真实场景相符。例如，对观察对象的编码是否有必要合并，间隔拍照是否记录了关键性活动事件等。数据修正是指后期分析中对观察数据的合并或解构过程，例如，如果对观察对象的性别区分并不重要，此时可以将男女合并起来编码，另一些情况则是在相似行为的编码之间进行合并，或是将间隔很短的时间编码进行合并等[54]。

6.4　行为观察法的综合应用案例——小学校园中的儿童环境行为研究

为进一步验证、演绎行为观察法在面向儿童的实际研究中的具体方法和作用，本章以小学校园环境及儿童为研究对象，综合应用行为观察法对其环境行为展开多角度研究。然后根据案例研究，结合前期调研经验，总结出儿童行为观察中的特征，提出有关儿童行为观察的建议。

6.4.1　档案调查法的应用——儿童行为活动的时间性

6.4.1.1　调研简介

（1）调研对象选取

选取 4 省区 9 所城市普通小学为调研对象。学校建成时期包括 3 个时代，即 20 世纪八九十年代，21 世纪初和 2010 年后最新建成使用的学校。学校概况如表 6-1 所示。

调研学校及概况　　表 6-1

区域	学校	概况
广东省	湛江市第八小学（老校区）	广东省一级学校，主要建造年代为 20 世纪 90 年代，占地面积小，环境设施老旧，学生多，比较拥挤
福建省	福清市石门小学	建于 2013 年，建筑环境较新，教学设施较为先进
广西壮族自治区	南宁市天桃实验学校（荣和校区）	2011 年建成投入使用，是推行新教改的示范性小学，环境设施等较为先进
	柳州市景行小学	建于 2003 年，校区规模较大，现代化教学设施配备齐全

续表

区域	学校	概况
贵州省	遵义市朝阳小学	城市小学，主楼建于2000年左右，位于城市中心地段，平均班额70多人
	仁怀市实验小学	城市小学，2003年建成投入使用，是“新课标”等新型教学改革推行的示范性学校，平均班额57人
	仁怀市第一小学	城市小学，建于20世纪80年代，教学楼老旧，至今仍在进行环境改建
	仁怀市第三小学	城市小学，建于20世纪90年代，综合楼于2013年进行扩建完成
	仁怀市城南小学	2016年一期建设基本完成，现有90个教学班，学生4000多人，是调研学校中规模最大、环境最新的小学

（2）调研内容与方法

行为的时间性，即活动从开始到结束的时间持续过程，是环境行为研究的基本环节之一。本研究首先根据前期调研获取的资料，应用档案调查法对儿童的校园行为活动进行统计及分类。分类按照两种方式划分，即按活动性质及按时间性分别进行划分。然后以周、日为周期，通过搜集调研对象的周、日课程表及作息表等档案资料，统计儿童不同活动类型的时间分布，藉此探讨当前小学校园中儿童活动的时间性规律。

6.4.1.2 校园行为活动及活动时间分类

（1）活动类型划分

根据调查，按照行为活动的性质，将小学校园活动类型划分为4类：即课堂教学活动，集体组织活动，半组织、半自由活动和课外自由活动。4种活动类型包含的具体活动内容如表6–2所示。

小学校园活动类型　　表6–2

活动类型	具体活动内容
课堂教学活动	固定班级课堂教学活动（语文课、数学课等）、“走班”式课堂教学活动（美术课、科学课等在专用教室进行的教学活动）
集体组织活动	升旗仪式、课间操（眼保健操及跑操）、集体赛事等
半组织、半自由活动	自习课、兴趣小组活动、体育课、综合实践课等
课外自由活动	课间自由发生的必要性活动、社会性活动，如休闲行为、社交行为、自主学习行为等

（2）活动时间类型划分

按照行为活动的时间性，将活动时间划分为如下3大类：教学时间、课外时间和组织活动时间，如图6–3所示。

其中，教学时间指完成教学计划的课程时间，包括固定班级课堂和“走班”课堂；课外时间即教学活动之外学生可自由支配的课间，包括普通课间、大课间、上学前及放学后的自由时间；组织活动时间包括升旗仪式、早操、眼保健操、课间操等非课堂教学的时间，这类时间有较高的组织纪律要求，学生不能自由支配。

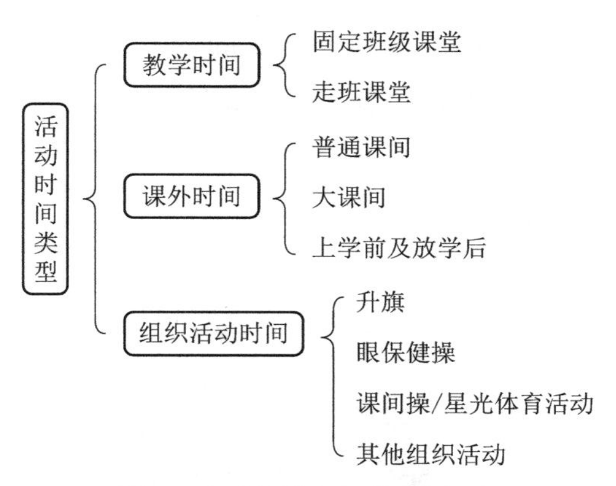

图 6-3　校园活动时间的组成

6.4.1.3　各活动类型的时间分布

（1）各活动的持续时间

在所调查的 9 所学校中，上学时间从早上 8：05～8：45 不等，下午放学时间在 15：40～16：55，午休时间一般在 12：00～14：30。学校课程设置一般是上午 4～5 节课，下午 2～3 节课（课程设置示例如图 6-4）。每节课的持续时间较为灵活，一般为 40 分钟，也有个别学校设置为 35 分钟，某些课堂如早读、班会等设置为 15 分钟或 25 分钟。各校每周升旗仪式约为 15 分钟，眼保健操约 5 分钟，课间操或早操约 15 分钟。普通课间为 10 分钟，大课间约剩余 15 分钟自由时间。一般情况下，早上和中午上学前约 20 分钟时学生陆续抵达学校，平均约为 10 分钟。中午放学后的平均持续时间约为 10 分钟，下午放学后的平均持续时间约为 15 分钟。

一（3）班

时间	星期一	星期二	星期三	星期四	星期五
8:10–8:25	升旗	早读			
8:25–9:05	品生	语文	语文	体走	语文
9:15–9:55	品生	数学	语文	美术	语文
9:55–10:25	大课间				
10:25–11:05	口语	体育	数学	语文	体育
11:05–11:20	眼保健操				
11:20–12:00	美术	音乐	品生	语文	数活
12:00–14:20	中午				
14:20–14:30	午读	自习	午读	自习	午读
14:30–15:10	语文	手工	音乐	口语	科学
15:25–16:05	健体	综合	综合	数学	班会
16:15–16:55	送修				

图 6-4　周课程设置示例（中枢三小）

（2）各活动类型的时间占比

按照上述时间状况，以周为周期，统计 9 所学校各活动类型的时间占比，得到各活动类型的时间分布状况如图 6-5 所示。

由图 6-5 可见，儿童可支配的课外自由活动时间约占在校总时间的 1/4。如果除去上学前和放学后的逗留时间，儿童可自由支配的课间约为15%。事实上，这部分自由活动时间对培养儿童的社交能力、对儿童的个性塑造起着关键的作用。活动场所、设施如何通过合理的规划布局配合儿童极其有限的自由时间，是校园环境设计值得思考的问题之一。

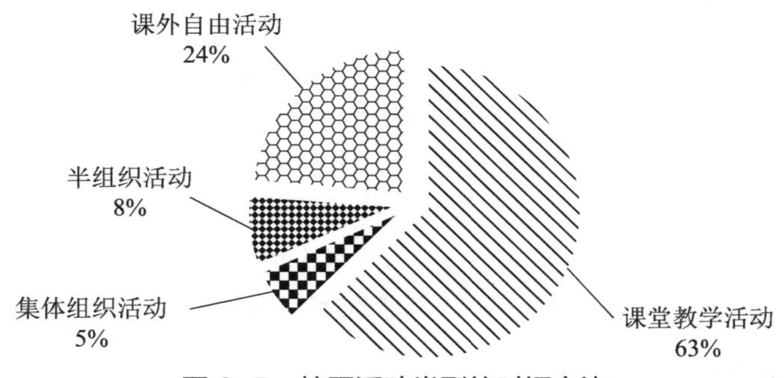

图6-5　校园活动类型的时间占比

根据统计，课堂教学、集体组织活动占据绝大部分时间。据反馈，近年来半组织活动有逐渐增加的趋势。各学校都在完成教学大纲任务的前提下不断压缩课堂教学活动的时间。在当前提倡素质教育的背景下，很多学校在教学实践中已经意识到半组织活动的重要性。一些学校通过开设厨艺比拼、商品推销、课外兴趣小组、植物栽培等活动，以半组织、半自由形式让儿童独立参与综合实践。这对培养儿童独立思考和自主行动能力起着非常重要的作用。半组织性教学活动目前仅占8%的比重，今后这一比例预计将逐步增长。随着教学活动的多样化发展，非课堂教学活动的占比也越来越高。这对专用教室的数量及其使用灵活性提出了新要求，另一方面，这些新型非课堂教学活动的增长对预留发展用地也提出了更多需求，如在中枢三小，该校已几乎无任何增建的可能性，只得将原有操场划出一部分来设置植物园和校园气象站，以供此类半组织性教学活动之用。因此，在今后的环境设计中应重视专用教室的功能可变性及预留充分的发展用地，以适应新型非课堂教学活动快速变化的趋势。

（3）各活动时间类型的周课时数分布

根据教学时间、课外时间、组织活动时间类型的划分，按周计算，统计3种活动时间类型中具体活动的课时数，每个课时按40分钟计算，得到校园活动的时间分布如图6-6所示。

课时（每课时40分钟）

0　2　4　6　8　10　12　14　16　18　20　22　24　26

类型	活动
教学时间	固定班级课堂
	走班课堂
课外时间	普通课间
	大课间
	上学前及放学后
组织活动时间	升旗
	眼保健操
	课间操/早操
	其他组织活动

图6-6　校园活动类型的课时数（每周）

由图 6-6 可见，教学时间每周平均约 32 课时，课外时间每周平均约 10 课时，组织活动时间每周平均约 6 课时。近年来对小学生“减负”的教学改革一直在持续，但其总教学时数不降反升，只是在教学任务上有所减轻，另外在教学形式的丰富度上有较大增长。从图 6-6 中的“走班课堂时数”“其他组织活动时数”也能反映这一特点。

在教学时间中，固定班级的课堂教学时间占据绝大多数周课时数，除此之外，“走班”课堂的教学时数相对最多。近年来小学增设了英语口语、计算机信息等课程，“走班”行为有增加的趋势，相应专用教室的使用率也逐渐提高，从而对普通教室与专用教室在空间组合上的便利性提出了更高要求。如中枢三小，该校选修课程相当丰富，学生平均每天有近 2 节“走班”课程，但其专用教室集中在一栋独立的教辅楼之内，教师反映在使用上较为不便。

在课外时间中，表面上看来课时数并不少，但实际上这些时间被切割为很多零碎、短暂的时间段，这一特点对儿童的环境使用行为产生了较大的影响。这种影响将在下文作进一步探讨。在组织活动时间中，“其他组织活动”的课时数相对最多，这反映了当前学校对各类赛事、综合社会实践等校级组织活动的重视程度。

（4）小结

活动类型的时间分布实际上体现的是空间环境的使用率问题。上述对儿童活动类型时间性分布的调查结果，为考虑不同场所使用率进行小学校园环境设计提供了参考。如果从使用行为的时间性这个角度出发，较高使用时数所对应的场所应当获得更多关注。如使用时数最多的普通教室、半组织活动增长所对应的课外活动空间，应在功能性、舒适性等方面给予更多的设计投入，以更大限度发挥相应环境在使用时段内的良好时空效果。

6.4.2　活动类型观察法的应用——课外活动组成及儿童的偏好

6.4.2.1　调研简介

（1）调研对象

重点选择中枢三小、实验小学、城南小学为观察对象（学校概况详见 4.4.1 节），随机选择一些典型室外场所作为观察对象。

（2）调研内容及方法

本调研旨在探讨小学校园中儿童的课外活动特征，具体研究内容及方法如下：

①应用活动类型观察法，采用质化记述方式记录儿童具体的课外活动组成及概况，分析儿童的课外活动特征。

②根据活动类型观察，分析低年级儿童的课外活动偏好及特点。

③应用问卷调查法，分析高年级儿童的课外活动偏好及特点。

由于低年级（一～三年级）儿童难以采用问卷法进行调查，因此其环境行为研究采用质化方法为主。高年级（四～六年级）以问卷调查法为主，3 所学校各选一个班进行调查（样本数为每班 30 份），通过开放式问卷让儿童写出几项最喜爱的校园课外活动，然后对其进行词频分析。问卷操作及“翻译”原则见 3.5.2 节。

6.4.2.2 课外活动的组成及特征

通过活动类型的初步观察记录，儿童常见课外活动的组成如表 6–3 所示。课外活动分为四类，即体育活动、游戏活动、课外学习活动与休闲社交活动。

课外活动组成　　表 6–3

活动类型	活动组成
体育活动	踢足球、打篮球、打乒乓球、跳绳、打羽毛球、单双杠活动、器材健身、转呼啦圈
游戏活动	下棋、跳皮筋、丢沙包、拍画、攀爬、老鹰捉小鸡、踢毽子、跳房子、玩耍、捉迷藏、追逐、玩弹珠、玩手机、摔跤、猜剪刀石头布、玩沙子、逗蚂蚁、戏水、斗鸡、“拉车”滑行
课外学习活动、休闲及社交活动	室外写作业、读书角读书、观看宣传展示栏、室外朗读
	无目的走动、站立观看、休息、结伴交谈、席地玩耍、打闹、围观

根据观察，对各活动类型的特征作如下分析：

（1）体育活动特征

在体育活动中，篮球、乒乓球和足球是调研学校中的最主要的三大体育活动。其他类型的体育活动则与各学校体育设施的建设及体育器材的供给有关，如中枢三小设置的健身器材、城南小学设置的单双杠设施、实验小学向每个学生发放的跳绳及球拍等，都能较好地丰富儿童的校园体育活动。

（2）游戏活动特征

根据调查，游戏是儿童课外活动的主要组成部分。虽然调研学校的游戏场所都较为单一，且几乎都未设置专门的游戏设施，但实际调研中发现，儿童课外游戏活动极为丰富，其丰富程度远不止表 6–3 所记录的内容，很多游戏甚至都没有确切的名称。儿童们会自带各种游戏器材，甚至不需要游戏器材也能创造各种“玩法”（图 6–7）。这充分体现了儿童对校园游戏活动极大的偏爱与需求。这种存在大量自创游戏的现象也从另一个侧面反映了当前学校游戏设施较为匮乏的现状。调研学校中，很多学校都没有充分考虑儿童多样化课外游戏的需求。

在当前着力推进素质教育的背景下，越来越多的学校开始重视并激励儿童开展丰富的校园游戏活动，如中枢三小为学生购置各种棋类等游戏器材、城南小学灵活的大课间设置等，这都是对校园环境中游戏设施不足的一种“补救”措施。

众所周知，游戏对于儿童成长具有特殊的意义。它不仅体现在生理、心理发展的需求方面，更体现在社会教育功能方面。儿童对大千世界的认识很大一部分是建立在游戏的基础之上的，他们偏爱用娱乐的方式感受和认识周围的环境。儿童正是在各色各样的游戏中同伙伴们一道行动，从而培养起协作精神、尊重人的权利、理解社会规范、服从、牺牲精神及服务精神等。

图 6-7　儿童校园课外游戏活动摘选

（3）课外学习活动特征

大多数情况下，儿童课外学习活动需要借助读书角、展示栏、室外桌椅等设施从事自主学习。在前期调研中，大部分学校基本上都设置有专门的读书角以供儿童课外学习，个别学校还专门设置有室外桌椅供儿童使用。但其他专门为考虑儿童室外自主学习的场所和设施则相对匮乏。尽管如此，儿童们的课外学习活动依然无处不在，只要有合适的台阶、长凳，甚至是平地，都随时可能发生课外学习行为（图 6-8）。这种大量的"异用"行为说明了他们对课外学习设施有较强烈的需求。

图 6-8　儿童校园课外自主学习行为

根据调查，课外学习的"异用"现象主要发生于走道、有合适尺度的花台及室外座椅等场所。尤其是在走道，在没有专门规划有课外学习空间的情况下，他们有时会搬出凳子以营造一个临时的室外学习场所（图 6–8 左中）。由此可见，在教学楼中设置专门的课外学习空间是极有必要的。室外其他场所的“异用”现象也说明，便于摆放书本、适宜小坐的长凳与花台等设施都能有效地促成积极的“异用”行为，鼓励儿童开展课外自主学习。

（4）休闲及社交活动特征

在小学校园中，儿童休闲及社交行为包括结伴交谈、围观、无目的走动及打闹等。其中，儿童结伴交谈是最主要的社交形式之一，而休闲行为（如坐靠休息、独自走动）相对较少。在广场等较大空间中一般以 4～8 人的小群交谈为主，在走廊等较小空间中一般以 2～3 人的特小群交谈为主（图 6–9）。

图 6–9　校园中的儿童群体社交行为

儿童群体社交行为的动作相对较多，视听联系较强，但团体组织极不稳定，易于分解并组成新的团体组织。在小学校园的课外活动中，儿童很少独自行动，即使是站立围观或无目的走动等休闲活动，他们也会寻找“志同道合”的同伴一起行动。

6.4.2.3　低年级儿童课外活动的偏好及特点

根据活动类型观察，通过质化分析总结出低年级儿童对课外活动的偏好及特点：

（1）低年级儿童的亲自然行为更加明显，主要体现在戏水、玩泥沙、逗蚂蚁、淋雨、爬树等与自然环境有关的活动（图 6–10）。

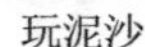
玩泥沙　　戏水　　逗蚂蚁

图 6–10　儿童的亲自然行为

在多所学校的沙坑使用状况观察中发现，玩泥沙的儿童一般都是一、二年级的学生，三年级及以上的儿童基本上对玩泥沙失去兴趣。下雨天在校园中形成的水洼，是低年级儿童最喜爱的场所之一，而调查中的高年级儿童戏水的热情则相对较低。通过对席地玩耍、拍画等行为的观察也说明，低年级儿童并不太在乎弄脏自己，而高年级儿童则

更讲究个人卫生，很少参与类似可能弄脏衣物的课外活动。

（2）低年级儿童对体育活动的偏爱度较低，而对游戏活动的偏爱度更高。在对体育活动场所的调查中发现，足球、篮球、乒乓球与羽毛球等体育活动场地几乎被高年级儿童占据，这些体育活动场所中很少有低年级儿童的踪影。即使相对适合低年级儿童的乒乓球运动，三年级及以下的儿童也很少参与。足球运动有少部分三年级的学生参与，篮球运动的群体则以五、六年级学生为主。

体育运动是儿童“德智体美劳”全面发展中的重要一环，然而，由于球类体育项目不太适合低年级儿童，导致大部分学校在体育运动方面对低年级儿童的关注不够，造成“机会公平”严重缺失。个别学校已意识到现有体育运动设施对低年级儿童“照顾不周”，而特地向低年级儿童作出一些“弥补”。如实验小学向低年级儿童发放跳绳，中枢三小在操场边设置适合低年级儿童使用的健身设施等（图 6-11），对丰富低年级儿童的体育活动取得较好的效果。

（3）通过长期观察发现，低年级儿童除具有抄近路、依靠性、人看人、好奇心与探知欲等常规行为习性之外，他们在校园中还具有以下行为特点：

①在小学校园中，低年级儿童的活动范围明显比高年级儿童大。通过进一步调查发现，低年级儿童活动范围相对更大的原因可能与班级设置的楼层有关。这将在后文作进一步探讨（6.4.3 节）。

器材健身　　　跳绳

图 6-11　低年级儿童的体育活动

②低年级儿童肢体接触的行为较多，同时表现出较强的性别意识，在群体社交行为中尤为明显。

③低年级儿童行为动作更为敏捷，在交通行为中大部分表现为奔跑或快速通过。这一特点导致在长直走道交会处时有碰撞事故发生。

④低年级儿童在课外活动中显得“精力过剩”，但专注度不高，自由活动的持续时间较为短暂，会很快从一个活动场所转移到另一个活动场所。

6.4.2.4　高年级儿童课外活动的偏好及特点

（1）根据 3 所小学四～六年级儿童的开放式问卷调查，统计他们“喜爱的校园课外活动有哪些？”通过词频统计绘制兴趣图，结果如图 6-12 所示。

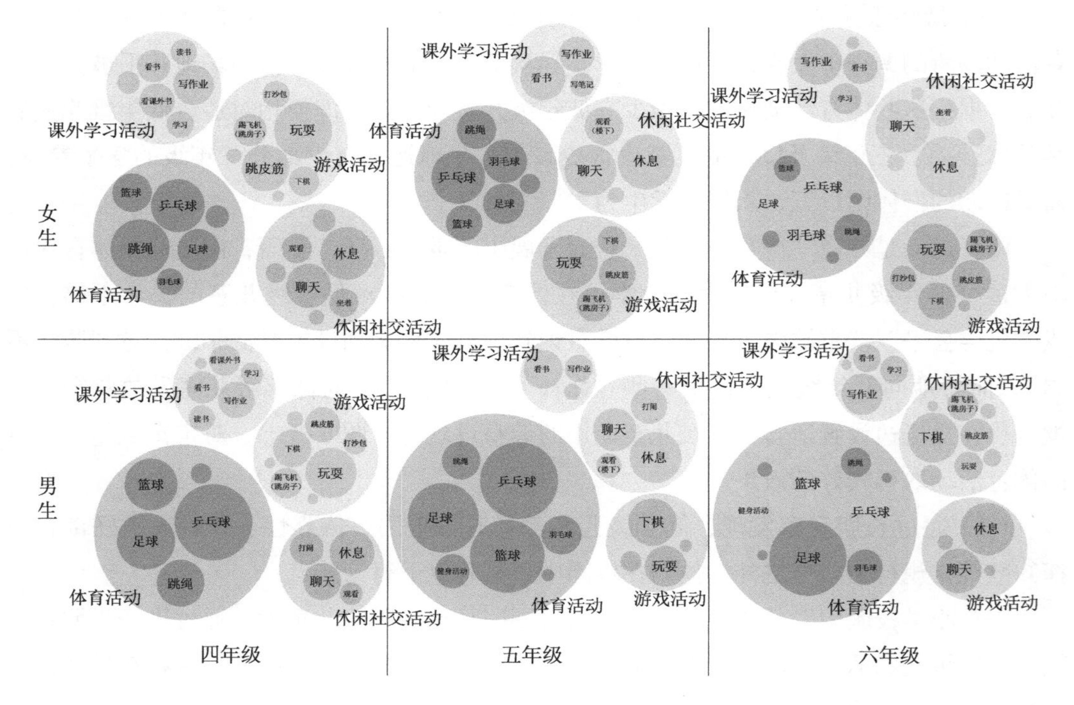

图 6-12 儿童课外活动兴趣图

由图 6-12 可以看出：

①从总体上看，四种课外活动类型中，体育活动是高年级儿童最喜爱的课外活动，其次是游戏活动和休闲社交活动，课外学习活动的偏爱度相对最低。

②相较于四年级儿童，五、六年级儿童对体育活动、休闲活动的偏好程度略有增加，游戏活动和课外学习活动则略有降低。而五、六年级儿童之间则未表现出较为明显的喜爱度差异。

③男生更偏爱于体育活动，女生对活动类型的偏爱度则较为均衡。相比于男生，女生更偏爱于课外学习活动和休闲社交活动。

需要强调的是，由于课外活动受天气、课外时间分布等因素的影响较大，因此，偏爱度调查结果与实际活动频度并不完全一致。

（2）儿童由于年龄跨度较大，高年级儿童与低年级儿童的行为习性也存在较明显的差异，主要表现在以下几点：

①高年级儿童课外时间更愿意待在教室，其活动范围相对较小，自我中心的意识越来越强。

②高年级儿童的群体社交活动中，团体成员的人数变少，一般以 2～3 人的特小群为主，很少出现如低年级中 7～8 人以上的大型团体社交活动。

③高年级儿童的课外活动丰富度逐渐减少。他们似乎对一些“简单趣味”的课外活

动逐渐失去兴趣，而将更多精力转移到运动技巧、棋艺训练等需要较高专注度的兴趣活动之中。

6.4.3　节点通过观察法的应用——楼层对儿童活动范围的影响

6.4.3.1　调查对象概况

本研究选择中枢三小的主教学楼为调查对象。该教学楼为 4 层建筑，未分层设置卫生间，首层有 6 个教学班，二～四层每层有 7 个教学班，共连接 4 个楼梯。由于该教学楼相对独立，录像监控点能完整覆盖，为行为研究提供了较理想的观察条件。该教学楼的平面图如图 6-13、图 6-14 所示。

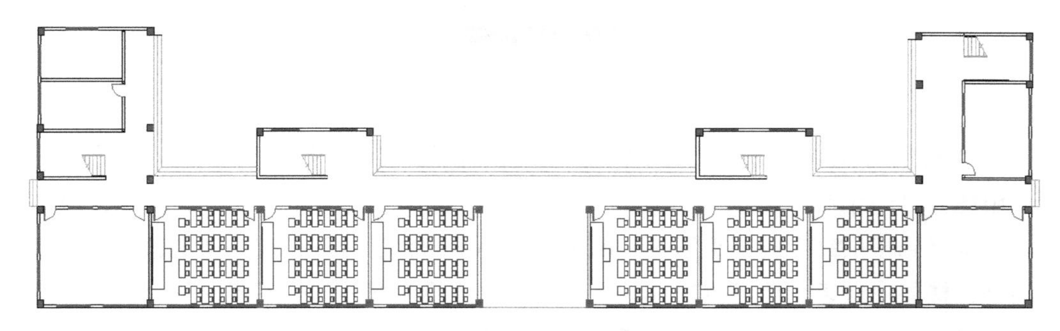

图 6-13　主教学楼首层平面图

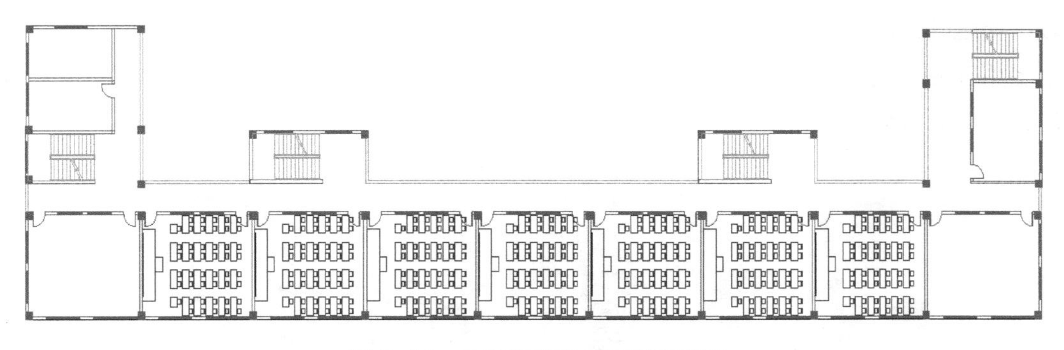

图 6-14　主教学楼二～四层平面图

6.4.3.2　调查目的及方法

应用节点通过观察法，利用楼梯口和教室门口的监控录像，记录各楼层儿童外出参与室外自由活动的人次，以分析楼层高度对儿童活动范围的影响。

选择上午第一节课后（9：05～9：15）的普通课间进行记录，记录时的天气为夏季阴天。二～四层以走出楼梯口和走出教室的人次计算，首层以走出教室的人次计算。

6.4.3.3　调查结果与分析

通过观察统计，得到各楼层儿童外出的比例如图 6-15 所示。

图 6-15 说明，随着楼层的增高，儿童离开教学楼参与室外活动的人数急剧减少，

三～四层外出的比例不足 20%，下楼的学生一般是去上厕所。对于其他分层设置洗手间的教学楼，学生下楼的意愿可能会更低。而首层近 70% 的儿童都愿意到室外开展自由活动。对这一现象作如下两个方面的分析与讨论：

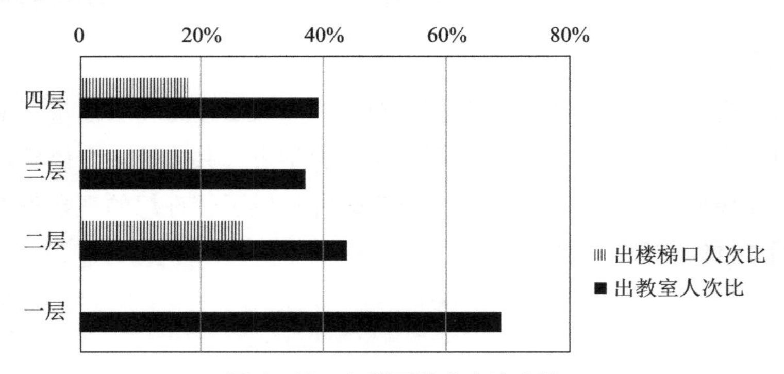

图 6-15　各楼层外出人次占比

（1）楼层对儿童活动范围的影响及当前教学楼的使用现状

由图 6-15 的结果可知，普通课间绝大部分二层以上的学生都在本层活动，他们的活动范围受到楼层高度的严重影响。由于很多小学的教学楼都只有一条走道可供儿童外出活动，楼层中缺乏其他可供选择的室外场所，致使大部分学生不得不长时间坐在教室中度过漫长的一天。这显然与提倡活动育人的教育理念是不相匹配的。

由于楼层对课间行为范围的不利影响，以及课外时间的短暂、零碎化的特点，使得教学楼之外的校园室外空间在课外时间中得不到充分利用。相应地，儿童群体对教学楼中多用开放空间存在较大的需求，哪怕是教室附近的一块狭小通道，儿童的活动也极为活跃（图 6-16）。

图 6-16　教学楼中开放空间的不足

因此，以空间的时间性设计为出发点，为适应课外自由行为时间短暂、零碎分布的特点，在今后的教学楼设计中，宜充分考虑在二～四层设置多样化的室外开放空间，留出适当架空活动平台，甚至设置一些休闲、游戏设施，为儿童提供必要的室外活动场所，更好地配合儿童极其有限的自由行为时间，从而丰富儿童的课间生活。这不仅有利于增加儿童的交往机会，有助于儿童增强认识周边环境的能力，并能更好地使他们与同龄群体建立良好的互动关系。

（2）教学楼大面积底层架空对儿童活动范围的削弱作用

底层架空是教学楼常用的空间布局形式，其好处就是能创造更加丰富的室外公共活动空间，目的之一是促进学生的课外交往活动。然而实际情况却并非完全如此。由于普通课间短暂、零碎的原因，二层及以上的学生在普通课间下楼活动的意愿非常低（图 6–15）。而大面积底层架空事实上把原本活跃的首层使用者推向二层以上，导致底层架空空间及其他室外空间的可达性进一步降低，使得普通课间校园室外自由活动急剧减少（图 6–17 左）。

图 6–17　底层架空对课外行为的影响

事实上，普通教室之间小面积的架空空间对激励儿童外出参与自由活动是极其有利的。如中枢三小小面积底层架空空间，其使用率非常高，是儿童极为喜爱的场所之一（图 6–17 右）。它与遵义市朝阳小学大面积的底层架空空间在使用上形成了较大的反差。由此可见，教学楼大面积底层架空的空间布局以减少首层使用者的数量为代价，实际上是限制了儿童的活动范围，削弱了他们的交往机会。

6.4.4　动态分布观察法的应用——儿童对典型室外场所的使用状况

6.4.4.1　调查内容与方法

应用动态分布观察法，采用行为核查表记述方式，通过室外场所的行为观察，以研究儿童对小学校园典型室外场所在课外时间中的使用状况，分析儿童室外自由行为的动态分布。

以课外时间为观察时间段，采用录像设备，每隔 30 秒取样一次，以调查每个场所的平均使用人数、主要使用者以及主要活动内容。由于儿童行为的短暂性和不稳定性，在行为观察中难以通过影像统计具体行为的频次，因此本次行为核查记录仅记录平均停留人数和主要活动内容，具体行为内容采取质化记述的方法进行记录。行为观察选择在夏季的阴天进行。

6.4.4.2　调查对象概况

选择中枢三小的上操场（A1）、乒乓球场（A2）和沙坑（A3）3 个室外典型场所（课外时间使用率最高的室外场所）作为行为观察对象。3 个场所的概况如表 6–4 所示，观察区域如图 6-18 所示。

行为观察的场所概况　　**表 6-4**

场所编号	场所名称	监控 / 影像记录画面	环境概况	备注
A1	上操场		主教学楼前广场，兼做操场之用，是课间操、升旗仪式的主要场所。操场面积相对较小，集体活动时比较拥挤	观察区域不包括树木遮挡部分和监控范围之外，大致范围见图 6-18 的 A1 区域
A2	乒乓球场		乒乓球场是该校课间游戏、体育活动的主要场所。乒乓球台右侧为专用教室的教辅楼。活动儿童主要来自左侧的主教学楼	观察区域见图 6-18 的 A2 区域
A3	沙坑		沙坑是该校儿童最感兴趣的室外游戏场所之一，是课外时间最活跃的场所之一，其主要使用群体为一、二年级学生	该场所的监控不全，因此采用现场拍摄方法。拍摄时为避免对自然行为的介入性影响，拍摄次数减至每分钟 1 次

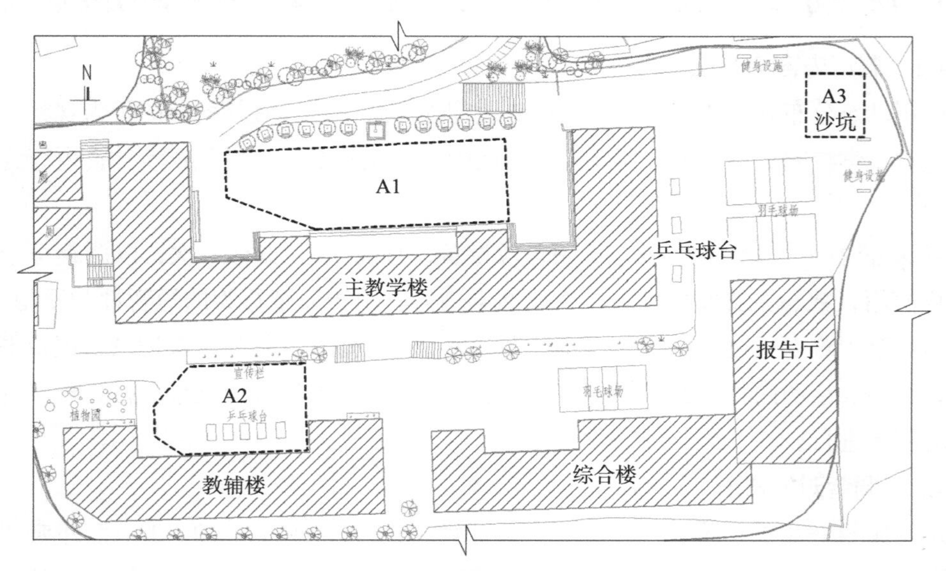

图 6-18　行为观察区域（中枢三小）

6.4.4.3　行为核查记录结果与分析

通过观察统计，得到以上 3 个场所的行为核查记录，如表 6–5 所示。

室外场所使用行为核查表　　表 6–5

<table>
<tr><th>场所</th><th colspan="2">行为时间</th><th>主要使用者</th><th>主要活动内容</th><th>平均停留人次</th><th>备注</th></tr>
<tr><td rowspan="11">A1</td><td>上学前</td><td>约 7:50～8:10</td><td>全体</td><td>主要为走动、奔跑等交通行为</td><td>46</td><td rowspan="2">观察时间为周二，场地较大，儿童活动类型变化较快，难以统计具体活动频次</td></tr>
<tr><td>升旗 / 早读</td><td>8:10～8:25</td><td>—</td><td>—</td><td>—</td></tr>
<tr><td>第一课间（普通课间）</td><td>9:05～9:15</td><td>一年级儿童</td><td>结伴交谈、奔跑追逐、交通行为、站立围观、丢沙包、跳皮筋</td><td>63</td><td rowspan="3">课间操结束 2 分钟后开始记录</td></tr>
<tr><td>第二课间（大课间）</td><td>9:55～10:25</td><td>一～四年级儿童</td><td>交通行为、结伴交谈、奔跑追逐、席地玩耍、站立围观、跳绳、丢沙包、跳皮筋、打闹、拍画</td><td>119</td></tr>
<tr><td>第三课间（眼保健操）</td><td>11:05～11:20</td><td>一年级儿童</td><td>结伴交谈、站立围观、奔跑追逐、交通行为、跳皮筋</td><td>47</td></tr>
<tr><td>中午</td><td>12:00～14:20</td><td>全体</td><td>主要为交通行为</td><td>81</td><td>仅记录放学后 10 分钟和上学前 10 分钟</td></tr>
<tr><td>午读</td><td>14:20～14:30</td><td>—</td><td>—</td><td>—</td><td>—</td></tr>
<tr><td>第四课间</td><td>15:10～15:25</td><td>一年级儿童</td><td>结伴交谈、奔跑追逐、席地玩耍、交通行为、站立围观、跳绳、跳皮筋、猜剪刀石头布、打闹</td><td>86</td><td rowspan="4">一、二年级提前放学，实行错峰放学制度</td></tr>
<tr><td>第五课间</td><td>16:05～16:15</td><td>一～四年级儿童</td><td>交通行为、结伴交谈、站立围观、奔跑追逐</td><td>50</td></tr>
<tr><td>自由选修课</td><td>16:15～16:55</td><td>兴趣小组</td><td>摄影教学、围观、交通行为</td><td>32</td></tr>
<tr><td>放学后</td><td>16:55～17:25</td><td>全体</td><td>主要为交通行为</td><td>14</td></tr>
<tr><td rowspan="4">A2</td><td>上学前</td><td>约 7:50～8:10</td><td>四～六年级儿童</td><td>主要为交通行为</td><td>13</td><td rowspan="2">观察时间为周一</td></tr>
<tr><td>升旗 / 早读</td><td>8:10～8:25</td><td>—</td><td>—</td><td>—</td></tr>
<tr><td>第一课间（普通课间）</td><td>9:05～9:15</td><td>四～六年级儿童</td><td>打乒乓球、围观、交通行为</td><td>22</td><td rowspan="2">课间操结束 2 分钟后开始记录</td></tr>
<tr><td>第二课间（大课间）</td><td>9:55～10:25</td><td>四～六年级儿童</td><td>打乒乓球、围观、交通行为、观看宣传栏</td><td>37</td></tr>
</table>

续表

场所	行为时间		主要使用者	主要活动内容	平均停留人次	备注
A2	第三课间（眼保健操）	11:05～11:20	四～六年级儿童	打乒乓球、围观、交通行为、追逐	15	课间操结束2分钟后开始记录
	中午	12:00～14:20	四～六年级儿童	主要为交通行为	16	仅记录放学后10分钟和上学前10分钟
	午读	14:20～14:30	—	—	—	—
	第四课间	15:10～15:25	四～六年级儿童	打乒乓球、围观、席地玩耍、交通行为、打闹	26	
	第五课间	16:05～16:15	四～六年级儿童	打乒乓球、围观、交通行为	16	
	自由选修课	16:15～16:55	兴趣小组	打乒乓球、交通行为	22	
	放学后	16:55～17:25	四～六年级儿童	打乒乓球、交通行为	18	
A3	上学前	约7:50～8:10	—	—	0	观察时间为周一
	升旗/早读	8:10～8:25	—	—	—	
	第一课间（普通课间）	9:05～9:15	一年级儿童	玩沙子、交谈	3	课间操结束2分钟后开始记录
	第二课间（大课间）	9:55～10:25	一、二年级儿童	玩沙子、围观、交谈	9	
	第三课间（眼保健操）	11:05～11:20	一年级儿童	玩沙子	3	
	中午	12:00～14:20	一年级儿童	玩沙子	1	仅记录放学后10分钟和上学前10分钟
	午读	14:20～14:30	—	—	—	—
	下午第一节课	14:30～15:10	—	—	—	
	第四课间	15:10～15:25	一、二年级儿童	玩沙子、交谈	4	
	第五课间	16:05～16:15	一、二年级儿童	玩沙子、围观、交谈、通过	7	
	自由选修课	16:15～16:55	一年级儿童	玩沙子	2	
	放学后	16:55～17:25	—	—	0	

根据3所校园室外场所的课外使用行为核查记录，绘制出以天为周期的使用人数变化曲线，如图6–19所示。

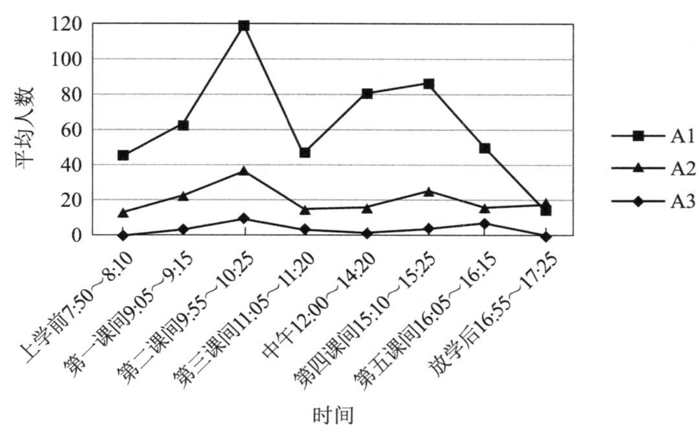

图 6-19　室外场所使用人数的变化

由行为核查表和使用者停留人数变化的统计图，作如下几点分析与讨论：

（1）三个场所使用者的数量呈现较明显的时间变化规律，以天为周期，大致呈 M 形分布，即两个高峰期分别出现在上午第二课间和下午第四课间。靠近中午时间段的第三课间，儿童们的室外活动量明显减少。由图 6-19 可见，儿童的室外活动量与课间时间的长短有直接关系，大课间或下午 15 分钟的自由课间，儿童的室外活动量明显增多，尤其是时长为半小时的第二课间，室外活动人次比其他普通课间（第一课间）人次约增加 1 倍。这说明大课间的设置对激励儿童参与室外活动非常有效。

（2）从使用者数量上看，A1 场所的活动人数远比另外两个场所多，但波动性较大，而 A2 场所的使用人数则相对稳定。这说明设置有游戏、体育设施的场所能获得较稳定的使用率。特别是放学后，乒乓球场仍能吸引较多的学生在校内逗留，而空旷的广场在放学后则很快失去吸引力。从 3 个场所的对比来看，A3 场所的使用者数量最少，原因是该场地较小，且距离普通教室较远。

（3）从使用群体来看，A1 场所在普通课间的主要使用群体为临近教学楼首层的一年级学生，大课间时为临近教学楼的一～四年级的学生。A2 场所的主要使用群体为四～六年级的学生。A3 场所的主要使用群体为一～二年级的学生。

各场所使用群体较为固定的主要原因有两个：一是儿童活动的就近性，由于课间短，儿童们的活动范围有限，他们大多选择在自己所在班级附近的场所开展活动。二是活动类型的排斥性，如乒乓球台（A2）的使用，高年级学生一般会“排挤”低年级学生，而沙坑（A3）的使用中，高年级学生则“不屑”加入他们。这充分体现了小学校园行为场所较强的群体领域性特征，这在体育、游戏场所中表现得更为突出。

（4）从活动类型来看，A1 场所的活动类型最为丰富，而 A2、A3 场所的活动类型则较为单一。在小学校园中，即便没有游戏设施，没有活动器材，只要有一块合适的空地，在其上发生的儿童活动类型也会十分丰富，他们一般利用自己随身带来的诸如皮筋、沙包、象棋等来创造极为丰富多样的游戏活动。而如 A2、A3 这类设置有活动设施的、被限定使用功能的场所，其发生“异用”行为的现象通常较少，活动类型较为单一。

6.5 有关儿童行为观察的总结及建议

6.5.1 儿童在行为观察中的特征总结

根据本次案例研究，结合前期调查以及笔者长期的观察经验，总结出儿童在行为观察中的几个主要特征：

（1）戒备心理较强，调查配合度较低。儿童一般对陌生的观察者持有较强的戒备心理，特别是在小学校园这种他们比较熟悉的环境，观察者的闯入很容易被儿童识别并加以“监视”。尤其在针对高年级的儿童进行观察时，他们一般会躲避被观察，在架设较明显的观察设备时，其附近也一般会避而远之，特别是人数极少的室外场所，观察者介入时他们一般会立即“逃离现场”。在观察者与之进行初次访谈时，他们时常会隐藏内心的真实想法，甚至时有答非所问的情况。这种戒备心理导致的低配合度给行为观察的操作带来一定困难。

（2）好奇心极强，观察结果容易偏离自然状态。儿童的探知欲、好奇心都非常强，一旦他们与观察者建立某种互动关系，他们很快会放弃自己正在开展的活动。特别是针对低年级儿童进行观察时，不论是室内还是室外，他们一般会上前围观，总想一探究竟。不论是上前围观还是躲避观察，这两种情形总是伴随着连锁反应，即容易产生所谓的“羊群效应”。

（3）学习力较强，观察互动时容易将临时辅导内容转化为新知识，容易对调查前的指导语产生错误理解，从而影响实时调查的效果。这种情况一般发生在问卷调查、访谈或行为试验之前的指导。由于不同年龄段的儿童对语言的理解水平不一，标准化的指导语不一定能发挥其应有的作用。

（4）行为活动的持续时间短、变化快，行为观察的量化记述较难。在户外场所中，儿童的自由行为很不稳定，通常会很快从一种活动转移至另一种活动，会很快从一个活动场所转移至另一个活动场所，且这种转移变化多端、不可预测。这种现象给行为数据的量化记录带来不利影响，一方面是难以辨识和统计某一时间片段的活动类型及频次，另一方面，很难以量化数据反映真实的行为变化状态，如间歇性拍照、活动频次统计就是如此。

（5）容易快速建立信任，达到心理性非介入观察的效果。虽然儿童的戒备心和好奇心都较强，但在通过多次的观察互动之后，很容易建立起双方的信任关系。这种信任关系或熟悉程度能有效减少行为观察对自然行为的不利影响。这在前期调查和本次案例研究中得到了反复印证，即通过多次观察建立信任之后，儿童很容易从心理上忽略观察

者的实际存在，从而达到心理性非介入观察的效果。

6.5.2　有关儿童行为观察的建议

结合行为观察法的综合应用案例研究，针对性地提出以下几点有关儿童行为观察的操作性建议：

（1）隐蔽是最好的方式

由于儿童对临时架设的观察设施及陌生观察员的好奇心极强，在他们熟悉的场所中出现的任何新事物，都会引起他们的强烈关注。这与针对成年人的行为观察有很大不同。因此，不论是观察设备还是观察员，隐蔽观察才是最好的方式，才能最大限度降低观察者对儿童行为状态的不利影响。

（2）“不经意”的伪装，才能实现心理性非介入观察的效果

在不可避免需要进行介入性近距离行为细节观察时，要在“不经意”之间完成。观察员应尽量保持与被观察者之间的距离，观察员最好不要携带明显的记录设备。如果观察员手持相机在儿童身边走动或拍摄时，他们一般会群体性地围观或躲避；如果观察员手持记录板，他们一般会以为在做某种检查，只要有一两个儿童开始对观察员作出某种反应，其他儿童就会随从，从而影响观察效率。因此，观察员可“伪装”成一个普通经过者，采用手机拍摄取代相机拍摄，同时尽可能减少手持记录板时间。这些措施能有效地提高观察儿童行为的效果。

（3）灵活运用观察法，方能做到因地制宜

在行为观察时，应根据儿童行为活动的实际情况采取合适的行为观察方法，而不拘泥于某一固定观察模式或记述形式。选用观察法时应当结合现场实际情况和研究需求加以实时调整，观察时应充分考虑现有监控设施及架设观察点的便利性，做到因地制宜、因时制宜。

（4）质化与量化的结合，才能实现优势互补

对于一些没有监控录像，不便于架设隐蔽观察设备的场合，作介入性观察又会影响儿童的行为状态时，进行量化的观察记录是不便操作的。这时应当采用质化的记述方法来研究儿童的环境行为。质化的行为观察法只记述行为现象的主要方面和大致状况，而不必在乎精确的行为数据。

（5）服装色彩的利用，胜于面对面的询问

儿童的着装一般具有较鲜明的特征，如某些学校各年级的校服颜色不同，某些儿童的着装色彩较为艳丽（图 6-20）。这为选择某一群体或个体作为持续观察对象创造了有利条件，增加了被观察者的易识别性，降低了观察目标编码的难度，从而减少对儿童年龄、性别等信息的现场询问。当对某一个儿童采用跟踪法观察时，应选择着装识别度较高的个体进行编码，同时确保观察视频的区域连续性和时间连续性，避免出现观察“盲区”和跟踪“中断”的情况。

图 6-20 校园儿童着装特征

6.6 本章小结

作为建筑 POE 的重要研究方法，行为观察法是儿童环境行为研究最客观和直接的手段之一。为探讨该方法在面向儿童的实际研究中的具体方式、作用、分析方法及适用性，本章通过行为观察法的回顾，对其发展、分类及适用场景等作了简要梳理，然后综合采用档案调查、活动类型观察、节点通过观察及动态分布观察等方法，对小学校园中的儿童环境行为作了多角度的研究。通过行为观察法的综合应用案例研究，结合前期调研经验，总结出儿童行为观察中的特征，从而提出有关儿童行为观察的具体操作建议。

本章侧重于通过实证方式阐释儿童行为观察中的具体研究方式、效果以及操作细节。较细致的案例研究过程以及行为观察建议，初步回应了前期调研中所提出的面向儿童的建筑 POE 方法问题，为今后类似研究提供了方法上的参考，对丰富儿童建筑 POE 方法理论具有积极的实践意义。

第7章 儿童心理画方法在小学建筑POE中的应用

7.1 引言

建筑POE的本质就是价值判断。对于使用者而言，建筑环境的价值就是指被使用者认识到、感知到的价值。环境认知不同，环境的意义和价值就不同。即便同一建筑环境，使用者也可能因为认知差异而作出截然不同的评价。在环境认知之外或之前，价值只是一种潜在的存在形式[153]。若要站在儿童的视角来评判建成环境的价值，那只有通过搜集并分析儿童使用者的环境评价信息，在了解儿童环境认知的基础之上，才能以使用者的立场来把握建成环境的评价意义。

一直以来，对使用者的环境评价信息搜集多以问卷形式为主。然而，在面向儿童群体的建筑POE研究中，问卷法存在诸多问题。例如，在针对儿童的问卷操作时存在较大困难，尤其是低年龄段儿童，他们几乎没有自主填写问卷的能力；再者，问卷法本身也存在一定局限，如过分强调研究者意图、针对性太强而开放性太弱[31]、不易发现一些隐藏现象等。事实上，在问卷法难以操作的情况下，儿童画成为研究儿童心理现象最直接和有效的途径之一。作为儿童表达内心世界的主要方式，儿童画是我们了解其认知、态度、情感等心理状态的重要窗口。因此，利用儿童喜爱绘画的特点，从儿童绘画语言中探寻新的建筑POE研究思路和方法，不失为一种可取的途径。为此，本章尝试从方法和应用两个方面对有关儿童画的建筑POE作深入研究，对针对儿童的建筑POE方法作拓展性的探索，为今后类似建筑POE研究提供方法上的参考。

7.2 儿童心理画方法简介

7.2.1 心理画的概念

“心理画”一词在国内出现于21世纪初的艺术治疗领域。从2010年李洪伟和吴迪出版的《心理画》一书[150]，到刘淑元撰写的《心理画“说出”心里话》一文[32]，再到近年来最为活跃的学者——严虎所著《儿童心理画：孩子的另一种语言》等著述中[151]，心理画已逐渐成为一个较为公认的绘画心理学概念。

根据这些著述，心理画是以研究儿童绘画与其心理之间的关系为主要内容的一门新兴学科。广义而言，一切用于研究心理现象的绘画过程和绘画作品都可称之为心理画。环境认知地图、认知草图等，实际上也可以划入心理画研究的范畴。儿童心理画有别于一般绘画练习、临摹、写生等作品，它是特指儿童自主的、通过想象创作的、可用于儿童心理分析的绘画。

7.2.2 心理画方法的应用概况

心理画方法的核心在于如何解读绘画作品。根据儿童绘画心理学的有关研究，儿童画的解读途径非常多，主要包括内容解读、焦点解读、形式解读、绘画过程解读、色彩解读、叙事解读、自我解读等。内容解读是心理画研究的主要方法之一。它在环境认知研究中亦有相关应用，如林奇根据认知草图的内容提出认知地图五要素[105]，林玉莲通过绘画内容的出现频率来分析儿童环境意象要素的组成及特点等[33]。焦点解读、自我解读、叙事解读等方法在早期“房—树—人”的测验中应用较多。这些测验根据画作中的夸张部分、细节刻画部分来分析儿童的心理特征[106，107]，或根据儿童自我描述绘画的场景和相关问卷测试来建立绘画与心理之间的投射关系[108，109]。形式解读、色彩解读方法在绘画心理学领域的应用较多。它是研究儿童认知心理发展、情感表达的主要方法之一，如通过“蝌蚪人”“棒形人”等人物画的形状、结构和轮廓来分析儿童表征人物形象的认知能力[178]，通过儿童画的冷暖色调来分析儿童的冲动行为[110]，通过色彩组成来分析儿童的色彩偏爱等[203]。

从 19 世纪塔迪厄（Tardieu）在《精神病人的法医学研究》中通过绘画诊断精神疾病开始，有关心理画的研究至今已发展出许多较为成熟的理论和方法。这些理论和方法在心理治疗、人格测试、绘画艺术等领域得到了广泛的应用。而在建筑 POE 领域，尚缺乏对心理画方法应用的有关讨论。

7.3 儿童心理画方法在建筑 POE 中的应用可行性

7.3.1 儿童画特征及其可获取的建筑 POE 信息

建筑 POE 的实质就是探讨使用者对建成环境的价值需求。它主要通过使用者的言行来检视环境与使用者之间的契合程度和心理关系。在前文研究中指出，儿童表达建筑 POE 信息的三种主要语言包括文字语言、绘画语言和行为语言。如果我们能透过儿童画的特殊语言表达，利用其独有的绘画特征，探寻儿童在绘画中所要表达的心理态度及

情感倾向，那么我们就可以从中检视他们对建成环境的价值取向。

根据儿童画的特点，不论是技法、形式还是内容，都展现了丰富多样的特征。这些特征成为它可被建筑 POE 借鉴的基础，其主要体现在以下三个方面。第一，儿童画是儿童表达内心世界的另一种语言。毫无疑问，对于儿童而言，绘画是一种最自由，也是最直接的表达方式。通过这种特殊的语言表达形式，可以建立起我们了解儿童心理世界的桥梁。第二，儿童画是儿童“无意注意”的结果。“无意识代表真正的心灵”，从心理发展来看，儿童画所表现的对象首先是他自身感知过的事物以及自己感兴趣的事物，这些事物都是具象的，都是儿童认识周围环境和生活的真实反映，是儿童质朴情感的抒发[221]。正如著名绘画心理学家麦奇欧文和巴克所说的那样，儿童画是儿童“内部自我”的一种投射，儿童画的内容可以反映儿童的知觉和态度。第三，儿童画表现的内容是儿童现实体验和理想的结合。儿童善于使用简单的图形和符号来象征具体事物，画面中他们会放大或着重细节刻画自己感兴趣的部分，而隐藏或弱化自己并不在乎的部分。儿童画虽不完全写实，却是儿童内心的真实写照。儿童画表现的不仅是他们切身的体验和记忆的浮现，同时，画中也隐含了他们对生活、对环境的期望，隐含了他们对周边事物的兴趣、喜爱和憧憬的成分，而这些成分正是建筑 POE 所要关注的重要内容。

因此，建筑 POE 可以通过儿童画的特殊语言，利用上述绘画特征来了解他们的内心世界。尤其是文字语言表达能力较差的低年级儿童，在无法开展问卷调查的情况下，这种沟通手段将成为建筑 POE 较为有效和可行的研究途径。建筑 POE 研究可以透过儿童画，利用儿童画“无意注意”的特点，从中了解建成环境引起他们“无意注意”和感兴趣的要素，从画面中分析儿童对建成环境的使用体验、环境评价态度，以及他们感兴趣和有所期望的成分。

根据以上对儿童画特征的探讨与分析，结合建筑 POE 的实际研究需求，提出如下可从儿童画中获取的主要建筑 POE 信息：

（1）通过儿童画描绘的环境对象，了解他们关注的环境要素—意象要素的组成是什么，从而获取有关意象评价的重要建筑 POE 信息。

（2）通过儿童画重点刻画的对象，揭示哪些环境要素被儿童赋予“重要”情感，从而获取有关情感评价的重要建筑 POE 信息。

（3）通过儿童画中对建筑、环境的色彩描绘，分析他们的色彩偏爱及取向是什么，从而获取喜爱度评价方面的建筑 POE 信息。

（4）通过儿童绘画叙事，揭示他们在环境生活中有着怎样的行为现象，从而获取环境使用行为方面的建筑 POE 信息。

7.3.2　建筑 POE 解读儿童画时存在的问题、难点及对策

儿童心理画方法的研究主要探讨如何解读儿童画。在儿童绘画心理学和心理治疗领域，对儿童画的解读方法已较为成熟，但这些方法是否能成功地应用到建筑 POE 的研

究将是最为首要的问题之一。建筑 POE 中的心理画解读虽然与纯粹的心理画解读具有共同之处，例如它们关注的焦点都是绘画与心理之间的关系，但两者之间仍存在两点主要差异：首先，前者的目的是通过儿童画来解释儿童与环境之间的关系，后者的目的是通过儿童画来了解儿童自身的人格、精神障碍等内在心理状态；其次，前者侧重于了解他们的共性，强调环境使用者——“平均人”的概念，而后者偏重于了解个体差异。因此，建筑 POE 中的心理画解读不同于一般的心理画解读，它面临几个较为突出的问题，这些问题及应对策略如下：

（1）绘画投射问题及应对策略

在绘画投射测验中将绘画符号作一对一的解释，把绘画的画法、细节特征与某种特殊意义进行匹配。这种绘画特点与其所投射的意义之间的匹配测验取得了丰富的成果，例如可以通过儿童“房—树—人”的绘画特点来反映儿童的人格特征（图 7-1）。但是，研究者们对这种绘画投射结果也持有不同意见，例如马考文和皮茨等就提出，将绘画特点与意义之间建立一对一的匹配会降低人们对绘画的理解能力[164]，这种绘画投射在某种程度上忽视了儿童个体多方面的特征及绘画解释的全面性。

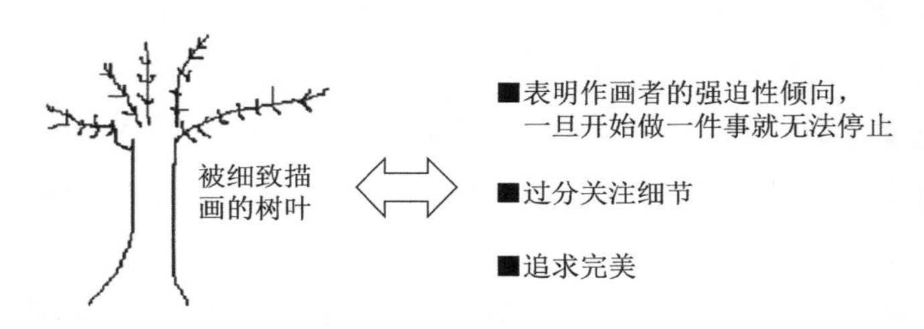

图 7-1　绘画与心理的投射

建筑 POE 对儿童画的解读也面临同样的问题，更重要的是目前尚缺乏这种环境心理与绘画特征之间的匹配投射测验。由于建筑 POE 研究儿童画的目的不同，因此我们无法直接、简单地套用“房—树—人”的投射结论。在建立起较为可靠的“绘画—环境心理”之间的投射匹配之前，较合理的做法是借鉴心理画的解读方法和思路，根据一般性的儿童绘画心理学特征来解释绘画作品。对于仅与人格测验有关的投射结论，如过分细致地描绘结果投射出强迫症倾向等可置之不理，因为这些与人格有关的投射结论对于建筑 POE 分析没有实际意义。但对于一些投射结论，如儿童通过红色或黄色来表达充满活力和温暖的感觉、通过图形的变形夸张来表达“重要”情感、通过先画的部位或事物来表达最为关注的和最感兴趣的方面等与建筑 POE 有关的一般性投射结论，应持开放性的态度予以采用。

（2）儿童画情感表达的复杂性及应对策略

儿童画的表征是情感的陈述，是以象征的形式表达儿童主观上感受到的价值。儿童画中通过比例和尺度的夸张，表达了儿童的意图及他们对事物的情感评价[165]。然而，情感不是一个简单的问题，每个个体经历的情感问题各不相同。通常，儿童情感是复杂

的甚至矛盾的，用绘画来评价复杂的情感不是一项简单的任务。艺术教育界著名学者维克多·罗恩菲尔德就持这样的观点。他认为，儿童的艺术是一种自我塑造的表达，而不仅是视觉经验的表达，它从形式和内容上展现了多维的复杂性。

建筑 POE 通过绘画语言以了解儿童对环境的情感评价，同样具有其复杂性。由于儿童绘画受限于其年龄、教育背景、家庭背景等多方面的影响，并且儿童在绘画创作过程中通常会采用惯用的绘画元素与绘画技法，导致其绘画作品体现有关情感信息的内容"无章可循"，使得儿童画的解读成为一项复杂的分析任务。这种复杂性是几乎所有心理画研究共同面临的挑战。在过去的几十年中，学者们不断尝试将儿童绘画中复杂的"符号—意义"系统解构为可被识别、易于分析的研究要素，将儿童画中诸如画面位置、用笔力度、色彩构成、擦拭痕迹等要素进行分解，从而简化了分析的复杂性。对于建筑 POE 来说，将儿童绘画语言的复杂系统简化为可被执行的分析程序具有非凡的意义，特别是在缺乏"环境心理—绘画"投射测验理论支撑的情况下，这种"降维"处理能有效提升建筑 POE 操作的可执行性。在建筑 POE 解读儿童画时，应当首先意识到儿童画及其情感表达的复杂性，并明确儿童绘画的多维影响因素，如个体差异、绘画材料、绘画任务、绘画经验和社会文化等。只有厘清各要素存在的普遍联系及辩证关系，才能避免出现以偏概全的分析结论，才能实现绘画要素分解研究方式的真正价值。

（3）解读偏差问题及如何对待

儿童绘画心理学的观点认为，儿童画是一种儿童心理生活的直接"输出资料"[165]。这种输出资料受到儿童认知深度、广度，以及其他诸多因素的影响，使得不同儿童绘画的输出信息必定迥然不同。在研究者解读儿童画时，这些形态各异的输出信息经过"儿童——信息源——信息点——解读者"的信息处理流程，使其有效信息的提取、解读出现误差或错误在所难免。况且，研究者在解释绘画作品时必然会携带一定主观色彩，即使解读相同绘画作品，不同研究者之间的解读结果也可能存在偏差。出现这种偏差是绘画心理学研究中存在的普遍现象之一。从严格意义上讲，通过研究者建构的图画意义只可能不断接近图画所承载的"真正"意义。而所谓"真正"意义到底是什么——却没有人能清楚、完整地回答。事实上，图画承载的投射意义只有在被测量、被解读的时候才会显现。沃尔·克劳福和爱尔·陶尔比就认为，只有在某种情景中讨论作品的时候，一幅图画才会呈现其意义。即便是一次存在偏差的解读，也是一次对隐含意义的揭示和靠近。正如凯鲁·玛考文所说的那样，儿童画充满投射意义，其中包含了作者也没能清楚理解的意义，而我们依然要充满热情地寻找解读图画的钥匙。

儿童画解读的实质是以绘画作品为媒介，通过研究者与被研究者的互动对其心理及意义建构获得解释性理解的一种活动。这种解读活动将研究者作为研究工具之一，在解读过程中强调此时此景，偏重于过程而非结果，其分析结论更倾向于对结果的描述而不是非此即彼的判断。建筑 POE 研究儿童画的主要任务就是尝试通过儿童画以解释他们如何看待建成环境，其目的是寻求研究者与被研究之间对某种环境意义的共鸣。另一方面，与客观世界中的缜密科学不同，研究儿童主观世界的建筑 POE 不宜照搬自然科学的精密研究方式。毕竟儿童画不是某种“数字游戏”，而是一种符号化的精神世界。因此，建筑 POE 解读儿童画时应重视人文、质化的分析方法，应从不同视角、路径去解读儿童画，去接近图画所承载的真实意义。这也许会得到不同的研究结果，甚至是矛盾的结果，但这些结果构成了我们对儿童绘画心理的全面理解。

（4）跨学科解读问题及应对策略

建筑 POE 多学科交叉的特点导致它在借鉴其他领域的研究成果时必然会面临跨学科的研究障碍。解读儿童画属于儿童绘画心理学的范畴，它需要儿童心理学和绘画艺术作为强大的理论支撑。如果我们不了解儿童绘画以及儿童心理的发展规律，我们就很难全面、准确地解读儿童画所传递的意义和情感。

用“专业”的眼光来分析专业问题是毋庸置疑的，然而根据近代多学科交叉融合的研究观点，跨学科交叉融合往往是取得理论突破和技术创新的关键。儿童绘画心理学著名学者马考尔迪（Cathy A. Malchiodi）也指出：虽然一些不懂艺术的心理医生分析儿童画是一件奇特的工作，但事实上，它至少是以一种开放的心态来看待儿童画。建筑 POE 正是如此，其研究恰恰需要这种跨学科的融合，需要借助于整体性、多元化和开放性的研究思想来看待儿童画，只有这样才能实现心理画方法在建筑 POE 中的有效应用。

7.4 建筑 POE 如何利用儿童主题画

在儿童绘画心理学研究中，对研究素材的搜集主要包括三种绘画形式：自由画、主题画和完形画。其中，主题画是儿童根据某个绘画主题及绘画任务所完成的画作，绘画内容和形式一般没有具体限制。这种绘画形式具有较强的针对性，大部分儿童绘画心理研究都主要采用这种形式搜集绘画资料。在绘画任务布置时，由于主题画中的主题便于与环境主题产生联系，它更利于有关环境心理的建筑 POE 分析。

7.4.1 主要解读途径

在绘画心理学领域，儿童主题画的解读途径有很多，如通过笔触力度、擦拭痕迹、线条形态、构图特征、阴影、颜色等形式来解读儿童画。由于建筑 POE 并不关注儿童自身的人格、精神障碍等纯粹的心理现象，因此大多数用于人格测验的解读方式并不适用于儿童环境心理的分析。根据前文有关儿童画在建筑 POE 中应用的可行性探讨，通过回顾儿童画解读方法在其他领域的应用状况，结合建筑 POE 有关意象评价、情感评价的研究需求，提出以下几个可行的主要解读途径：

途径一：从内容去解读。内容解读主要是检查儿童画中画了哪些客观要素，画了哪些想象要素。环境认知理论认为，儿童画作为儿童环境意象的图像表述，是儿童头脑中对感知过的环境事物进行加工之后重现出来的形象[154]，基于这种理论，即可以通过儿童画的“外表”内容来分析儿童“内部”的环境意象要素组成。类似于认知地图的研究方法，根据客观要素出现的频度来揭示儿童群体所关注的环境要素组成，从而反映儿童对环境要素的公共可意象性。

途径二：从焦点、细节强调及夸张部分去解读。根据儿童绘画心理学，儿童一般通过画面焦点、细节刻画、变形夸张等手段来表达“重要”情感[151]。画作中的细节和夸张部分意味着该描绘对象在儿童心中占有重要地位。这是表达他们内心情感量化的主要手段。因此，通过检查儿童画的焦点、细节及夸张部分，可从中探查他们关注的环境侧重点是什么。

途径三：从色彩去解读。儿童内部心理与绘画中选择的颜色、亮度之间的关系具有特殊性。儿童绘画心理学一般认为，儿童画中的色彩不仅反映儿童的色彩偏好，还反映了他们所要表达的内心情感，如儿童喜欢选用红色、橙色等暖色调来表达高兴的场景[151]，而画中的黑色、暗色则被认为是负向的、危险的象征。因此，我们可以借鉴这些色彩心理学的一般理论来解读儿童画中的色彩构成，从中分析他们的色彩偏好及内心情感倾向。

途径四：从绘画叙事去解读。儿童常把图画中的主角从一个图画空间转移到一个新的位置来描绘一系列有顺序的行为，这称之为“视觉叙事”（Visual narrative）[165]。儿童叙事性绘画一般通过刻画人物、人物活动等来表现事件和行为。绘画叙事通常源于现实，或是现实与幻想的结合。虽然绘画叙事并不与现实等同，但它却是儿童“生活史”的呈现。通过儿童环境主题心理画中的叙事，我们可以大致了解儿童是怎样通过绘画来展现他们的“生活史”的，从而可以初步分析他们的环境使用行为及活动组成状况。

7.4.2　分析方法

在建筑 POE 研究中解读、分析儿童画时，利用以下分析方法将有助于我们更好、更全面地理解儿童：

（1）设身处地地进入图画，将成人在儿童时期可能的经历和情感融入其中。在分析一幅儿童画时，如果我们能将自己的经历融入到儿童画中，并尝试设身处地地进入这幅画，将有助于我们更充分地理解儿童画。

（2）采用现象学方法解读儿童画。简单来说，现象学的方法即是从事件本身出发而不是以预想的理由对事件进行研究。根据伯坦斯基及马考尔迪的观点，利用现象学方法来研究儿童画体现在两个方面，首先是采取不知道（Not knowing）的观点，这是为了避免将某种“科学”的道理和成年人的“准则”强加于儿童，以至于曲解或误解儿童画。其次是强调儿童绘画具有多种意义的开放性，因此应从多个角度来建构意义，从而形成对儿童绘画的完整理解[164]。

（3）概括规律与描述特点相结合、质化分析与量化分析相结合。概括出一般规律与描述实际图画中表现形式多样性的特点本来是对立的。采用规律概括和特点描述两种方法来解释、分析儿童画都是合理的[165]。绘画规律的概括重视儿童“绘画—心理”的共性现象，以求通过共性规律来预测个体；绘画特点的描述性分析偏向于关注个体特征，它是一种质化研究方式，并不一味追求某种特定规律或结论，而是强调分析过程的呈现。事实上，建筑 POE 的研究思想不仅强调“平均人”的共同价值规律，同时也尊重个体的差异性需求。因此，两种分析方法之间取得适当平衡，这恰恰契合建筑 POE 研究的基本精神。根据前文（7.3.2 节）有关儿童画解读偏差的探讨，由于儿童画的特殊性，绘画资料在量化处理方面必然存在一定偏差，如构图类型的划分、图形所代表的客观对象的匹配等，都难以实现绝对的精确化处理。因此，在儿童绘画资料的处理、分析方面，应抓住其主要矛盾，充分发挥质化、量化研究的各自优势，扬长避短，才能实现儿童画在建筑 POE 研究中的有效利用。

7.4.3 一般操作流程

根据建筑 POE 的研究特点，借鉴心理画方法在其他领域的应用实践，提出如下心理画方法在建筑 POE 研究中的一般操作过程，具体步骤如图 7−2 所示。

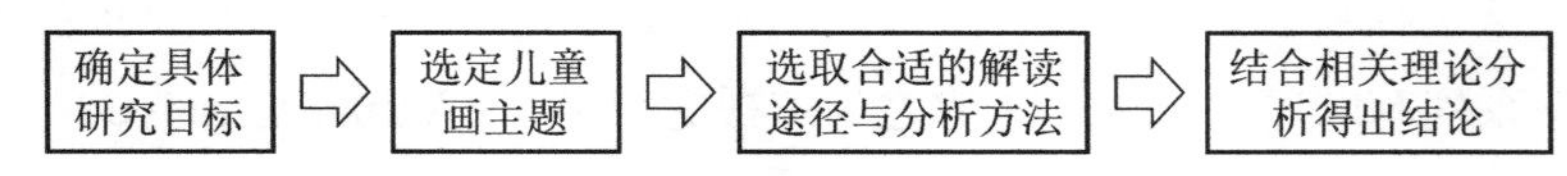

图 7−2 心理画方法在建筑 POE 中的一般操作流程

首先确定建筑 POE 的具体研究目标，如研究儿童的环境意象要素组成、研究儿童的环境关注侧重点、研究儿童的色彩偏爱等。其次是根据研究目标和研究对象选定儿童画的主题，如研究校园环境时，可以将绘画主题设置为“我们的校园”；研究住宅空间时，可以将绘画主题设置为“我们的家”等。在绘画主题设置时，可以根据研究问题的广度和深度对绘画形式和内容加以限定，如研究色彩时则应要求儿童完成彩色画，并提供相应的绘画材料。在确定研究目标、对象和绘画主题之后，根据研究需求选择合适的解读途径，结合心理画方法、儿童绘画心理学及环境心理学等相关理论加以解读，最后得出目标结论。遵循上述在建筑 POE 研究中的一般操作过程及方法，对儿童画开展建筑 POE 研究的具体案例将在后文（7.6 节）作进一步介绍。

7.5 儿童认知地图的心理画方法拓展

7.5.1 认知地图及其对建筑 POE 的意义

所谓认知就是指人们认识、理解事物的心理活动。环境认知属于环境心理学范畴[152]，

它是指人对环境刺激的储存、加工、理解以及重新组合，从而识别环境，并理解环境所包含的意义[154]。通过环境认知，形成了人对环境的总体描绘[222]，形成了人与环境之间产生互动的心理基础，正如学者相马一郎指出，人只有通过认知环境，才能从环境中获得指导行为的方法[166]。环境认知的关键在于人能在记忆中重现客观事物的形象—意象，意象的强烈程度称之为可意象性。意象中的一部分大致能用图像来表述，称为意象图（Mental image），意象图中具体空间环境的意象称为认知地图（Cognitive map）[147]。认知地图的概念最早由格式塔派心理学家 E. Tolman 通过白鼠迷津寻址试验提出，后来通过美国城市规划师 Kevin Lynch 进一步发展出城市认知地图研究方法[168]，并逐渐在环境认知研究中被推广使用。

认知地图研究的主要任务是了解人如何认识、理解空间环境，得出某些规律，并以此来启发我们设计更加人性化的环境，从而有利于环境正效应的实现[111]。儿童的环境认知具有其特殊性，正如皮亚杰划分的儿童认知发展阶段（感知运动、前运算、具运算和形式运算阶段）[167]，不同阶段的儿童对空间环境的认知有所不同，因而环境的价值和意义就不同。研究儿童认知地图的目的就是探察儿童的空间认知特点，探察他们在知觉、记忆和心理上操纵空间关系与方位的一系列能力[112]，进而解释他们与环境之间的关系，得出一些环境认知反馈方面的建筑 POE 信息。

7.5.2　认知地图与心理画方法的结合

在本书 2.4 节中已阐述，环境认知反馈作为建筑 POE 的核心研究内容之一，在以往的建筑 POE 研究中已有广泛实践。作为环境认知研究的主要方式之一，认知地图在研究使用者如何理解空间环境方面起到很好的作用。如果能结合儿童心理画方法，使其应用于儿童认知地图的研究中去，将积极拓宽认知地图的研究视野。

根据儿童心理画解读途径及认知地图的研究特点，可尝试采用如下三种解读方式对儿童认知地图进行多角度分析：

（1）认知地图的内容解读

内容解读是心理画方法最重要的研究途径之一，它可用于分析儿童认知地图的要素构成。为确定儿童对特定环境的认知地图要素的构成及分类，内容解读方法为其提供了直接的研究途径。

（2）认知地图的绘画过程解读

儿童绘画心理学认为，最先画的部位或事物，往往是儿童最关注、最感兴趣的方面。根据这一观点，我们可以记录儿童绘画的先后过程，从而大致了解某一主题中哪些部分和要素是儿童最看重、最在乎的对象。其次，儿童画的“起点”实际上反映的是环境认知理论中所说的参照点或参照系的问题，根据儿童的绘画过程，记录儿童绘画时是怎样通过绘画“起点”至“终点”把画面组织起来的，例如是先整体后局部还是先局部后整体，是从画面中心开始还是边沿开始等。这种成图方式有助于我们从中探讨儿童的环境认知组织形式。

（3）认知地图的形式解读

与物理空间不同，图画表征的领域仅仅由两个维度构成。通过儿童画中创造的体积、深度，以及图画的“图形—背景”关系所表现的三维空间关系，可以在一定程度上反映儿童是如何理解空间环境的。利用心理画的形式解读法，通过儿童画展现的视角（方向、鸟瞰、透明画等），以及绘画符号之间的结构关系，可以揭示他们表征空间环境的方式，揭示他们在心理上操纵空间关系的能力。

7.6 儿童心理画方法在建筑 POE 中的应用实践

上述对儿童心理画方法在建筑 POE 中的应用仅作了理论上的分析和阐释，虽然较系统地指出了相应的研究策略、方法及流程，但作为跨学科研究方法的借鉴，该方法是否适用于针对儿童的具体建筑 POE 研究项目，仍需通过实践进行验证。为此，本书从儿童主题画和认知地图两个方面开展相对完整的建筑 POE 反馈案例研究，旨在对该方法作出较细致的应用示范，从而为其他研究者在开展类似研究时提供参考。

7.6.1 研究设计

7.6.1.1 研究内容及目标

为对儿童心理画的建筑 POE 方法进行应用实践，本章选定如下两项主要研究内容：

（1）通过环境主题绘画分析儿童如何看待小学建成环境

环境认知的关键在于人能在记忆中重现客观事物的形象，在头脑中重现出来的形象称为意象，意象中的一部分能大致用图像来表述，称为意象图。本研究即以儿童的意象图为研究内容，要求儿童画一幅画来描绘他们的校园，目的是通过儿童心理画的分析，了解儿童重点关注小学建成环境的哪些方面，通过儿童赋予环境对象的色彩来分析他们的色彩偏好。

（2）从认知地图中分析儿童如何理解小学校园空间环境

认知地图研究的主要任务是要了解人如何认识、理解空间环境，得出某些规律，并以此来启发我们设计更加人性化的环境。结合儿童心理画的内容解读方法，分析儿童对小学校园环境的意象要素组成，通过公共认知地图绘制籍以了解他们对小学校园空间环境的认知共性；利用儿童心理画的形式解读法，通过儿童认知地图表现的视角（方向、鸟瞰、透明画等），从中揭示他们对校园空间环境的认知，分析他们对小学校园空间环境的认知特点，比较各年级的儿童环境认知差异，从而为儿童建筑 POE 提供重要的环境认知反馈信息。

7.6.1.2　研究对象概况

（1）研究主体

①环境主题画的研究主体

由于一～三年级的儿童难以通过自由报告或问卷法进行环境评价，因此该研究内容仅针对一～三年级的儿童。四～六年级的儿童则采用自由报告形式进行研究（另见第 8 章）。在 3 所学校中（下文另作介绍），每所学校一～三年级各选一个班，每班选取 20 幅绘画作品进行分析，分析作品共计 180 幅。

②认知地图的研究主体

由于认知地图的研究内容中需要对儿童空间认知的年龄差异进行分析，因此选取一～六年级的儿童作为研究对象。在 3 所学校中，每所学校每个年级选择一个班的儿童作为调研对象。3 所学校 18 个班级回收的草图中，剔除与地图表达无关或难以解读的样本，最后剩下有效地图草图共 433 幅。样本分布如表 7–1 所示。

认知地图样本分布　　　　**表 7–1**

年级	实验小学	中枢三小	城南小学
一年级	36	17	25
二年级	32	45	20
三年级	26	34	12
四年级	28	19	23
五年级	26	18	10
六年级	21	20	21
小计	169	153	111

需要指出，本研究的样本在许多变量上存在较大差异。理想的状态是，样本中的儿童在年龄、性别、家庭背景、受教育水平，以及所处的环境状态等方面都应当是相互匹配的。但遗憾的是受到现场调研条件的约束，以及受儿童调查配合的影响，很难对这些样本作理想化匹配。因此在研究时仅对学校、年级这两个变量作数据分组加以讨论。所以本研究只能被看作是一个探索性项目。

（2）研究客体

上述两项研究内容均代表性地选取贵州省仁怀市的三所规模相对较大的城市普通小学作为研究对象。3 所小学分别为：实验小学、中枢三小和城南小学。3 所小学的基本概况如下：

①实验小学：该校于 21 世纪初建成投入使用，是“新课标”等新型教学改革推行的示范性学校。现有 45 个教学班，师生共计约 3500 人。学校占地约 2 万 m^2，建筑面积约 $9000m^2$，绿化面积约 $5000m^2$。校园室外场地分前广场和后操场，后操场包括

200m 环形跑道和 1 块足球场，4 块篮球场，1 块器材活动场，2 块羽毛球场和 20 个乒乓球台。学校建有丰富的专用教室、演出舞台、校园多媒体教学局域网等完备的教学设施和设备。校园总平面图及局部场地现状如图 7–3、图 7–4 所示。

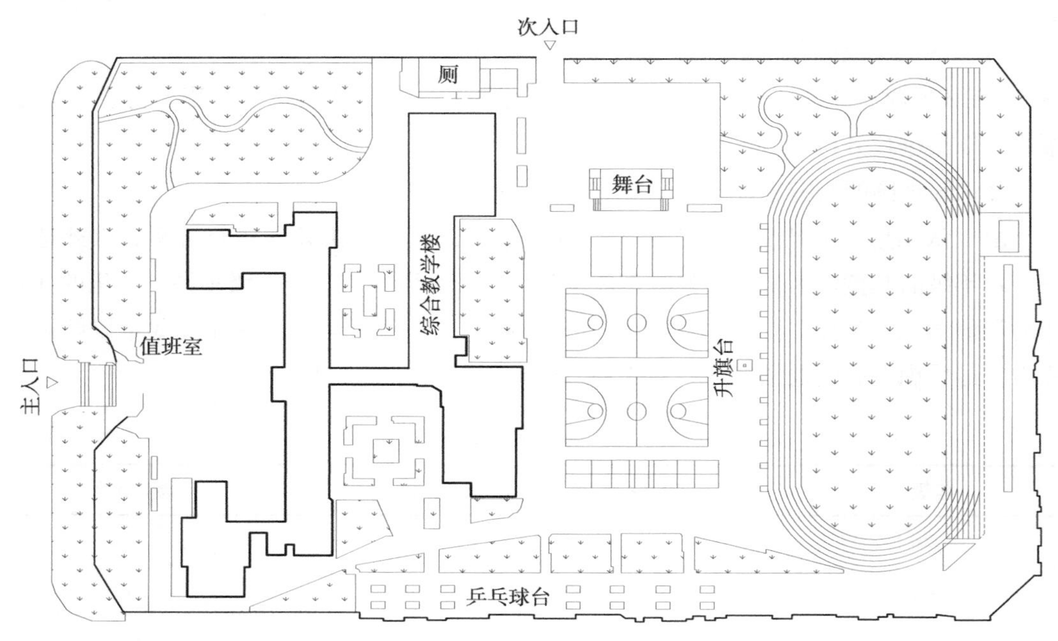

图 7–3 实验小学总平面图

主入口

乒乓球台

后操场

图 7–4 实验小学局部现状

②中枢三小：该小学为城市中心小学，师生共计 2000 余人，34 个教学班。学校建于 20 世纪 90 年代，占地面积约 1 万 m^2，主教学楼建于 20 世纪 90 年代，教辅楼、综合楼相继于 2013 年进行扩建。学校没有环形跑道足球场，操场分上下两操场，下操场兼作篮球场之用。两栋教学楼之间有乒乓球桌、科学植物园、校园气象站等设施。校园环境相对老旧，绿地率较低，场地相对狭小，集体活动时较为拥挤。学校总平面图及局部场地现状如图 7–5、图 7–6 所示。

③城南小学：该校位于城市郊区，为半寄宿制学校。2016 年一期建设完成，现有 90 个教学班，学生 4000 多人，是调研学校中规模最大、环境最新、设施最先进和最完备的小学。学校总平面图及局部场地现状如图 7–7、图 7–8 所示。

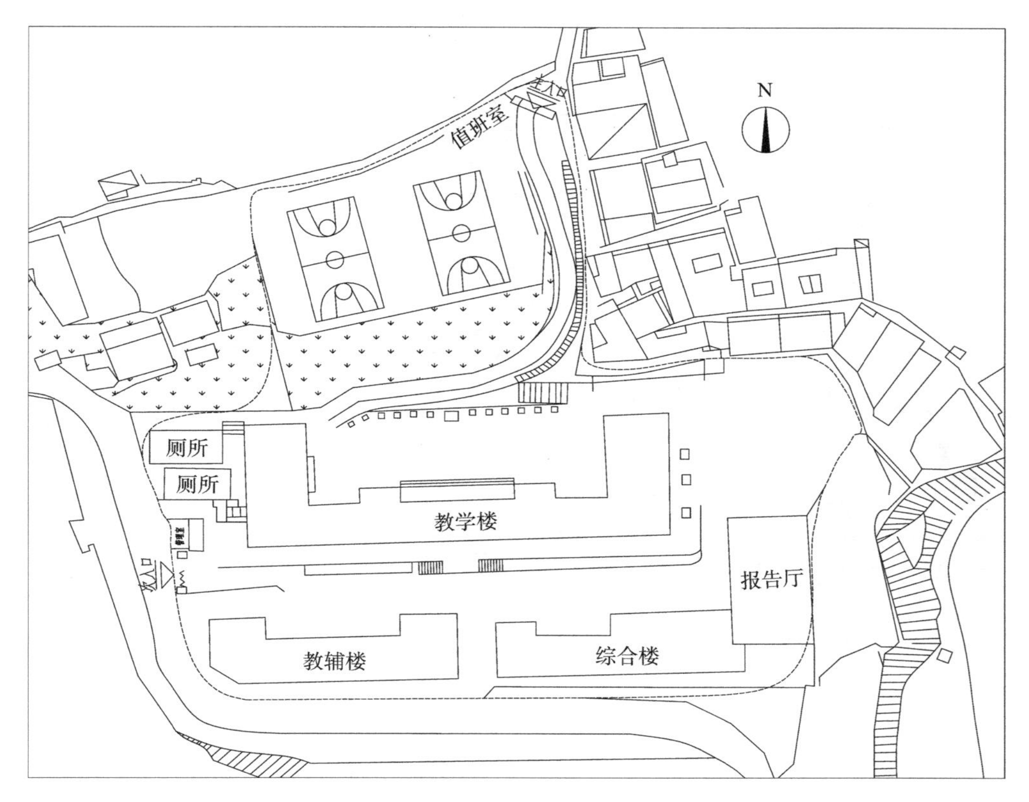

图 7-5　中枢三小总平面图

下操场

校门入口

上操场

图 7-6　中枢三小局部现状

7.6.1.3　研究过程与方法

（1）环境主题画的研究过程与方法

按照 7.4.3 节提出的心理画在建筑 POE 中的一般研究步骤，即确定研究目标——设置绘画主题——选取解读方法——分析得出结论四个步骤。根据本研究内容及研究目标，要求儿童以“我们的校园”为主题画一幅画来描绘校园环境，没有其他任何绘画限制，充分保证儿童绘画的自由度，以获取儿童对校园环境的总体性描绘。利用回收的绘画作品，根据研究需求，采用内容解读、焦点解读及色彩解读途径，利用量化与质化相结合的分析方法，尝试从儿童画中获取有关建筑 POE 的信息，根据绘画心理学及环境心理学的相关理论，初步探讨儿童如何看待小学建成环境。

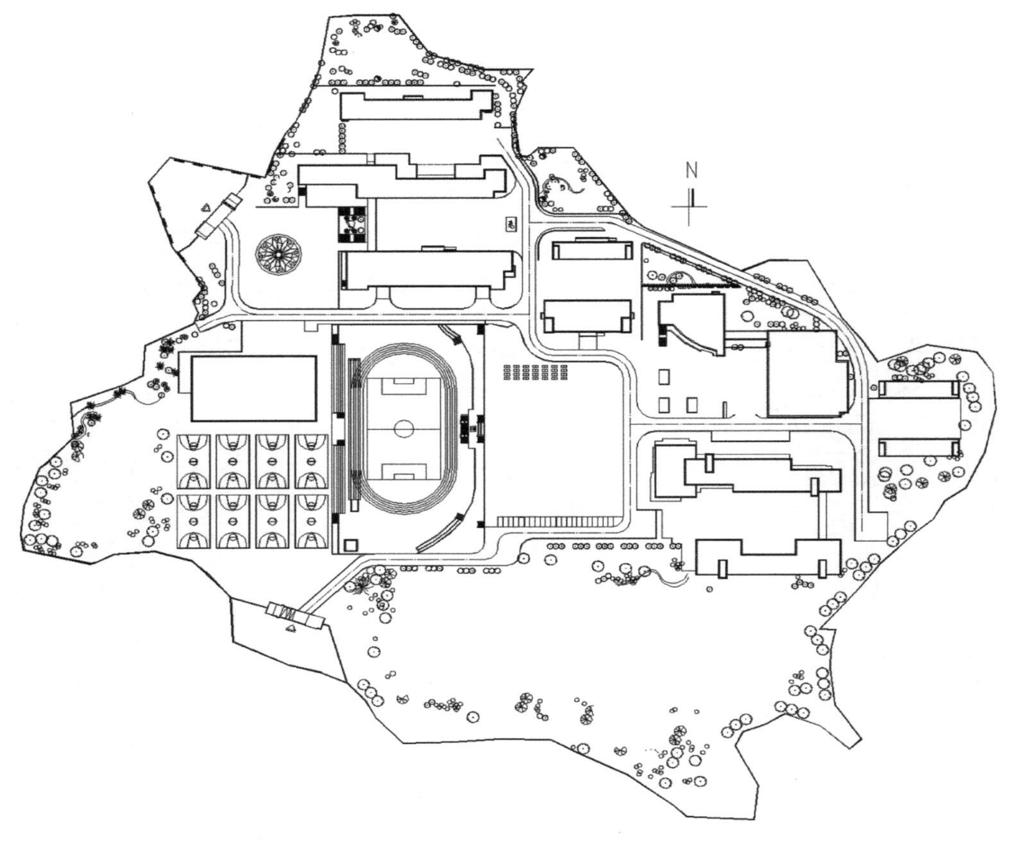

图 7-7 城南小学总平面图

大操场

校门入口

入口广场

图 7-8 城南小学局部现状

在数据处理方面，主要采用描述性统计方法中的频数分析法进行研究。所回收的主题绘画的具体解读方法如下：

①内容解读。主要检查儿童画中画了哪些客观要素，类似于认知地图的研究方法，根据客观要素出现的频度以揭示儿童关注哪些校园环境要素，探查他们对小学校园环境的公共意象要素组成，从而反映各要素的公共可意象性。

②焦点解读。通过质化分析方法检查儿童画的焦点、细节及夸张部分，探查儿童关注的环境侧重点。

③色彩解读。以质化方法分析儿童画的色彩特征，再以量化方法提取儿童画的色彩

组成，从中分析他们的色彩偏好。

（2）认知地图的研究过程与方法

根据本书 7.5 节对认知地图的心理画方法的探讨，结合儿童画的内容解读、形式解读法，对儿童校园环境认知地图进行综合分析，得出一些环境认知反馈方面的有益结论。在儿童校园环境认知地图研究中，要求儿童根据自己的记忆在白纸上画出其所在学校的地图草图，可在图上标出所画对象的名称。在数据处理方面，主要采用描述性统计方法中的频数分析法及均值分析法进行研究。对所回收草图作如下几个方面的分析：

①利用心理画的内容解读法，统计所有草图中提及的环境要素并对其进行分类，归纳出儿童认知地图的要素构成及意象要素的特点，并比较三所学校意象要素的差异。

②采用图形叠加法，利用校园客观地图，将所有儿童认知地图中提及的环境要素进行叠加，绘制出校园公共认知地图，并对儿童公共认知地图的特点进行讨论。

③利用心理画的形式解读法对儿童认知草图进行深入分析，根据儿童认知地图的不同特征对其种类进行划分，如路线型、鸟瞰型等，然后对不同类型儿童认知地图的特点进行探讨。

7.6.2　儿童主题画的结果与分析

7.6.2.1　内容解读——儿童所关注的校园环境要素组成

（1）描画内容的统计结果

统计儿童画中描绘的环境要素（对表征意义不明确的图形或符号不予统计），将所有要素分为 5 类，其组成为：建筑、空间场所要素；实体要素；人物、活动要素；自然要素；想象要素。5 类环境要素对应频次如表 7–2～表 7–4 所示。

儿童的环境意象要素组成（实验小学）　　表 7–2

建筑 / 空间场所要素		实体要素		人物 / 活动要素		自然要素		想象要素	
要素	频次	要素	频次	要素	频次	要素	频次	要素	频次
教学楼	54	树	43	人	41	太阳	38	热气球	1
小花池	32	花草	38	跳绳	18	云彩	30	动画片形象	1
前操场	23	国旗	22	踢球 / 打篮球	9	蝴蝶	16	狗	1
足球场	18	彩旗	19	打乒乓球	3	鸟	9	泳池	1
楼梯	17	时钟	17	做操	2	蜻蜓	4		
校门入口	15	栅栏	17	打羽毛球	1	彩虹	3		
花园	13	标识标语	12	老鹰捉小鸡	1	月亮	2		
乒乓球台	9	篮球 / 足球	9	讲课	1	星星	1		
教室	8	围墙	5						
升旗台	7	宣传栏	1						
门卫处	6	汽车	1						
道路	6								
篮球场	3								

儿童的环境意象要素组成（中枢三小） 表 7–3

建筑 / 空间场所要素		实体要素		人物 / 活动要素		自然要素		想象要素	
要素	频次	要素	频次	要素	频次	要素	频次	要素	频次
教学楼	51	国旗	46	人	35	太阳	42	风筝	3
升旗台	30	树	39	跳绳	9	云彩	38	宇宙飞船	1
上操场	18	花草	33	踢球 / 打篮球	7	鸟	23	鱼	1
小花园（池）	12	彩旗	15	列队	3	蝴蝶	10	星球	1
楼梯	11	标识标语	12			彩虹	4	水池	1
校门入口	8	篮球 / 足球	7			月亮	3	秋千	1
教室	7	汽车	3			星星	2	蘑菇	1
小树林	5	校徽	3			下雨	2	路灯	1
石梯	5	健身器材	3					高楼	1
沙坑	4	栅栏	2					城堡	1
坡道	4	围墙	2						
篮球场	3								
下操场	3								
卫生间	2								
乒乓球台	2								

儿童的环境意象要素组成（城南小学） 表 7–4

建筑 / 空间场所要素		实体要素		人物 / 活动要素		自然要素		想象要素	
要素	频次	要素	频次	要素	频次	要素	频次	要素	频次
教学楼 / 办公楼	46	树	32	人	33	云彩	36	动物	3
室外阶梯	31	花草	28	跳绳	11	太阳	22	大雨伞	2
校门出入口	23	梦想石	12	踢球	4	鸟	9	小河	1
楼梯	10	标语	10	打篮球	4	蝴蝶	3	苹果树	1
入口广场	7	喷泉	6	做操	2	下雨	2	桥	1
道路	6	汽车	6	讲课	1	彩虹	2		
停车场	5	彩旗	5	向老师问好	1				
保安室	4	国旗	4	扫地	1				
篮球场	4	花园	4						
教室	2	桌椅	3						
教学楼连廊	1	时钟	2						
食堂	1	校徽	1						
筑梦园	1								

（2）整体性分析

根据环境心理学的命题观点，使用者通过对环境信息赋予意义并加以存储。对“我们的校园”这一环境命题，儿童们从记忆中寻找有关各种联想，通过绘画语言再现儿童头脑中形成的校园环境形象。借助于主题心理画，根据绘画内容的统计结果可以大致看出儿童对校园环境的认知网络结构。环境认知理论认为，儿童画作为儿童环境意象的图像表述，是儿童头脑中对感知过的环境事物进行加工之后重现出来的形象[154]，因此，可以通过儿童画的“外表”内容来分析儿童“内部”的环境意象要素组成。基于此，根

据儿童描绘的“外表”内容的统计结果，作如下几点分析：

①儿童对校园环境要素的关注倾向

根据表 7-2～表 7-4 的统计结果，儿童对 5 类环境要素的公共可意象性（出现频次）排序为：建筑及场所要素（517）；实体要素（462）；自然要素（301）；人物及活动要素（187）；想象要素（24）。其中，教学楼、花草树木、太阳云彩、操场、校门出入口、国旗及升旗台、人的活动等要素的公共可意象性都比较高。

上述校园环境要素的可意象性分析结果，一方面说明了儿童群体对小学建成环境要素的关注倾向，从意象层面反映了不同视觉性要素对于儿童群体的重要性程度；另一方面，意象要素的提取可作为小学建成环境主观综合评价因子提取的直接来源，其频次的多少也可以作为评价因子权重的重要参考。

②儿童校园环境意象要素的客观性

从统计结果可以看出，在儿童的校园环境意象图中，客观要素远多于想象要素。相较于 5 岁儿童作品中大量的想象意象而言[11]，一～三年级的儿童绘画作品所表述的内容更偏向于写实。在所有表达明确的意象要素中，想象要素仅占 1.6%。他们描绘的内容基本源于客观校园环境、来源于他们真实的校园生活场景。这一特性有助于我们对儿童画进行客观量化分析。

③儿童关注的校园环境要素中心

根据统计结果，在儿童的校园意象图中，教学楼是儿童描绘最多的环境对象，使之成为校园环境的公共意象中心。这表明儿童在理解校园环境时认为，教学楼的形象最能表征校园环境的形象，它是校园环境视觉性要素中最突出的代表性要素。

④儿童关注的校园自然要素

从统计结果可以看出，儿童的意象图中对自然要素的描绘丰富度较低，但平均频次却相对较高（13.6 次，仅次于实体要素的 13.7 次）。这从一个侧面反映了儿童对自然要素的偏爱倾向——即儿童的亲自然行为。事实上，校园中的自然要素往往能强烈地吸引儿童的注意力，它不仅给儿童带来愉悦的环境使用体验，还能从生态保护的角度发挥其潜在的教育功能。

（3）学校的对比分析

对于建筑、空间场所要素，根据表 7-2～表 7-4 的统计结果，通过现场考察发现，3 所学校的儿童描画的主体对象基本相同，都是围绕两个主要对象来展开描画，一是主教学楼及周边环境要素，二是校门入口及周边环境要素。而其他使用率较高的建筑及场所却很少被儿童提及，如实验小学的乒乓球场、中枢三小的植物园、城南小学的其他众多附属建筑等。这说明，围绕主教学楼、围绕校门入口的场所意象在儿童校园环境认知中的主导地位难以被取代。

对于实体性要素，3 所学校的儿童都以花草树木、彩旗及标识标语的描绘居多。尤其是主教学楼或校门顶部的标识标语，儿童对它的描绘远多于其他位置的标识标语。如城南小学校门顶部的校名，在儿童画中出现的频次远高于另外两所小学。这说明在设置标识标语时，建筑顶部位置所产生的意象效果明显优于其他位置。此外，儿童画对实体要素的描绘中展现了3所学校较为明显的环境特色，实验小学教学楼的钟塔、中枢三小主教学楼正前方的国旗、城南小学带有文字标识的“梦想石”等成为各自学校的儿童描绘较多的特色场景。

对于其他要素，从绘画内容统计中并未表现出较明显的差异。对于年龄、性别差异，本次调研的初步分析并未发现较为明显的规律，在此不予论述。

7.6.2.2 焦点解读——体现儿童“重要”情感的校园环境对象

所谓焦点即是指画面的中心、细节刻画及变形夸张的部分。根据儿童绘画心理学理论，儿童一般通过画面中心、细节刻画、变形夸张等手段来表达“重要”的情感。严虎在他的《儿童心理画——孩子的另一种语言》中也指出，孩子们往往把注意力集中到自己认为重要的或感兴趣的形象上，为了把感觉强烈的部分表达出来，就会不自觉地使用变形夸张等手法[151]。这种细节或夸张的手法是儿童通过绘画语言来表达内心情感和传递意义的主要手段之一，是建筑POE通过绘画分析儿童情感评价的理论依据之一。

基于此，利用心理画焦点解读法对儿童画中描绘的焦点对象（典型画作如图7-9～图7-11所示）作如下分析：

（1）总体分析

儿童采用画面中心、细节刻画、变形夸张等手法描绘的对象主要有如下几类：建筑、景观、国旗和人物活动。上述4类对象是儿童焦点描绘中最感兴趣的描绘对象，从中可以看出，校园环境使儿童产生“重要”情感的对象不仅是“物”的要素，“事”的要素（图7-9a1、a3，图7-10b2）亦对其产生重要影响。

（2）画面中心对象分析

儿童画的中心主要对应着三个描画对象，分别为教学楼、国旗和校门。这与内容解读的结果是一致的。比较三所学校的中心描画结果发现，中枢三小的儿童将国旗放置于画面中央的数量远多于另外两所学校；而城南小学的儿童将校门放置于画面中央的数量却远多于另外两所小学。

根据现场调查，中枢三小的儿童将国旗放置于画面中央的数量远多于另外两所学校的原因可能与国旗的设置位置有关。中枢三小的国旗设置于教学楼的正前方（图7-10b2、b3及对应的客观场景），且升旗台的日常使用率极高；而实验小学、城南小学的国旗设置于足球场和大型广场之间，四周较为空旷（图7-4、图7-8），其升旗台的日常使用率较低。这表明，在小学校园中，旗帜依附于建筑的设置模式可能使儿童产生更高的情感效应。

根据现场调查，城南小学的儿童将校门放置于画面中央的数量远多于另外两所小学的原因可能与校门的设计形式有关。城南小学的主校门为“引入式”（图7-8）设计，其具有较广的观赏视野，且校门设计风格更有“气势”。在约一半的儿童画中，城南小学的儿童们均将校门放置于画面中央。例如图7-11c1，该儿童不仅把校门放置于画面

中央，甚至将校门充满整个画面进行描画。而中枢三小、实验小学的校门为“临街式”设计，校门周围较为拥堵，视野范围较小。相应地，儿童将其放置于画面中心的数量也相对较少。这表明，该两种校门入口形式对儿童校园环境认知造成了一定影响。从儿童画的分析中反映出，“引入式”校门入口的意象效应高于“临街式”。

（3）画面细节及夸张对象分析

在儿童画中，细节刻画及夸张变形的描绘对象主要包括建筑立面、人物活动场景、景观小品、国旗等 4 类。在细节刻画的对象中，儿童对教学楼立面形象的刻画最多，其次是人物活动场景，然后是景观小品。在夸张描绘的对象中以国旗为主，其他对象则未表现出明显的特征。

比较三所学校的差异发现，中枢三小的儿童细节刻画的特色对象主要为三角梅（图 7–10b3），城南小学的儿童细节刻画的特色对象主要为“梦想石”（图 7–11c3），而实验小学则未出现类似细节刻画的特色对象。通过现场调研发现，三角梅是中枢三小的校花，而“梦想石”是城南小学入口广场处的重要景观节点，两者分别成为两所学校的儿童心中最具特色的景观之一；而实验小学虽然整体环境较好，但从儿童画中未能反映出具体的景观特色。

图 7–9　典型画作及对应场景（实验小学）

（彩图见书末插页）

图 7–10　典型画作及对应场景（中枢三小）

（彩图见书末插页）

图 7-11 典型画作及对应场景（城南小学）

（彩图见书末插页）

7.6.2.3 色彩解读——儿童对校园环境的色彩偏爱

在儿童绘画心理学的研究中认为，儿童绘画时一般会选用自己喜爱的颜色。他们喜欢选用红色、橙色等暖色调来表达高兴的情感[151]。他们在描绘高兴的场景时通常会使用明亮的颜色，而且使用颜色的种类也更多[165]。他们一般使用红色、黄色来表达出充满活力、温暖与热忱的感觉。儿童画中使用绿色通常具有正向、健康的含义；儿童画中的黑色、暗色被认为是负向的、危险的或隐藏情感的象征。儿童画中使用许多褐色时通常会有情感隐藏、内心矛盾或缺乏安全感[151]。

基于色彩与情感关系的理论，根据 7.4 节所述的色彩解读方法，对本次儿童校园环境主题画的调研结果作如下分析：

（1）质化分析

对回收绘画作品中的 108 幅彩色儿童画进行质化分析，发现如下几个特点：

①根据内容解读结果，儿童画的绝大部分内容与客观环境是相符合的，总体偏向于写实。但在颜色描绘方面，儿童画仅在植物的绿色、国旗的红色与实际颜色相符之外，其他描绘对象的色彩与客观环境的色彩基本不符。如图 7-12（左）所示，该儿童选择侧校门入口处（中枢三小）的场景进行描绘，其入口、教学楼、国旗等的位置关系都与实际情况基本相符，甚至教学楼的朝向、层数都与实际相符，但教学楼的颜色却与实际颜色相差甚远。这说明儿童绘画在色彩方面不太写实，他们选用色彩的随意性较强，主要依赖于自己的喜好进行选用；另一方面，这种“天马行空”的色彩想象成分，可能暗示着他们对校园环境色彩的某种偏爱。

②大部分儿童喜欢选用较丰富的色彩种类，且选用的颜色较为明亮；绘画作品中使用偏绿色、橙黄色、红色较多，使用褐色等深色非常少。根据颜色心理学的观点，上述这些色彩选用特点体现了大多数儿童高兴、愉悦等正向情感，而负向情感非常少。在儿童自由报告的情感分析中也表现出相同的结果（见第 8 章），即负向情感非常少。这种几乎只有正向情感的色彩，体现了儿童对校园环境正向情感评价的积极倾向。

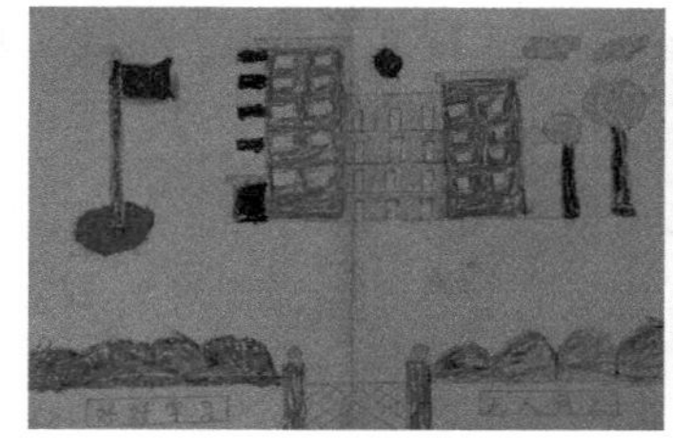

图 7–12　儿童画的色彩选用

（彩图见书末插页）

（2）量化分析

为统计儿童画中的色彩分布，以量化方式分析儿童的色彩偏爱，利用图像颜色主成分提取工具，将 108 幅彩色儿童画拼接成一张图片，导入提取工具进行颜色计算，得到颜色统计结果如图 7–13 所示。

提取图片颜色主成分时将色彩容差选择为 Δ = 64（RGB 色空间）。选用 Δ 值不宜太小也不宜太大，如 Δ 取 1，提取工具则将图片颜色分为 1600 多万色，结果太细；如 Δ 取 128，则仅将图片颜色分为 8 种，结果太粗。因此本次分析选择中间值 Δ = 64。

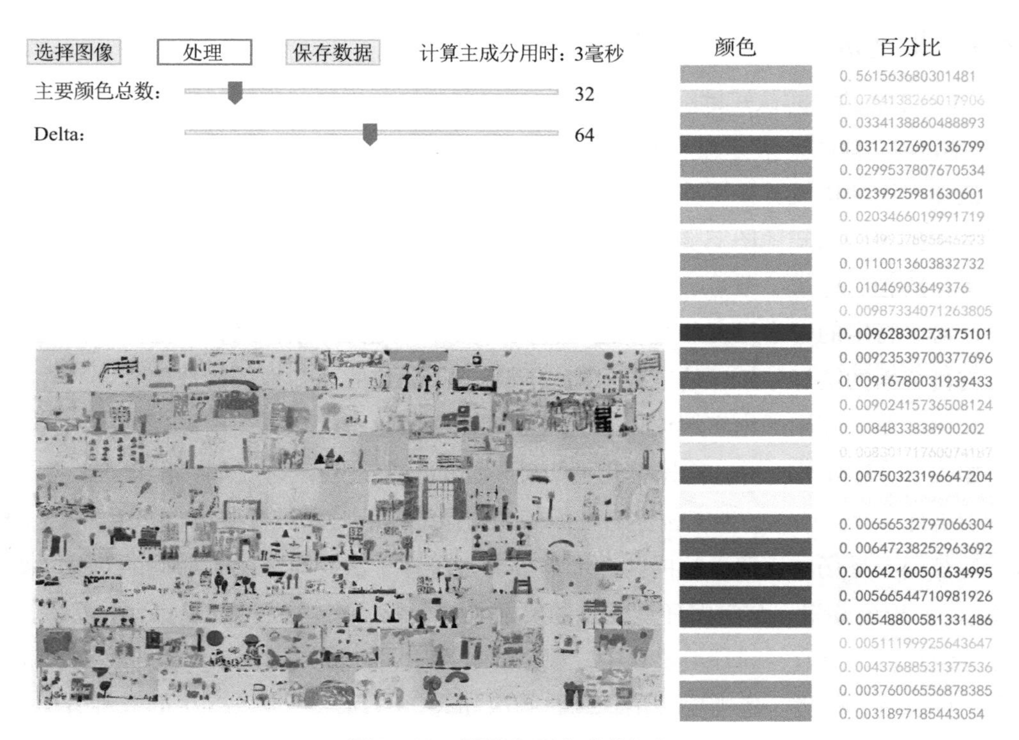

图 7–13　图片色彩主成分提取

（彩图见书末插页）

在主要颜色提取结果中，如果将黑、白、灰三种颜色予以剔除，则得到各颜色的数量占比结果如图 7–14 所示。

根据提取结果可以看出，儿童在描画校园环境时，他们偏爱使用草绿色、水蓝色、橙红色和浅紫色。虽然色彩偏爱的个体差异较大，但如果从“平均人”的角度考虑，那这一研究结果对校园环境的色彩设计具有一定参考意义。

需要指出，儿童画的颜色选用不仅仅是基于自己的色彩偏好，还受其他很多因素影响，如绘画任务、绘画媒介、拍摄技术、儿童自身的教育背景等，因此本研究结论仅具有统计意义上的参考价值。

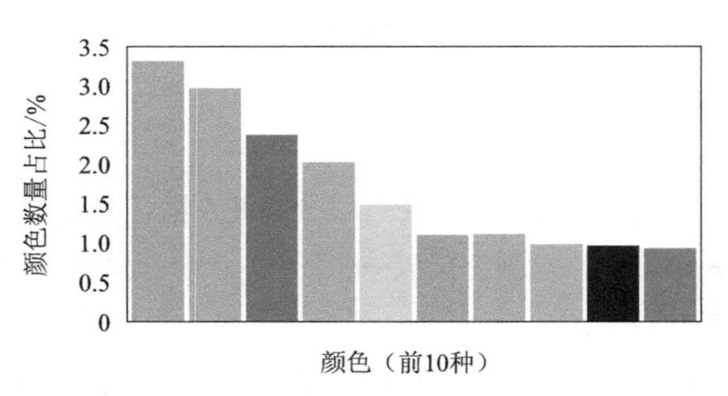

图 7-14 儿童画的色彩主成分占比
（彩图见书末插页）

7.6.3 儿童认知地图的结果与分析

7.6.3.1 儿童的校园认知地图要素构成

（1）认知地图要素分类及组成

认知地图的构成要素（亦称意象要素或意象元素[147]）主要有两种分类方式，一种是舒尔茨提出的认知地图三要素：场所、路径、领域[227]；一种是林奇提出的认知地图五要素：路径、标志、节点、边界、区域[168]。上述分类方式一般适用于大尺度的城市环境，对于特定的中小尺度环境，这些分类方式并不完全适用。因此，需要对儿童认知地图进行全面的统计分析，从中提取与校园环境相一致的认知地图构成要素。

按照儿童心理画的内容解读方法，通过统计三所儿童认知草图中出现的空间环境要素，如图 7-15（a）所示，首先对儿童明确标注的对象进行统计，如“食堂 1”“操场”等分别统计 1 次……然后对未标注名称但较为明显的描绘对象进行统计，如图 7-15（b）所示的校门至操场的道路、校门两侧围墙等分别统计 1 次。对表达不明确的对象（如花草树木）、想象要素、与空间环境无关的要素（如云彩、车辆、人物等）不予统计。

在统计出的所有空间环境要素中，根据要素性质，可将其分为五类，即建筑、路径、场所、标志物、边界。各类要素出现的总频次如表 7-5 所示。表 7-5 中的五种分类基本能涵盖儿童认知地图的所有要素。根据五类要素的统计结果可以看出，儿童对小学校园的意象组成要素根据其重要性依次为（从高到低）：场所、标志物、建筑、路径和边界。这一结果不同于其他以成年人为对象的研究结果，如林玉莲和朱小雷在研究大学校园认知地图时发现，建筑是成年人群体（大学生）认知地图中最重要的意象元素[38, 39]。而本次研究则发现，场所是儿童描绘频次最多的要素。在小学校园中，场所、标志物和建筑

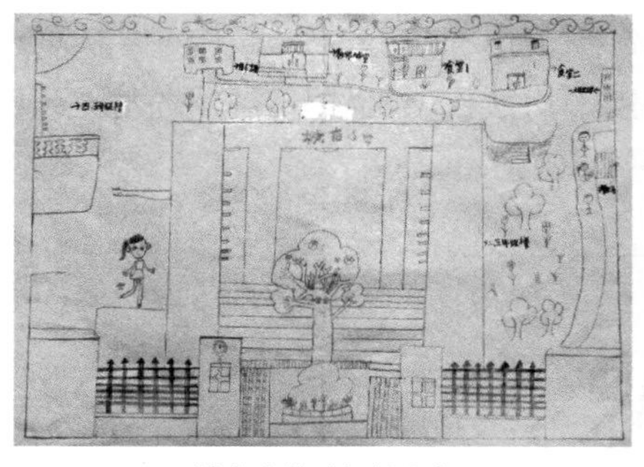

a. 城南小学五年级儿童

b. 城南小学四年级儿童

图 7–15　认知地图要素统计示例

三者同时体现了它们的重要性，都居于儿童环境可意象性的主要地位，路径和边界则居于次要地位。

认知地图要素分类及频次　　　　表 7–5

建筑		路径		场所		标志物		边界	
要素	频次	要素	频次	要素	频次	要素	频次	要素	频次
教学楼	403	道路	212	操场	269	校门	331	围墙	111
综合楼	128	室外楼梯	63	足球场	172	国旗	209	栅栏 / 围栏	15
办公楼	53	坡道	55	花园 / 花池	171	彩旗	117	堡坎	9
厕所	47			升旗台	142	标识标语	81		
宿舍	44			篮球场	124	时钟	71		
门卫室	35			沙坑	65	梦想石	62		
食堂	30			乒乓球场	58	健身设施	33		
垃圾站	13			入口广场	55	宣传栏	7		
厕所	22			教室	35	其他标志物	37		
报告厅	20			树林	33				
风雨楼	11			地下停车场	4				
其他建筑	22			其他场所	94				
合计	828		330		1222		948		135

（2）三所学校的意象要素比较

分别统计三所小学中的儿童认知地图的五类要素，将每所小学的五类要素总数分别除以每所小学的样本数，得到每幅儿童认知地图各类要素的平均数如图 7–16 所示。通过计算，得到每所小学每幅认知地图平均要素数量如图 7–16 括号内所示。

由图 7–16 可以看出，平均每幅儿童认知地图中，五类要素出现的平均次数为：建筑 2 次、路径 0.7 次、场所 2.4 次、标志物 2.2 次、边界 0.3 次。这表明，在儿童认知地图中，意象要素的数量不会太多，平均每幅认知地图出现约 7.6 个要素。这与其他针对成年人的认知地图中出现大量意象要素不同，儿童意象平均数目十分有限，尤其是低年级儿童，其意象平均数更少。

3 所小学根据其占地面积、环境要素丰富度的依次增加，其意象平均数亦有所增加，但增加的数量不多。如城南小学，其规模是中枢三小的数倍之大，但其意象要素的数量并不是按照相应倍数增长的，而意象要素平均数仅增加约 2 个。这表明，环境规模对儿童意象平均数的影响不大。

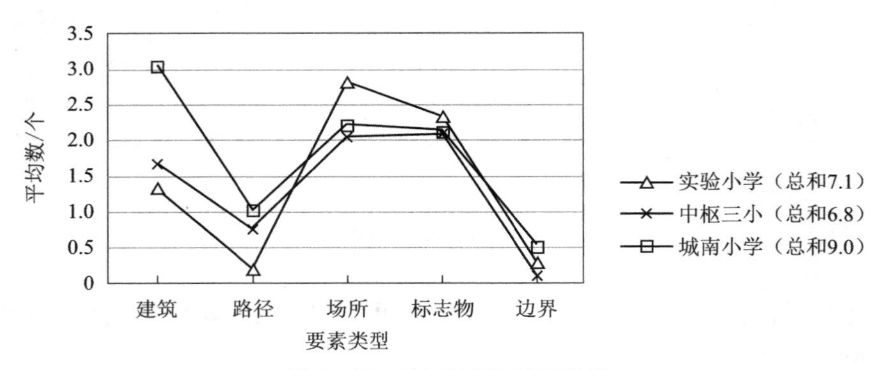

图 7-16 认知地图要素平均数

上述结果体现的实质是儿童环境认知的“容量”问题。换言之，即环境规模或大或小，儿童都会将其中的众多环境要素进行过滤、提取，最终简化至有限的意象数目，仅提及为数不多的、他们认为最重要的几个环境要素。在小学校园环境认知地图中，这个数目平均值约为 8。

7.6.3.2 儿童的校园公共认知地图

公共认知地图重点选择规模较大的城南小学作为研究对象。根据其意象要素的分类统计结果，将客观地图中对应的各要素进行划分，采用图形叠加方法，如图 7-15（a）、图 7-15（b）两幅认知地图的校门，对其叠加两次；如图 7-15（a）校门至操场的道路、图 7-15（b）校门两侧的围墙，按其大致位置进行图形叠加；图中与空间环境要素无关或难以辨识的对象则不予统计。最后绘制出儿童的公共认知地图如图 7-17 所示。

根据儿童公共认知地图，作如下分析与讨论：

（1）公共意象的同意率

通过分析公共认知地图发现，儿童对校园环境意象要素的同意率（或出现率）普遍偏低。在公共认知地图中，超过 50% 同意率的要素较少，如图 7-17 所示，仅有校门、主教学楼、国旗、入口主干道等少数要素同意率超过 50%；其他要素普遍分布在 30% 上下。这与针对成年人的认知地图的研究结果有所不同，在其他针对成年人的认知地图研究中，超过 50%，甚至超过 80% 同意率的意象要素都很多。

造成儿童公共意象同意率偏低的原因可能有两个方面：一是受绘画技巧的影响，尤其是低年级儿童尚未掌握更多画法的情况下，他们很难通过绘画语言来完全表达自己的真实想法；二是较低的同意率本身就反映了儿童的空间环境认知特性，它表明了各要素在儿童心中难以形成高度一致的环境认同。

（2）公共意象的空间结构

由图 7-17 可见，公共意象范围主要分布在校园北侧，南侧靠近公园的景观绿地几

乎成为儿童的意象空白。西南侧的风雨楼（B4、体育馆）处于主入口右侧的显要位置，但其同意率却不足 15%。通过实地调查发现，校园南侧成为意象空白的主要原因可能是因为使用率较低所致。由于长期施工的影响，从南侧校门进出的人非常少。虽然风雨楼位置较好，但由于建成至今尚未开放使用，这可能是造成其同意率偏低的主要原因。很显然，校园公共意象范围与儿童日常活动范围密切相关，公共意象要素的同意率也与其使用率有很大关系。

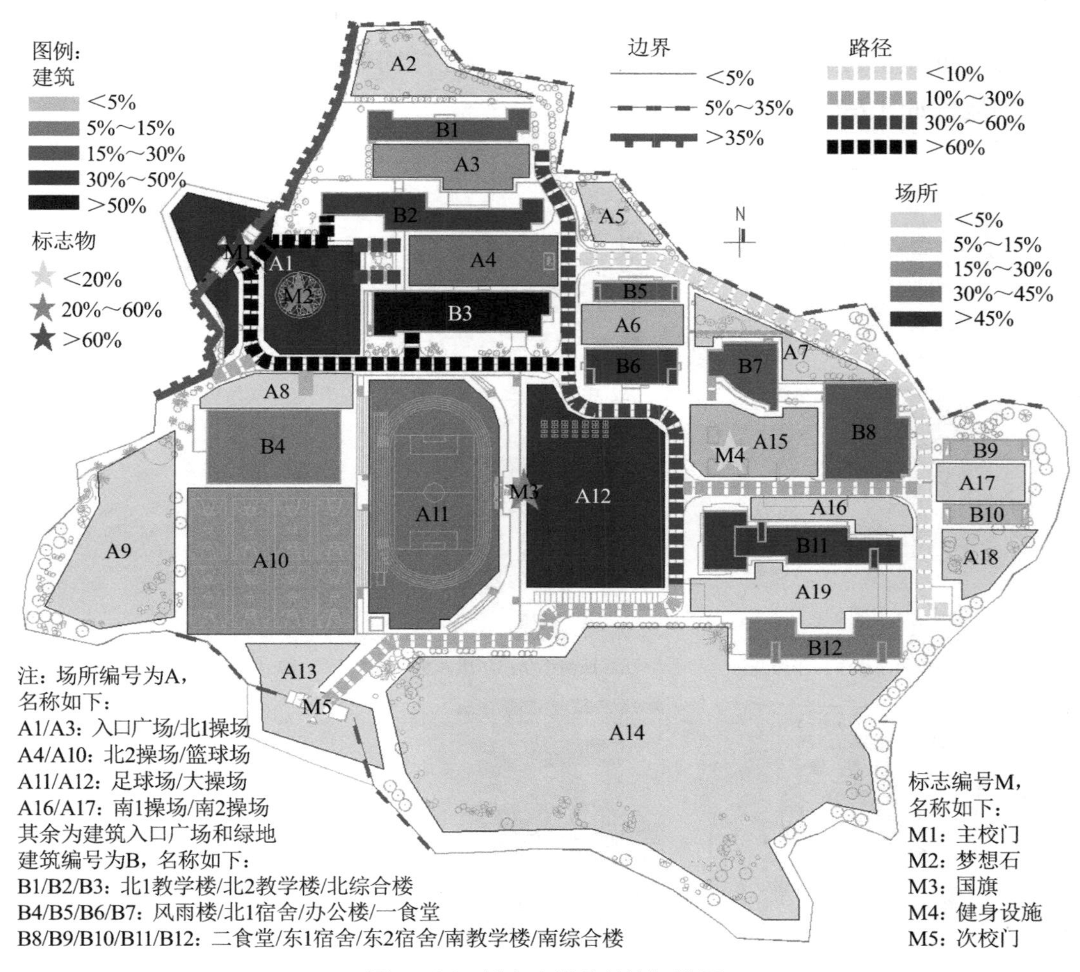

图 7-17　城南小学公共认知地图

（彩图见书末插页）

整体环境并不是一个简单意象的综合，不同要素之间存在相互强化或相互呼应的关系，从而形成一个有机的意象空间结构。在图 7-17 公共认知地图中，校园的意象中心主要由 3 个要素构成，即校门入口、主教学楼、升旗处的操场。3 个意象中心由主道串联起来，形成了该校园的意象核心区域。在其他小学校园认知地图的初步分析中亦发现，不论校园空间布局如何，该三个要素连接的区域往往是儿童认知地图的主要意象范围。

7.6.3.3　儿童校园认知地图的类型及特点

（1）儿童校园认知地图的分类

按照儿童心理画的形式解读法，通过分析儿童认知地图的特点，借鉴 Siegel 和 White 提出的三种空间表征方式：界标表征（Landmark Representation）、路线表征（Route Representation）和整体表征（Survey Representation）[112]，将儿童认知地图分为如下 3 种主要类型：界标型、路线型和整体型。其中，界标型是指以实体要素为主、难以体现要素之间空间位置关系的认知地图；路线型是指以道路为主线、同时包含界标及界标之间的路线信息的认知地图；整体型则包含了空间环境的总体结构。三类典型儿童认知地图如图 7–18 所示。

界标型

a1. 中枢三小一年级儿童

a2. 中枢三小二年级儿童

路线型

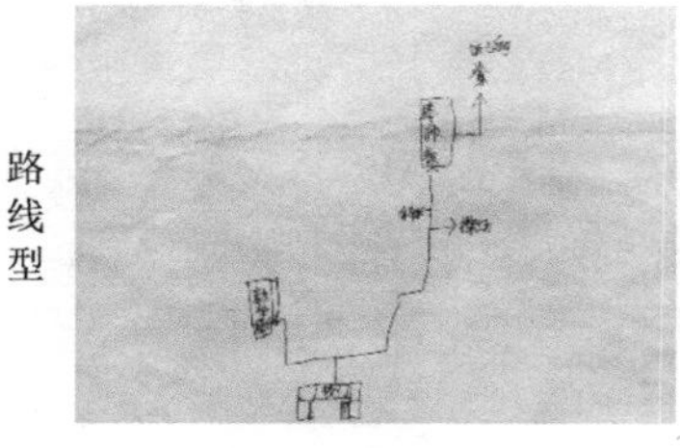

b1. 城南小学二年级儿童

b2. 城南小学三年级儿童

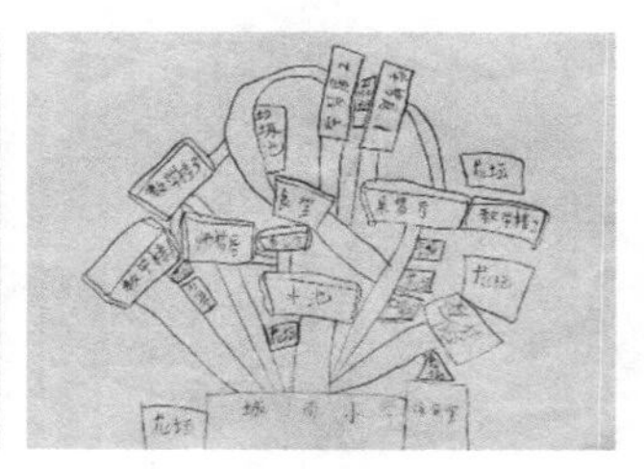

b3. 城南小学四年级儿童

整体型

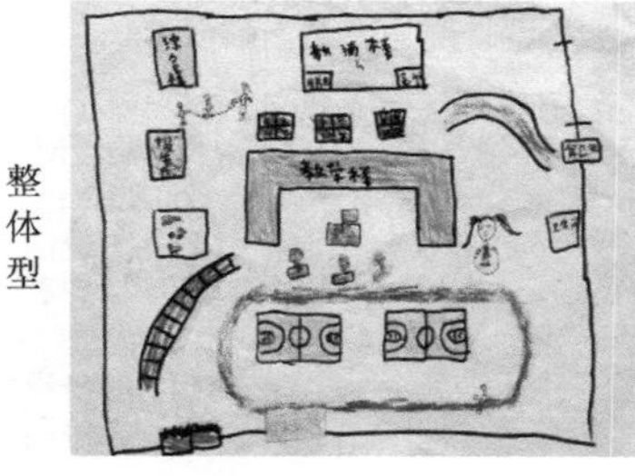

c1. 中枢三小五年级儿童

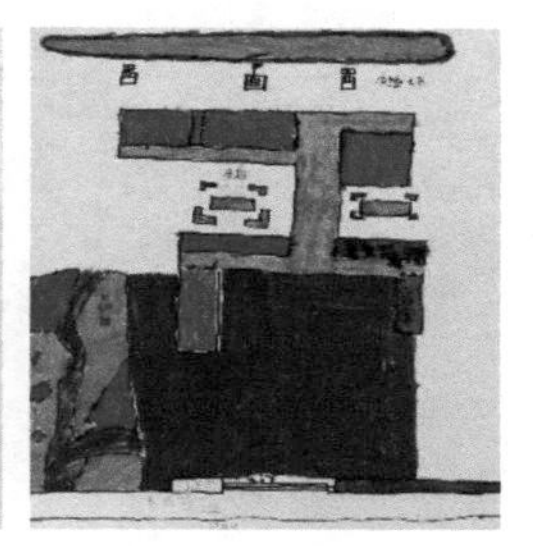

c2. 实验小学三年级儿童

图 7–18　儿童校园认知地图的三种类型

界标型认知地图只包含具有知觉显著性或对儿童而言具有重要意义的标志物，而不包含其他相关空间信息。如图 7–18/a1 所示，该儿童仅在地图中画出了国旗、座椅和栏杆等标志物；图 7–18/a2 中，虽然该儿童画出了一条道路，但道路并未与其他要素产生联系。此类认知地图似乎需要一种特殊类型的图像记忆[117]，儿童似乎依赖于脑海中存储的一幅幅图像来建构特有的空间认知模式，因而此类认知地图通常以水平视点的立面形象予以呈现。本研究发现，低年级儿童尤其依赖于此类空间表征方式。

路线型认知地图包含了界标以及界标之间的路线。这种表征方式是以自身为参照的，即依据观察者自身所处的位置来定位物体[118]。与主要基于视觉的界标表征不同，路线表征主要是基于运动知觉，由主体一系列动作而形成的空间认知序列[112]。根据本次调研结果，此类认知地图又可细分为三大类，即单线型（图 7–18b1）、树型（图 7–18b2）和网格型（图 7–18b3）。从路线型认知地图中初步发现，该 3 种类型的认知地图大致呈递进关系，但这种关系并不十分明显，即在高年级儿童中也常出现单线型认知地图，低年级儿童中也常出现树型认知地图。

整体型认知地图不依赖于个体自身当前所处的位置，而是使用以环境为中心的参考系统来编码空间位置之间的距离和方向，甚至可能使用“东南西北”这样的绝对参考框架。此类型的认知地图一般包含了五要素中大多数类型，如图 7–18c1 所示，该儿童基本上能按五要素的内容全面地理解校园的空间环境；如图 7–18c2 所示，该儿童虽然未画出校园整体的边界，但他通过色块明确地表现了场所之间的局部边界，图中也基本包含了五要素的全部内容。

（2）三类认知地图的年龄特征

根据三类认知地图的特点，统计各年级儿童三类认知地图的数量（难以区分的认知地图不统计），得到结果如图 7–19 所示。

由图 7–19 可见，三类认知地图的年龄分布特征极为明显。低年级（一、二年级）儿童的认知地图主要以界标型为主。随着年龄的增长，界标型认知地图的比例逐渐减少，整体型认知地图比例逐渐增加，而路线型的数量却没有明显变化。从整体来看，小学阶段的儿童认知地图以路线型为主，尤其在中高年级（三～六年级），路线型认知地图的数量是最多的一类。虽然具运算阶段的儿童（约小学阶段）在环境认知方面具有很多共同特征，但低年级与中高年级儿童在认知地图的类型方面仍然存在较大的差异。随着年龄的增长，儿童认知地图从界标型逐渐向整体型发展。

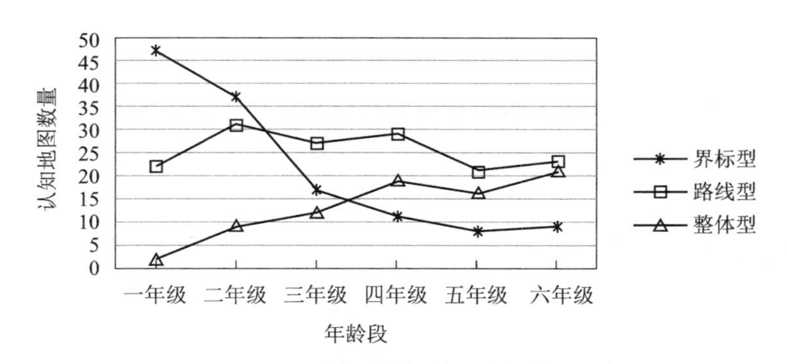

图 7–19　三种类型认知地图的年龄段分布

7.6.4　基于儿童心理画分析的建筑 POE 反馈结论

基于儿童主题画及认知地图的建筑 POE 分析，总结出如下几点关于儿童对小学校园环境认知反馈的主要结论：

（1）在环境意象图中，儿童（一～三年级）所关注的校园环境要素组成及公共可意象性排序为：建筑、场所要素；实体要素；自然要素；人物、活动要素；其他想象要素。其中客观要素远多于想象要素，想象要素仅占 1.6%。自然要素的丰富度较低，但平均频次却相对较高，表明他们对自然要素有偏爱倾向。

（2）在儿童（一～三年级）的校园环境意象图中，主教学楼是儿童提及最多的环境对象，使其成为校园环境的公共意象中心。在儿童看来，教学楼的形象最能表征校园环境的形象。建筑顶部的标识标语、钟塔、靠近教学楼正前方的国旗、人为指定的校花、带有文字标识的景观小品等，是儿童认为最具特色的校园环境意象要素。另外，“引入式”校门入口的意象效应明显高于“临街式”的校门入口。

（3）儿童（一～三年级）的校园环境意象图中，表现负向情感的色彩特征极少，体现了他们对校园环境正向情感评价的积极倾向。儿童们在校园的描绘中偏爱于使用草绿色、水蓝色、橙红色和浅紫色。

（4）儿童的校园环境认知地图要素组成及重要性（出现率）排序为：场所、标志物、建筑、路径和边界。其中，场所、标志物和建筑居于儿童环境可意象性的主要地位，路径和边界则居于次要地位。在儿童认知地图中，意象要素平均数为 7.6 个。随着校园环境规模的增大，平均意象要素数量略有增加，但增加数量不多（约 1～2 个）。这表明，环境规模或大或小，儿童都会将众多要素进行过滤、提取，最终简化至有限的意象数目，仅提及为数不多的、他们认为最重要的几个环境要素。

（5）儿童公共认知地图中，意象要素的同意率普遍偏低，超过 50% 同意率的要素都很少，各意象要素在儿童心中较难形成高度一致的环境认同。校园的意象中心主要由 3 个要素构成，即校门入口、主教学楼、升旗处的操场。该 3 个意象中心通过主干道连接起来，形成了小学校园的主要意象范围。

（6）儿童认知地图按照空间表征方式可分为三类：界标型、路线型和整体型。低年级（一、二年级）儿童以界标型为主。随着年龄的增长，界标型认知地图的比例逐渐减少，整体型的认知地图比例逐渐增加，而路线型的比例没有明显变化。从整体来看，小学阶段的儿童认知地图以路线型为主。

7.7 本章小结

本章首先通过理论研究，较全面、系统地探讨了一种有关儿童画的建筑 POE 研究方式。通过介绍儿童绘画心理学的有关理论和方法，结合儿童心理画及建筑 POE 的研究特点，指出儿童画中可获取的主要建筑 POE 信息，讨论了该方法在建筑 POE 研究中所面临的问题、难点及应对策略，提出了建筑 POE 研究中解读儿童画的主要途径、分析方法及一般操作流程，并探讨了儿童认知地图的心理画方法拓展。进一步以小学校园

及儿童为研究对象，通过案例分析，从主题画和认知地图两个方面对该方法开展应用实践研究。通过儿童环境主题画，采用内容解读和焦点解读法探讨了儿童所关注的校园环境要素组成及体现“重要”情感的校园环境对象，采用色彩解读法分析了儿童对校园环境的色彩偏爱；通过儿童认知地图，采用内容解读法及形式解读法，探讨了儿童的校园认知地图要素构成、认知地图类型及特点。

本章对儿童心理画方法的积极探索，为面向儿童的建筑 POE 研究提供了一种新的研究思路。在低年龄段儿童中无法开展问卷调查的情况下，利用该方法来获取儿童使用者的建筑 POE 信息不失为一种可取的研究途径。该方法的应用尝试对拓展建筑 POE 方法体系具有一定实践意义，在幼儿园、儿童主题公园、儿童医院等这一类型的建筑 POE 研究中亦具有积极的参考价值。通过案例研究，一方面阐释了儿童心理画方法在建筑 POE 研究中应用的可行性和有效性，另一方面，所得出的一些分析结论有助于我们更加全面、深入地了解儿童如何看待、认识和理解建成环境。

第 8 章 儿童文本评价信息的 POE 分析方法——NLP 技术的初步应用

8.1 引言

文本评价信息是指评价者对评价对象发表的观点和看法，以自由文本形式收集起来的一种开放式、非结构化的评价信息。在主观评价研究中，有关文本评价信息的调研方法通常也称之为自由报告法。文本评价信息对主观评价研究具有非常重要的作用，特别是在面向使用者的 POE 研究中，其合理利用可有效弥补结构化研究过于强调研究者意图、针对性太强而开放性太弱等局限，能较大程度地提高相关调查与分析的灵活性。在本书的基础理论研究及前期调查（2.3 节、3.3 节）中指出，自由报告是面向儿童群体的 POE 研究的主要数据来源之一，通过命题形式获取文本评价信息是针对这一特殊群体的 POE 研究的一大优势。

为充分发挥这种优势，拓宽适用于儿童群体的 POE 分析思路，本章首先简要回顾文本评价信息在 POE 中的应用背景，通过对儿童文本评价信息的来源、用途、特征、问题及其对策的分析与论述，探讨其在 POE 研究中如何得到有效、充分的利用；进一步尝试采用自然语言处理（Natural Language Processing，简称 NLP）领域的新兴技术，通过技术介绍及理论论证，探讨其用于分析文本评价信息的可行性及可靠性；结合儿童文本评价信息的特征及 NLP 技术的优势，从而提出一种“儿童自由报告 + NLP”的 POE 分析方式，通过初步的应用案例研究，进一步阐明该方式的具体研究内容、步骤及分析方法，并以此指出该方法在 POE 中的应用局限及前景。

本研究是 POE 方法面向儿童群体专门化策略的一部分，旨在促成儿童文本评价信息资源与新兴分析技术之间的积极碰撞与融合，力图从跨学科方法相互交叉的过程中汲取新鲜营养，为推进针对使用者的 POE 方法顺应 AI（Artificial Intelligence）时代的发展略尽绵薄之力，以在 POE 文本挖掘方面起到投砾引珠的作用。

8.2　文本评价信息在 POE 中的应用背景

长久以来，结构化评价形式一直占据着 POE 研究的主导地位。随着移动互联网的深度发展以及大数据时代的高度繁荣，公众自由发表的观点无所不在，庞大的文本信息资源为 POE 提供了丰富的评价数据。在强调多元分析方法相结合的现代 POE 方法论推动下[40]，非结构化的文本分析路径将成为一种新的 POE 趋势。然而，目前 POE 对评价文本的分析仍以人工逐一阅读的方式来获取信息。这种人工方式不仅工作量大、效率低，而且只能简单统计关键词词频或粗略归纳主要观点。在面对大规模的自由文本时，人工方式将显得无能为力。

由于受到人类自然语言难以参数化的制约，文本评价信息分析方法的发展一直较为缓慢。直到近些年来，伴随人工智能的蓬勃发展，文本挖掘技术不断取得进步，特别是自然语言处理技术在文本聚类、词性分词、情感分析、观点抽取、事件抽取等领域取得了诸多新兴研究成果，使得计算机代替人工处理自由文本成为可能，为文本评价信息分析方法的发展注入了新的动力。

受制于人工分析的局限性，文本评价信息在 POE 研究中远未得到充分利用。借助于计算机技术的发展，如果能将新型机器分析手段应用于文本处理之中，那将有效地弥补人工分析的不足，促使文本评价信息在 POE 研究中焕发新的生机。如何有效利用当前丰富多样的文本评价信息，对于 POE 顺应时代发展而言具有深远的现实意义和巨大的研究价值。

8.3　源自儿童的文本评价信息及其利用

8.3.1　儿童文本评价信息的来源及其在 POE 中的用途

在面向儿童的 POE 研究中，文本评价信息分析方法是一种较易实施的 POE 方法。为充分发挥儿童文本评价信息的作用，首先需要确保拥有可靠的数据来源，并明确这些数据源的具体用途，才能充分发挥文本评价信息分析方法在针对这一特殊群体时的广泛优势。

（1）儿童文本评价信息的来源

与针对成年人的 POE 调查不同，在针对儿童的 POE 调查中，文本评价信息的获取渠道相对有限。由于儿童很少被允许使用网络社交媒体，因此难以通过网络抓取的方式获得文本评价信息。源自儿童的文本评价信息主要有如下几个渠道：

①通过半开放式问卷获取。即在问卷中针对某一 POE 问题设置一个半结构化—半开放式的问题，通过汇总这些问题的答案，从而形成 POE 研究的文本评价信息。在面向儿童的 POE 调研中，该种形式只适用于具有自主填写问卷能力的高年级（四～六年级）儿童。

②通过访谈获取。即针对某一 POE 问题对儿童进行现场访谈，根据访谈录音将其转化为文本信息，从而形成 POE 研究的自由报告。该种形式适用于所有年龄段的儿童。特别是针对低年级儿童，在问卷法难以实施的情况下，通过访谈获取自由报告是最佳的 POE 调研方式之一。

③根据话题描写的形式获取。即根据研究目的，设置某一与环境评价有关的话题，并给出一定的限制条件，通过文字描写形式获取 POE 研究的自由报告。由于儿童擅长富有想象力的表述，该种方式在中高年级（三～六年级）儿童的 POE 调研中具有较高的完成度。

（2）儿童文本评价信息在 POE 研究中的用途

文本评价信息分析方法在评价学中的应用较为广泛，基本上涉及主观评价的项目都可以采用这种方法。但由于儿童自身知识结构的局限，他们通过自由报告所反馈的 POE 信息的作用相当有限。依据本书第 2 章中的理论基础研究，下面从技术评价、舒适评价、功能评价及意象评价等四个方面阐述儿童文本评价信息的用途。

首先，儿童文本评价信息难以应用于技术评价和舒适评价研究。由于儿童的理解能力、认知水平，以及表达能力的局限，儿童文本评价信息的内容难以反映有关技术方面的 POE 问题（例如绿色环保、生态智能等有关环境效能评价的内容）。过于专业化、技术性的 POE 调研内容并不适用于该群体，而更多地依赖于专家进行评价。在本书理论基础研究中指出，舒适评价是使用者感官在物理环境作用下的一种实时心理反映，其研究大多依赖于结构化问卷的实时试验。而文本评价信息所反馈的内容以经验记忆为主，难以建立客观物理量与主观感受之间的实时对应关系，致使儿童文本评价信息难以适用于舒适评价的 POE 研究内容。

其次，儿童文本评价信息在功能评价中仅能起到辅助分析的作用。功能评价关注的是使用者对环境用起来方不方便、好不好用的问题，其评价研究必然需要使用者的直接反馈。但由于儿童对使用功能本身的认知范畴有限，诸如安全管理、交通流线等相对抽象的功能概念并不能较好地理解。他们仅关注与自身使用行为发生直接联系的功能评价内容，例如物品存放是否方便、走道是否拥挤等功能性问题。因此，功能评价的 POE 研究并不能完全依赖于儿童文本评价信息的反馈，其反馈的功能现象只能作为一种辅助性参考，需依据这种参考，通过进一步的现场调研才能完善功能评价研究。

事实上，儿童文本评价信息在研究环境心理有关的意象评价中能够发挥巨大作用。意象评价是使用者对环境印象的一种心理状态，而自由报告是这种状态的最佳表达方式之一。由于自由报告式的文本评价信息具有开放性的特点，它恰好能在环境意象要素组成、环境要素可意象性、环境评价侧重点等非确定性的 POE 研究方面发挥巨大优势。特别是儿童，他们能娴熟地展现自己非凡的想象力，能通过文字形式自然地展露其稚拙的心理行为，以及原始、淳朴的天性。这些特征也是至今儿童心理学研究十分兴盛的原因。正因如此，儿童文本评价信息对于研究儿童自身的环境心理现象具有独特的优势。

8.3.2　儿童文本评价信息的特征

文本评价信息由于具有开放性和非结构化两大基本特征，其在 POE 研究中展现出许多优点。它具有良好的信息延展性，能从中发现结构化研究之外的问题，能有效弥补传统方法过于强调研究意图的局限；由于其具有非强制性的特点，它有利于提高评价者的调查配合度，使得评价者反馈的信息更贴近他们所关注的主要方面。相应地，文本评价信息对于 POE 分析也存在一定局限性，例如噪声信息太多，难以进行量化分析，其质化分析结论容易产生争议等。

由于儿童的特殊性，其文本评价信息不仅具有普通文本评价信息的一般特点，还具备其独有的特征。只有弄清这些特征，才能科学、有效地加以利用。通过理论分析，结合前期调查经验，总结出如下几点儿童文本评价信息的特征。

（1）儿童文本评价信息的数据源容易获取。特别是在小学，以儿童熟悉的方式，通过类似于命题作文的形式很容易获取大样本评价数据。事实上，在面向成年人的 POE 调研中，以命题描写的方式获取大样本评价数据是不太现实的。因此，在面向儿童的 POE 调研中，应充分发挥这一数据源的优势。

（2）儿童文本评价信息的主题（Topic）便于控制，回收的评价信息具有较高的完整性。根据不同研究需求，儿童文本评价信息可以通过命题方式来限定评价对象和评价内容。这种命题方式具有较强的指向性，能够根据研究任务的广度和深度进行灵活调整。不同于网络抓取的文本评价信息，儿童自由报告形式的文本评价信息目的性更强，有效信息比重相对更大，无需做专门的文本聚类处理。与其他渠道搜集的碎片化评价信息不同，自由报告由于受评价话题的规制，使得回收的文本评价信息具有较高的完整性。

（3）儿童文本评价信息更能反映其心理行为的自然状态，更有利于环境心理的分析。根据儿童心理学的理论，由于儿童心理的稚拙性[62]，相比于成年人，他们并不善于掩饰自己，他们表达内心世界的方式更为直接，其思维不受复杂社会意识形态的约束与“污染”，所表达的内容更能展现其纯朴、天真的一面。正如李贽在《童心说》一文中所云：“夫童心者，绝假纯真，最初一念之本心也……童子者，人之初也；童心者，心之初也。”正因如此，发自儿童内心的文本评价信息更能反映其内在心理的“初心”状态，更有利于环境心理的分析。

（4）儿童文本评价信息的文法错误及噪声信息偏多。由于小学阶段的儿童受教育背景及家庭背景差异的影响，且其写作能力正处于训练阶段的初期，他们在自由报告的写作过程中容易出现惯用写作技法及特定的写作倾向，甚至会出现很多语法、词语的错用现象，从而导致噪声信息偏多，造成儿童真实表达意图与研究者解读结果之间容易产生偏差。这对儿童文本评价信息的分析带来了一定困难。如何去噪、如何对待这些噪声信息成为面向儿童的 POE 研究的一个关键问题，这将在下一节作进一步讨论。

（5）儿童文本评价信息的用途较为有限。在上一节（8.3.1 节）有关儿童文本评价信息用途的论述中已经指出，由于受儿童理解水平、表达能力的局限，对过于专业或抽象的 POE 问题、技术评价方面的 POE 问题等，儿童文本评价信息难以作为有效的分析依据，其用途十分有限，但它对于分析儿童自身的环境心理状态却十分有效。

8.3.3 儿童文本评价信息在 POE 分析中面临的主要问题及应对措施

在面向儿童的 POE 研究中，由于儿童文本评价信息的特征，给相关数据处理和分析带来了相应的问题，包括数据源可靠性问题、噪声信息问题，以及分析过程和结论中存在的问题等。这些问题需要作针对性处理、对待，才能充分发挥儿童文本评价信息的 POE 价值。

8.3.3.1 数据源的可靠性问题及应对措施

数据可靠性（Data Integrity）是指数据的精确性和可靠程度，用于描述数据处于客观真实的状态。任何 POE 调查研究中，数据源的可靠性是获得科学分析结论的先决条件。在本书前期调查中指出，由于儿童自主意识较弱，他们在问卷填写过程中容易受到外界条件的干扰，容易出现调研问题理解上的偏差，从而导致获取的调查资料所反映的内容可能失真，造成数据源的可靠性降低。这种现象主要出现在以下三个环节：

（1）评价话题设置不合理，造成儿童理解上的困难，使得回收数据无效。至于什么样的话题便于儿童理解，很难有一个量化的标准，这需要根据研究者的经验作出判断。一般而言，过于抽象的、专业的评价概念，以及超出儿童日常生活接触的评价内容，都不应当作为儿童评价的主题。较可靠的做法是寻求富有经验的小学语文教师的帮助，以制定合适的评价话题及内容。

（2）在自由报告撰写前的指导过程中，过于简单的指导语容易造成儿童理解不充分，而过于复杂的指导语又容易限制自由报告的开放性。在面向成年人的调研中，可以以文字说明形式给出标准化的指导语，但面向儿童的调研中，仅凭标准化指导语是远远不够的，即使是面向高年级儿童，也需要通过面对面的口头指导，才能使调研得以顺利进行。例如在一次缺少解释说明的前期调查中发现，很多儿童将校园环境的概念等同于校园卫生环境来理解，造成了评价结果无效。显然，面向儿童的现场调研指导语极为关键，它很大程度上决定了数据源的可靠与否。一般情况下，儿童自由报告填写时需作必要的口头指导，但指导内容不宜过多，应当紧密围绕标准化指导语进行解释说明，最好不要出现多余的示范说明或举例的情况，否则，回收的自由报告中很容易出现与示范说明相重复的内容。

（3）非同步进行的数据收集容易降低数据的可靠性。在面向儿童的 POE 调研过程中，数据收集最好与现场调研、现场解释指导同步进行，如果布置调研任务和回收数据之间相隔时间太长，比如第一天布置任务，第二天再回收数据，这种过多的准备反而难以反映儿童即时的心理状态，甚至抄袭现象常有发生。因此，儿童文本评价信息的收集

应尽可能以同步、即时的方式进行，以增加评价数据源的可靠性。

8.3.3.2　噪声信息问题及处理措施

文本评价信息本身具有非结构化的特征，其内容必然会出现大量噪声信息。特别是儿童自由报告，由于其自身的特征，其报告内容出现噪声信息的可能性更大。如何处理这些噪声信息，成为儿童文本评价信息分析的关键环节。在儿童文本评价信息的数据处理过程中，与其说是噪声信息的过滤，还不如说是有效信息的提取。为提升数据的有效性和可靠性，可从如下两个方面作针对性处理：

（1）原始数据过滤。即剔除儿童自由报告中不清晰、不完整、与研究主题无关的奇异原始数据。在大规模的网络评价信息抓取时，可以利用文本聚类的分析工具剔除这一类原始文本信息。对于小规模的、通过命题形式获取的儿童自由报告，则可以在前处理阶段通过人工方式予以剔除。

（2）数据处理结果去噪。即根据研究需求，将处理后的无关数据作去噪处理。例如关键词提取之后，通过人工方式将与研究主题无关的关键词作进一步剔除、确认，再进行具体分析。再如观点抽取，其评论对象可能出现与研究对象完全不符的结果，这些结果都需要通过后期手工进行去噪处理。

8.3.3.3　分析过程、结论中存在的问题及如何正确对待

在本书理论基础研究（2.3.2 节）中指出，由于儿童知识系统及表达能力的局限性，造成他们所要表达的真实内容与研究者过滤之后的内容不可避免地存在一定偏差，且由于儿童自身背景、人口统计学差异等因素，通过田野调查方式获取的数据难以像实验室获取的数据那样容易控制研究变量，造成其分析过程与结论不同于其他缜密的科学研究。另一方面，即使数据源可靠，分析方法正确，所得到的分析结论也未必无懈可击，因为任何文本评价信息的分析实质上是对文本语义的解读，在解读过程中难免会携带一些研究者自身的主观色彩，从而使得分析结论并非客观唯一。

事实上，面向使用者的 POE 研究主体是环境中的人，而不是物。关于人的研究与自然科学中关于物的研究存在着本质区别，它通常需要研究者置身于研究情景之中，运用多种调查方法去接近、体验和理解被研究者，并力求从当事人的角度去解释他们的心理行动及其意义建构的过程。作为具有人文特质的研究领域，面向使用者的 POE 研究更加重视意义的解释性理解与领悟，而并不着力追求所谓缜密的科学法则；它更加关注数据源的收集、描述与解读过程，而并不过分强调非此即彼的判断结果。

因此，只有正确看待儿童文本评价信息分析过程、结论中存在的实际问题及特点，才能充分发挥其在 POE 研究中的真正价值。在 POE 文本信息研究过程中，需要积极利用量化研究方法在数据源处理方面的优势，同时也需要充分发挥质化研究方法在分析、归纳过程中的重要作用，两者互相佐证、互为补充。在分析结论方面，不应偏废于某种静态、数字化的理解，而需要秉持人文精神与科学精神并重的思想，以“话题”而不是凝固的知识来看待儿童文本评价信息的分析结论。

8.4 采用 NLP 技术分析文本评价信息的可行性探讨

8.4.1 NLP 技术简介

自然语言处理（Natural Language Processing，简称 NLP）是人工智能（Artificial Intelligence，简称 AI）领域的专业术语。它是指计算机识别和理解人类语言的技术[34]。NLP 通过自由文本的智能分析，完成数据挖掘任务，并将人类自然语言翻译成结构化形式[113]，从而实现对文本信息的有效利用。NLP 的一般处理过程如图 8-1 所示。

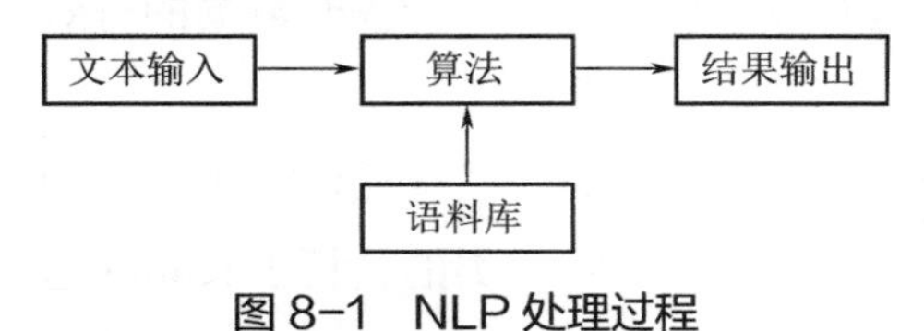

图 8-1　NLP 处理过程

在处理过程中，语料库是 NLP 的基础。它是指作为某个应用目标而专门收集的、可被计算机程序检索的语料集合，如电影评论语料库、产品评论语料库、Hongwu Yang 等标注的部分旅游景点描述的情感语料等[114]。NLP 处理过程中，算法是其核心环节之一。针对 NLP 研究的算法不断涌现，如聚类算法、基于密度的算法、基于线性代数的算法、概率模型、AT（Author Topic）模型等[27]。

近年来，NLP 技术成为 AI 领域最前沿的研究热点之一。它以词法分析、句法分析、语义分析、语料库技术等作为主要研究内容[35]。其技术主要应用于文本分类与聚类、情感分析、机器翻译、信息检索、评论观点抽取、事件抽取等诸多领域[36]。中文 NLP 分析平台和分析工具非常多，如 NLPIR 汉语分词系统、腾讯 AI 开放平台、百度 AI 开放平台等。这些分析工具提供了许多文本信息的处理手段，为网络舆情监控、产品售后服务、词云大数据分析等提供了有力的技术支撑。

8.4.2 目前 NLP 可为 POE 分析提供的技术支持

NLP 技术的用途非常广泛，从基础性的语义相似度、依存句法分析，到应用性的作文自动评分[115]、人机互动[223]、医学报告分析等[116]，在许多需要进行文本信息处理的领域都展现出巨大的应用前景，并取得了前所未有的应用成果。NLP 技术虽然处于发展的初期阶段，一些高级应用仍不够成熟，但根据 NLP 技术的发展现状及 POE 文本分析的研究特点，目前它可在分词标注、关键词词云绘制、情感分析、观点抽取等四个方面为 POE 文本分析提供较为可行的技术支持。

（1）分词标注

通过 NLP 技术，可以将评价性长篇文本的所有词语进行词性分类和标注（图 8-2）。NLP 分词在计算机领域的用途十分广泛，对于 POE 分析来说，最有价值的是名词分词结果和形容词分词结果。通过名词分词统计，可以大致了解 POE 文本描述中提及哪些环境评价对象、描写了哪些内容，可以了解使用者对建成环境要素的关注侧重点是什么；通过形容词统计，可以大体上了解描述者的总体评价态度及评价倾向。

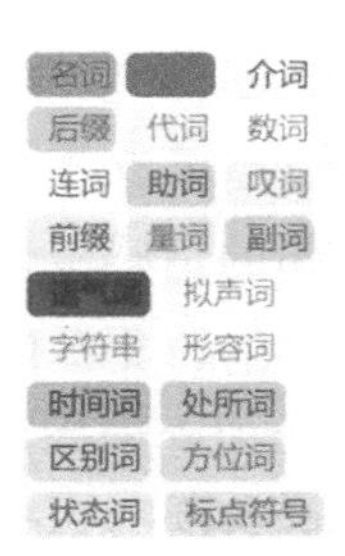

校园/n 内/f 显得/v 格外/d 生机勃勃/vl 。/wj 教学楼/n 是/vshi 绿色/n 的/ude1
，/wd 粉色/n 的/ude1 相交/vi 四/m 层/qv 楼/n 。/wj 它/rr 的/ude1 造型/n 非常/d
美观/a ，/wd 就/d 像/v 一个/mq “/wyz 凹/a ”/wyy 字型/n 凹/a 进去/vf 的/ude1
地方/n 是/vshi 教室/n ，/wd 教室/n 里/f 宽敞/a 而/cc 明亮/a 。/wj 走/v 在/p
我们/rr 这/rzv 美丽/a 的/ude1 校园/n ，/wd 草坪/n 上/f 踏/v 上/f 的/ude1 足迹/n
，/wd 操场/n 春风/n 的/ude1 吹/v 过/uguo ，/wd 都/d 让/v 我/rr 在/p 学校/n
留下/v 了/ule 深刻/a 的/ude1 印象/n 。/wj 我/rr 爱/v 我们/rr 的/ude1 校园/n
爱上/v 园/ng 中/f 的/ude1 一草一木/nl ，/wd 爱/v 培育/v 我们/rr 辛勤/a 的/ude1
园丁/n ，/wd 我们/rr 在/p 这/rzv 优雅/a 的/ude1 校园/n 里/f 快乐/a 的/ude1

图 8-2　NLP 文本分词

（2）关键词提取

关键词提取并不是简单的词频统计，它是以分词标注为基础，同时从分词词频以及词语反映文章主题的重要性两个方面考虑，以一定算法对文本关键词进行抽取，并通过关键词对文章主题贡献的权重生成直观的词云图（图 8-3）[6]。词云图有助于我们快速了解文本评价信息中的关键词，有助于我们直观地了解使用者对建成环境评价的焦点是什么。目前，这一技术相对成熟，相应的分析工具也非常多。这一技术可以大大减少 POE 研究中人工统计文本关键词的工作量。

（3）情感分析

很多 NLP 工具都能进行初步的情感计算。NLP 情感分析是基于相应的语料库、对文本中极性词进行统计分析、通过建立情感识别模型和相应算法进行情感计算[37]。极性词是指句子中带有情感倾向的词语[224]，它是进行情感倾向计算的基本依据。NLP 情感分析目前较为粗略，一般将情感分为正负两极。部分情感分类的研究文献和 NLP 工具将情感细分为 7 种：乐、好、怒、哀、惧、恶、惊（图 8-4）。这 7 类情感也是该领域较为公认的情感分类方法。

情感分析对文本评价信息的挖掘有广泛的用途，比如一些电商平台根据情感分析提取正负面的评价，形成商品标签，以此可以快速了解大众对这个商品的看法。同样，这种 NLP 情感分析方法也可以用于 POE 评价信息的文本挖掘之中，它为 POE 在快速了解环境使用者的情感评价倾向方面提供了新的分析手段。

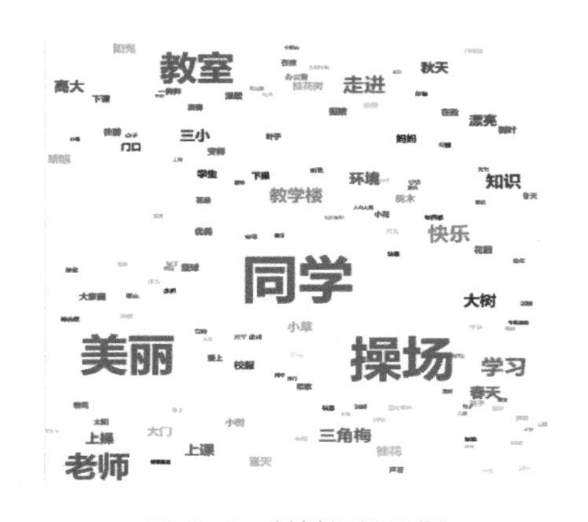

图 8-3　关键词词云图

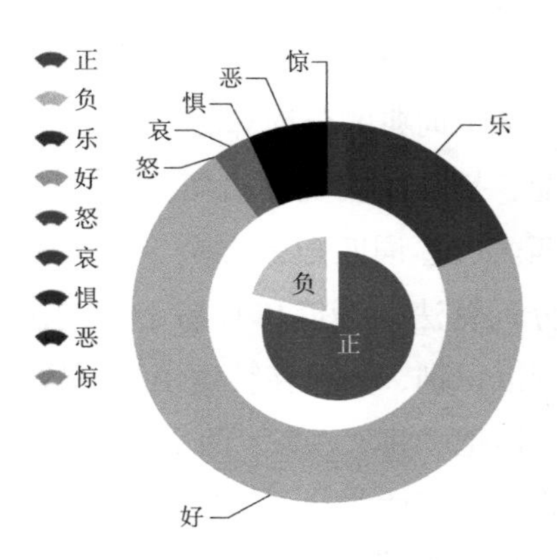

图 8-4　情感分析图

（4）评论观点抽取

评论观点是文本评价信息中最有价值的 POE 信息之一。以往 POE 文本分析都是通过人工阅读来归纳提取观点，NLP 技术可以通过计算短语、语句的情感极性值，按一定算法模型来判断整个评论的观点属性[225]，能从海量的、碎片化的文本信息中抽取评论观点。如百度 AI 开放平台的“评论观点抽取服务”就可以实现文本信息的评价观点抽取，其抽取结果示例如图 8–5 所示。该技术使得机器分析代替人工分析成为现实，较大程度地弥补了传统人工处理文本评价信息的局限。

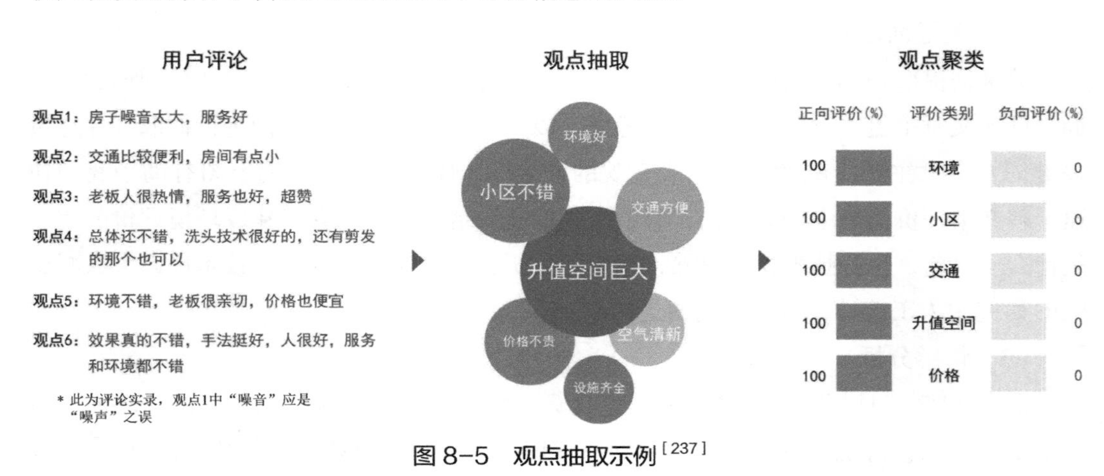

图 8–5　观点抽取示例[237]

8.4.3　相应技术的原理及算法

对于上述四个 NLP 技术，本书对其一般原理及主流算法作简要回顾，为下一节（8.4.4 节）论证这些技术对于 POE 分析的可靠性作出理论铺陈。

（1）中文词性分词的原理及算法

由于中文的特殊性，词语在句子中没有明显的边界，字与字之间可能组合成不同的词语单元，因此，准确地划分词语单元的边界——分词成为语义分析的基础。分词标注是 NLP 的基础技术之一，它是信息检索、文本分类、语音识别等大多数自然语言处理任务的根基。目前，分词标注的算法主要包括如下三类[63]：

①基于词典的分词算法。该算法的原理是预先建立一个足够大的机器分词词典，通过匹配、扫描以实现词语切分[229]。根据匹配词长的优先度，这种算法分为最大匹配、最小匹配、逐词匹配等方法。根据不同扫描方向，又分为正向、逆向及双向匹配[63]。这类分词算法较为简单且易于实现，但容易受到词典完备性的影响，对未登陆词（新词）难以识别，而且在特定语境下容易出现词语的切分歧义，例如“小王将来广州”容易错误地把“将”“来”两个词切分为“将来”一个词。

②基于统计的分词算法。该算法的原理是认为相邻字之间联合出现的概率越高，则其越有可能形成一个词。因此，该算法将相邻共现的字组进行频率统计，通过建立反

映相邻字互信度的概率模型，从而将分词问题转化为统计问题，实现词语（包括新词）识别和切分[230]。该方法根据不同概率模型演化出最大熵模型、N 元文法模型等众多算法。基于统计的分词算法的优点是不依赖于事先建立机器词典，对新词的识别能力较高，分词的精确度也更高。

③基于理解的分词算法。该算法的原理是采用“先理解后分词”的技术路线，旨在解决其他分词法缺少全局信息和句子结构信息的问题。例如词典法和统计法对“乒乓球拍卖完了”的分词会出现两种正确的结果，而不能根据上下文语境来消除分词歧义。基于理解的分词算法在分词时模拟人脑对语言的理解方式，以分词、句法语义和总控三个系统建立相应计算模型，从句法、语义和构词特点来分析、识别词语[243]。该类分词算法常用的有专家系统模型和神经网络模型。其中，神经网络模型利用机器学习和训练来建立分词知识，提高了分词的效果。基于理解的分词算法的优点是通过自学习来提升消除歧义的能力，但该算法需要使用大量机器难以读取的语言学知识，使其达到真正的实用还有很大一段距离。目前，该类算法仍处于继续探索阶段。

（2）关键词提取的原理及算法

关键词是指表述文本主题内容的词汇集合。关键词提取在文本自动分类、自动文摘、自动标签等方面有很广泛的用途，是文本挖掘的一项重要工作。关键词的提取是建立在分词标注的基础之上的，其提取原理及过程如图 8–6 所示[65]。主流的关键词提取算法包括基于统计的算法（TFIDF 算法：Term Frequency–Inverse Document Frequency）、基于词共现图的算法、基于 SWN（Small World Network）及基于词语网络的算法等[231]。

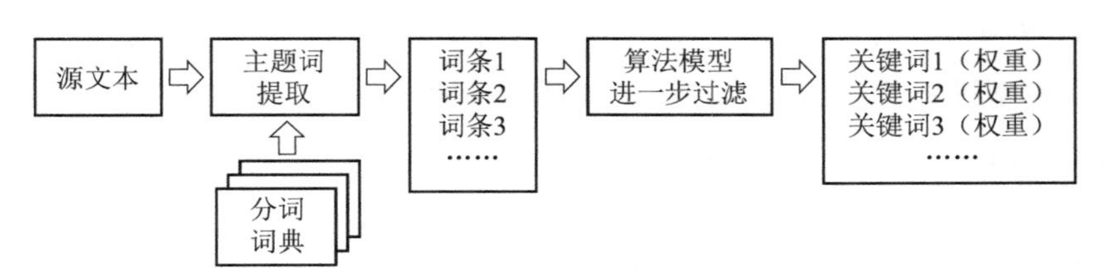

图 8–6　关键词提取过程[237]

其中，基于统计的算法的原理是统计文档中每个词语出现的频率（停用词除外），选取频率超过一定阈值的词语为关键词。该类算法最为简单快速，但容易忽视那些对文档具有重要意义但出现频率不高的词语。基于共现图的算法的原理是认为两个词语同时出现在同一窗口单元（如一句话、一个自然段）的概率越高，其相互关联程度就越高[66]。该算法就是基于这种关联程度的强弱来确定关键词，其主要目的是找出词频低但对中心内容贡献大的关键词，它有效弥补了统计算法的缺陷。基于 SWN 的算法的原理是认为文本中词与词之间的关系符合小世界特征，且认为关键词是对小世界特征起关键作用的词，但该算法未能解释关键词与网络平均路径长度之间的关系且网络连通性通常难以保障[231]。基于网络的算法认为文档主题由一系列子主题组成，子主题的中心词和连接两个子主题的词语就是文档的关键词。该算法以词频高于指定阈值的词语为顶点集，以满足一定关联程度（如两个词出现在同一句子中且间隔小于2）的两个顶点之间的连线为边建构文档的词语网络（图8-7），再根据网络顶点的中介性指标或节点删除指标等参数建立评估函数，进而确定文档关键词。

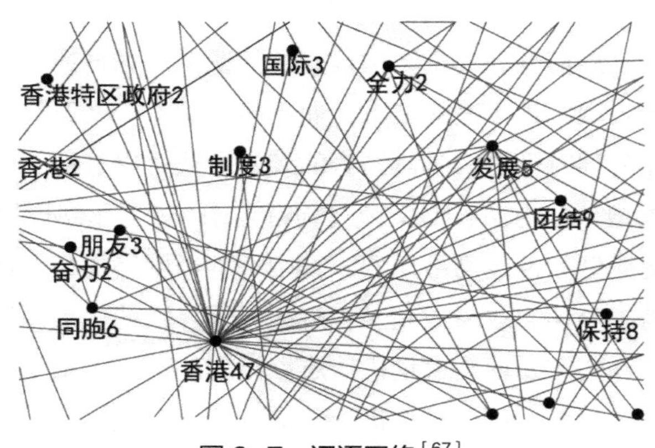

图8-7 词语网络[67]

（3）情感分析的原理及算法

文本情感分析是指对包含人们表达的观点、喜好、情感等的主观性文本进行检测、分析以及挖掘[68]。情感分析分为四种不同粒度，即词语级别、短语级别、句子级别和篇章级别[69]。词语级别的情感分析是利用情感词典或语料库，通过对词语情感极性赋权的方法以计算情感倾向，词语情感的定量判别通常采用［-1，1］来表示褒贬程度。在语句情感分析中，其常见算法一般是首先建立句式模型（如转折句式、条件句式、反问句式等），根据句式特征确定句子的情感倾向（表8-1），然后将文本中的句子与建立好的句式模型进行逐一匹配，将积极情感句子赋值1，消极情感句子赋值-1，不具情感的句子赋值0，再将句子极性值乘以句子中对应的程度副词的权重（表8-2），即得到整个句子的情感倾向值。

对于篇章情感分析，目前常见的算法是整合每个句子的情感权重，整合时需要考虑句子在文章中所处的位置（例如段首、短尾）、是否为总结句（如出现总之、综上等词开头的句子）、是否是特殊句式（如感叹句）等因素，并对每一种句式赋予相应权重，从而计算出整篇文章的情感倾向值。

情感分析的句式模型[67] 表8-1

句式结构	情感极性
让步关联词+正面情感词	消极
让步关联词+否定词+正面情感词	积极
让步关联词+负面情感词	积极
让步关联词+否定词+负面情感词	消极
坚持关联词+正面情感词	积极
坚持关联词+否定词+正面情感词	消极

续表

句式结构	情感极性
坚持关联词 + 负面情感词	消极
坚持关联词 + 否定词 + 负面情感词	积极

程度副词权重[67]　　表 8–2

程度副词	程度级别	权重
超级、倍加、备至、充分、非常、极、极其、极度、极为、极端、绝顶、绝对、十足、无与伦比……（共 99 个）	极其 / 最	1.5
多多、多加、很、很是、特、特别、尤其、尤为、太、实在……（共 42 个）	很	1.25
更、更加、更为、较为、较、那么、愈、愈发、越、越发、愈加……（共 37 个）	较	1.0
或多或少、略、略微、略为、稍、稍微、稍为、稍许、有点……（共 29 个）	稍	0.75
丁点、不甚、微、不大、轻度、不怎么、弱……（共 12 个）	欠	0.5

（4）观点抽取的原理及算法

观点抽取的原理是首先对“观点句”进行定义，然后采用相应判别方法对句子进行分类而抽取观点句。观点句的形式化定义常用四元组、五元组、六元组等。其中，四元组将观点定义为包含主题（Topic）、持有者（Holder）、陈述（Claim）和情感（Sentiment）等 4 个元素的语句，即一条观点就是持有者对某个主题发表的含特定情感的陈述[243]；五元组定义为实体（Entity）、要素（Aspect）、意见倾向（Opinion orientation）、持有者（Holder）、时间（Time）[186]；六元组定义为实体甲、实体乙、要素、对比表达式、持有者和时间[187]，例如“图书馆的空调效果比实验室更好”。观点抽取的过程就是在文本中自动抽取这些元素[72]。

目前，中文语义观点抽取的算法林林总总，其大致可分为三类：基于词典的方法、基于统计的方法和基于图的方法[70, 71]。基于词典的算法是用预先建立好的词典或语料库（可以是手工标注的或机器训练获取的，如商品售后评价语料库、微博评论语料库等），统计文本中的词语是否具有情感信息，进而判断其是否为观点句或非观点句。基于统计的算法是利用训练好的数据，采用某种机器学习方法（例如 SVM，最大熵），判断新数据是否应该划分为观点句还是非观点句。基于图的算法是利用求最小分割的方法把文本在句子级别上切分为观点和非观点两个部分，进而提取观点句[70]。观点句的抽取过程实质上就是句子分类的过程。

8.4.4　相应技术在 POE 中的应用效果及可靠性论证

NLP 的具体算法不计其数，每一种算法或每一种分析工具都有各自的优缺点，其目的都是在争相提高文本信息处理的精度和可靠性。作为近些年才发展起来的新技术，NLP 处理结果对于 POE 分析是否实用、可靠，仍需从理论、应用方面作针对性论证。下面结合个案研究，分别对前文提出的四种 NLP 技术、工具（本章案例研究中使用的分析工具）的应用效果及可靠性作相应讨论与验证。

8.4.4.1 NLP 分词技术在 POE 中的应用效果及可靠性

在分词处理方面，一些中文 NLP 分析工具目前已在实际项目中得到应用和认可，如 NLPIR 分析系统，其采用中国科学院标准的汉语词性对照表，分词处理结果具有较强的权威性[74]。

中文 NLP 分词结果的可靠性主要采用错误率指标来衡量，即通过机器分词结果对比人工分词结果，以错误分词数量的占比概率来评估分词效果。大多数 NLP 处理工具、算法的分词错误率都非常低。例如有研究验证表明，采用正向最大匹配法（Maximum Matching，MM）的分词错误率为 0.59%，而采用逆向最大匹配法（Reverse Maximum Matching，RMM）的分词错误率则低至 0.41%[73]。对于计算机领域的研究来说，这样的错误率也许很高，甚至是不可靠的。但对于 POE 分析来说，如此低的错误率已在可接受的范围之内。

为进一步验证 NLP 分词工具处理 POE 文本的效果，以手工分析与机器分析的实证对比方式，通过一段典型的源自儿童的自由评价文本予以验证。采用 NLP 分词工具（NLPIR 系统）对其进行分词，结果如下：

文本 1：每个 /r 小学生 /n 都 /d 有 /vyou 自己 /rr 的 /ude1 校园 /n 吧 /y，/wd 当然 /d、/wn 我 /rr 也 /d 不 /d 例外 /vi，/wd 接 /v 下来 /vf 我 /rr 来 /vf 介绍 /v 一下 /mq 我 /rr 的 /ude1 校园 /n 吧 /y。/wj 我 /rr 的 /ude1 校园 /n 夏 /tg 热 /a、/wn 冬 /tg 凉 /a，/wd 搞 /v 得 /ude3 我们 /rr 总是 /d 反应 /vi 不 /d 过来 /vf，/wd 交通 /n 也 /d 不太 /nrj 方便 /a，/wd 大门 /n 前 /f 的 /ude1 马路 /n 总是 /d 堵车 /v，/wd 环境 /n 特别 /d 好 /a，/wd 绿化带 /n 有 /vyou 很多 /m，/wd 还有 /v 一个 /mq 花园 /n，/wd 只是 /c 有时候 /d 有点 /d 吵闹 /vi，/wd 还 /d 有 /vyou 一点 /mq 脏 /a，/wd 厕所 /n 有时候 /d 特别 /d 臭 /a，/wd 上 /vf 了 /ule 厕所 /n 有些 /rz 也 /d 不 /d 冲 /v，/wd 墙壁 /n 上 /f 有 /vyou 许多 /m 脏 /a 东西 /n，/wd 桌椅 /n 有时候 /d 许多 /m 摆放 /v 不 /d 整齐 /a，/wd 一 /d 到 /v 放学 /vi 时 /ng 走廊 /n 和 /cc 楼梯 /n 特别 /d 拥挤 /a，/wd 走廊 /n，/wd 经常 /d 有人 /r 打闹 /vi，/wd 通信 /n 比较 /d 方便 /a，/wd 体育课 /n 丰富多彩 /vl，/wd 课 /n 上 /f 有 /vyou 时 /ng 很 /d 幽默 /a，/wd 黑板报 /n 非常 /d 逼真 /a 美丽 /a，/wd 科学 /a 课 /n 上 /f 实验 /vn 工具 /n 充足 /a、/wn 生动 /a 有趣 /a。/wj 总之 /c 我 /rr 在 /p 校园 /n 里 /f 感到 /v 很 /d 幸福 /a，/wd 可是 /c 我 /rr 的 /ude1 学校 /n 我 /rr 对 /p 他 /rr 非常 /d 不满 /a，/wd 希望 /v 能 /v 纠正 /v 吧 /y。/wj ……

文本 1 中，n 表示名词，a 表示形容词（统计结果见图 8–8）。作为评价者在描述和评价中提及的实体对象名词，以及作为评价者抒发评价情感倾向的形容词，这两类词是 POE 分析主要关注的对象。对比机器分词结果与手工分词结果发现，如果仅从语法、文法考虑，NLP 处理工具对名词和形容词分词的错误率分别为 3.8%（错分名词数量 / 总名词数量）和 5.3%（错分形容词数量 / 总形容词数量）。其中，名词分词仅将“科学课”错误地切分为“科学 /a 课 /n”，而形容词分词仅将“有点吵闹”中的“吵闹”一词

错误地切分为动词。整体来看，机器分词的效果相当不错，就连“绿化带有很多”这种容易出现分词歧义的语句都能准确识别为“绿化带 | 有 | 很多”，而不是“绿化 | 带有 | 很多”。从本次验证效果来看，名词分词的准确性略高于形容词分词。

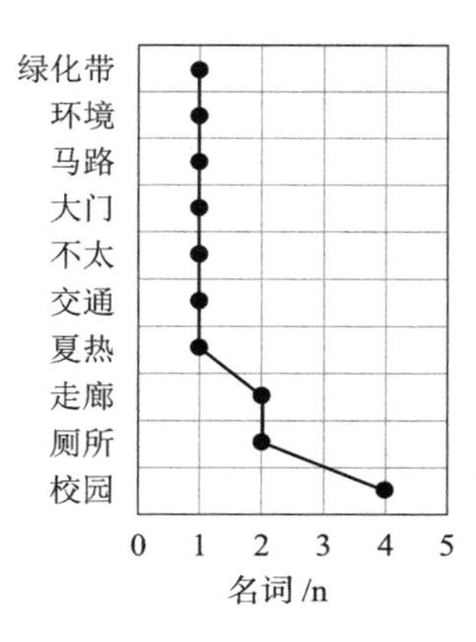

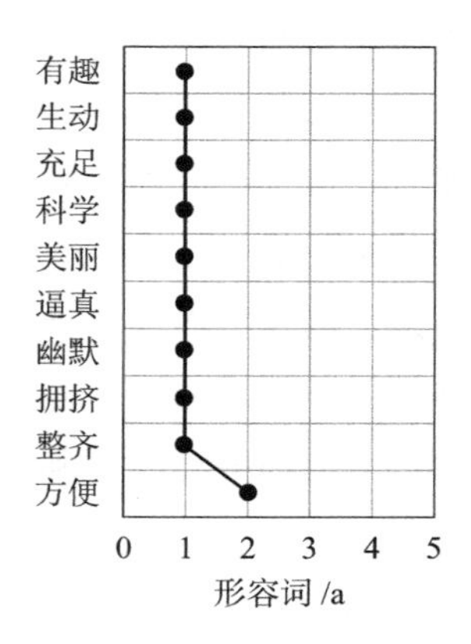

图 8-8　NLPIR 分词结果

对比机器分词发现，该工具容易将复合名词切分为多个名词，例如将文本 1 中的“实验工具”切分为“实验 /vn 工具 /n”。虽然这样的切分结果在语法上没有错误，而且这种分词方式对于计算机处理来说非常必要，但对于 POE 分析而言，复合名词通常需要以整体进行编码分析，若将其拆解为多个词，很容易造成名词指代的评价实体不明确，例如“小学儿童”一词，拆解之后凭空出现的“小学”一词，则会对分析造成一定干扰。这种缺陷对于 POE 分析特定分词所指代的评价对象时可能存在致命错误，例如通过文本评价信息分析特定评价对象——“教学大楼”的评价热度时，分词结果中出现的“教学”“大楼”“楼”等三个词都可能与此有关，而分词结果本身并不能反映这种关系，从而造成评价热度分析结果不准确。因此，必要时应当在 POE 分析中专门针对复合名词进行单独识别和提取，具体的办法是调整分析工具的计算模型、参数（如选择全模式或精确模式），或借助后期手工方式合并复合名词。

综上分析与验证，NLP 处理工具（NLPIR 系统）在分词方面存在一定错误率，但总体上很低，只是在复合名词分词方面容易出现瑕疵。这对于 POE 分析那些名称为复合名词的特定评价对象时可能不太可靠，但对于分析大规模文本评价信息的整体趋势时，在针对 POE 分析采取相应措施（如手工矫正）之后，极个别分词错误造成的不利影响是微乎其微的。

8.4.4.2　NLP 关键词提取技术在 POE 中的应用效果及可靠性

基于 NLP 的关键词提取、词云绘制技术的应用十分广泛，在许多学术文献中也有应用先例[6]，特别是在社科类文献中，关键词提取技术的应用不胜枚举，表明该技术的成熟度已得到学术界的普遍认可。然而，由于文本评价信息的形式及所描述的内容与其他文本信息不同，通用式关键词提取结果对于 POE 分析可能并非同样有效。因此，欲将关键词抽取技术合理应用于 POE 评价文本的分析，还需对其可靠性及应用效果作针对性讨论。对于 POE 分析而言，关键词抽取结果的可靠性不在于它有多全面，而是在于它能否准确反映评价现象本身。根据 POE 分析需求，NLP 关键词抽取结果是否实用、可靠主要体现在两个方面，一是关键词本身是否能准确反映文本评价信息中的重点评价实体（包括评价主体、客体等），二是关键词本身是否能准确反映文本评价信息中的主要评价陈述（包括意见、情感等）。这两个方面包含了评价的四个基本要素，即评价主体、评价客体、评价主题及评价倾向。

为从上述两个方面探讨 NLP 分析的效果，采用实证方式，根据机器处理结果对其可靠性进行分析讨论。需要指出，由于人工分析文本信息的局限性，关键词抽取这种主观性较强的分析结果并不存在唯一的正确答案，例如文本 1（8.4.4.1 节）中，即使通过人工分析也很难确定准确的关键词是哪些。因此难以通过对比手工分析方式来验证机器分析的可靠性，否则就容易出现“用一个错误来验证另一个错误”的逻辑。鉴于此，笔者以结合 POE 研究经验的分析方式对机器处理效果进行探讨。首先，采用关键词抽取工具对一段典型的、源自儿童的文本评价信息进行处理。分析对象为文本 1 评价内容，分析工具为 JIEBA 工具（本章案例中使用的工具）。JIEBA 工具是基于 PYTHON 的开源插件，由于其算法模型（TFIDF 模型和 TEXTRANK 模型）明确，是比较流行的中文 NLP 处理工具之一（图 8–9）。

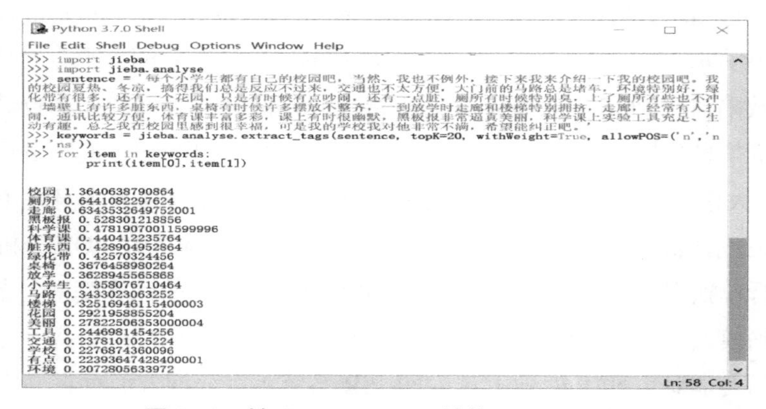

图 8–9　基于 PYTHON 环境的 JIEBA 工具

注：此图为截屏，文字内容中的“他”应为“它”之误

采用 JIBA 工具，选用 TFIDF 算法，从文本 1 中提取最重要的 20 个关键词，再根据抽取关键词的权重结果，采用词云绘制工具（图表秀）绘出直观的关键词词云图，如图 8–10 所示。词云图有两类，一类是基于分词词频的词云，一类是基于关键词权重的词云，此处为后者。

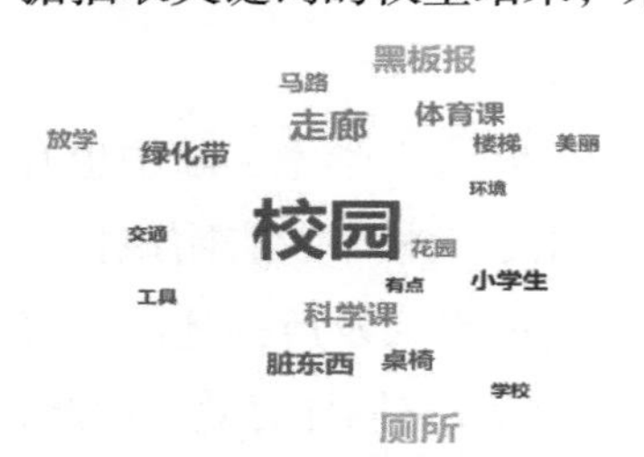

图 8–10　关键词词云处理结果

根据机器分析结果，比较原文描述的内容发现如下两个特征：

①关键词抽取结果能较好地反映评价实体，基本与原文中的重点描述对象相一致。从查准率来看，诸如

"校园""厕所""走廊"等核心关键词，其权重的大小能较好地反映原文中作为焦点评价对象的程度；从查全率来看，关键词的覆盖范围基本涵盖了该文本评价信息的绝大部分评价对象。这说明关键词的机器抽取结果在反映评价实体方面具有较高的可靠性。

②关键词抽取结果难以准确反映主要评价陈述，即难以反映原文中重点描述的话题及评价倾向。例如原文中的"堵车""吵闹""拥挤"等词，对于 POE 分析来说应当被归为评价关键词，但机器抽取结果却未能准确抽取。这与 TFIDF 算法模型的语料库性质有关，如果将来建构专门针对 POE 的语料库，则能有效改善关键词抽取的效果。

综上分析与讨论，采用 TFIDF 算法的 NLP 关键词抽取结果对于 POE 分析评价实体方面具有较高的可靠性；但对于 POE 分析评价陈述方面仍存在不足，其精准度仍难以得到有效保障。因此，利用关键词词云处理结果进行 POE 分析时应当重视上述特征，取其精华去其糟粕，方可实现该 NLP 技术的有效利用。

8.4.4.3　NLP 情感分析及观点抽取技术在 POE 中的应用效果及可靠性

为探讨当前 NLP 情感分析及观点抽取技术对于 POE 分析的应用效果及可靠性，同样采用对比手工分析与机器分析的方式予以讨论。首先，通过人工方式对文本 1（见 8.4.4.1 节）中有关情感评价的内容及观点进行抽取，结果如表 8-3 所示。然后通过 PYTHON 调用百度 AI 分析平台提供的 NLP 分析接口，通过机器处理同一段评价文本，得出情感分析与观点抽取的结果如图 8-11 所示。

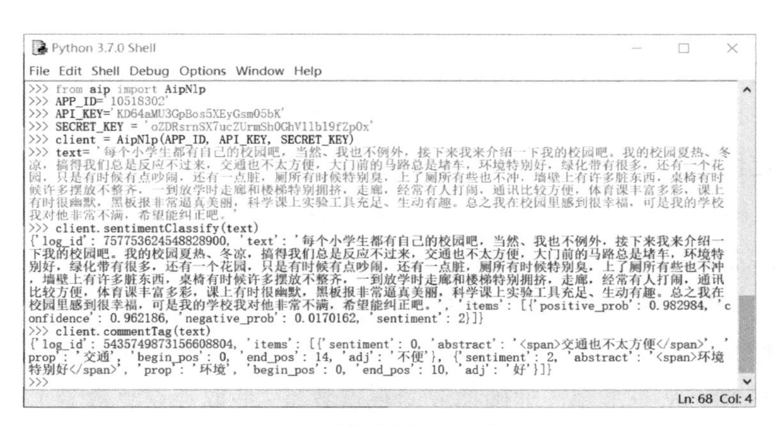

图 8-11　情感分析及观点抽取

注：此图为截屏，文字内容中的"他"应为"它"之误

情感评价词句的手工分析结果　　表 8-3

	正面评价情感	负面评价情感
情感极性词	好 / 多 / 方便 / 丰富多彩 / 很幽默 / 逼真 / 美丽 / 充足 / 有趣 / 幸福	不方便 / 吵闹 / 脏 / 臭 / 拥挤 / 不满
观点句	1）环境特别好	1）交通也不太方便，大门前的马路总是堵车
	2）绿化带有很多	2）（花园）时候有点吵闹，还有一点脏
	3）通信比较方便	3）厕所有时候特别臭，墙壁上有许多脏东西
	4）体育课丰富多彩	4）一到放学时走廊和楼梯特别拥挤

续表

	正面评价情感	负面评价情感
观点句	6）课上有时很幽默	5）我的学校我对它非常不满
	7）黑板报非常逼真美丽	
	8）科学课上实验工具充足、生动有趣	
	9）我在校园里感到很幸福	

（1）情感分析结果的比较与讨论

根据手工分析结果，按情感评价观点句的数量计算，正向情感和负向情感的比例分别为 64% 和 36%；按情感评价极性词语的数量计算，正向情感和负向情感的比例分别为 63% 和 37%。而机器分析结果为：正向情感占比 98%，负向情感占比 2%。对比两种分析方式发现，如果仅从整篇文本评价信息的情感极性来看，两者的分析结果是一致的，即都判断为正向评价。但从情感评价的权重数值来看，两者的分析结果差异比较大，机器分析结果明显放大了正向情感的权重。

究其原因发现，造成这种偏差主要由儿童表述能力的局限所致。根据 NLP 情感分析的原理，文本情感计算需要考虑语句是否为总结句的权重贡献。例如原文中“总之我在校园里感到幸福”，机器会自动将其判断为总结句，导致其正向情感赋权大幅增加。实际上，该语句并不是整篇文本的总结句，而是因为儿童写作文法不通才导致机器误认其为总结句。

因此，基于儿童写作文法不成熟因素考虑，采用该 NLP 工具对儿童文本评价信息进行情感分析时应特别谨慎，尤其是进行定量分析时，其结果的可靠性无法得到有效保障。但仅作定性分析，或仅需作大致趋势的初步判断时，该分析技术对 POE 的情感分析是很有价值的，它可以快速解决人工所不能完成的分析任务。

（2）观点抽取结果的比较与讨论

根据手工抽取结果，从评价文本中得到正面观点 9 条，负面观点 5 条（表 8-3）。而机器抽取结果仅为 2 条，正负面观点各一条，分别是：“环境特别好”“交通也不太方便”（图 8-2）。从查准率（准确抽取的观点数量 / 抽取观点总数量）来看，机器抽取的观点完全准确，即查准率为 100%；从查全率（准确抽取的观点数量 / 原文中的观点数量）来看，其仅为 14%，所抽取观点未能较好地涵盖原文中的主要观点，例如“厕所有时特别臭”应当是原文的主要观点，但机器未能抽取。这说明，该 NLP 工具抽取观点的准确性较高，但覆盖度较低。这一结果符合一些研究文献的结论，即观点抽取的查准率较高，而查全率相对较低[72, 75]。事实上，观点抽取的查准率和查全率是两个相互平衡的影响因素，即查全率过高时，查准率可能会降低，很多算法以保证查准率为优先原则进行抽取。

鉴于上述对比验证，POE 采用该 NLP 工具时需要明确其处理结果的特征，才能确保观点抽取的有效利用。如果仅将观点抽取结果作为返回现场调研的依据，或只是对

文本评价观点作大致了解的研究，那么 NLP 抽取结果对于 POE 分析具有很高的实用价值，而且由于查准率较高的缘故，其可靠性能够得到有效保障；但如果是分析那些环境评价之间的差异、评价者之间的对比等需要精细化处理的 POE 研究内容，由于其查全率较低的缘故，其观点抽取结果难以保证其分析的全面性和精准性。

8.4.4.4　小结

（1）相关 NLP 技术、工具对于 POE 分析的应用效果及可靠性总结

综上论述，简要总结出如下几点结论和建议：

① NLP 分词结果（基于 NLPIR 系统）的错误率非常低（名词和形容词平均错误率低于 5%），对于一般 POE 分析项目，其技术的应用具有较高的可靠性；但在分析复合名词指代的特定评价对象时可能出现严重错误，其分析结果需要作针对性检查或手工校验之后才具备可靠性。

② 采用 TFIDF 算法的 NLP 关键词抽取结果能较准确、全面地反映评价实体关键词，其用于 POE 分析评价对象方面具有较高的可靠性；而它对评价陈述关键词的反映仍存在不足之处，与评价倾向有关的关键词抽取结果仍不够可靠。在利用关键词词云结果进行 POE 分析时应当注意以上特征，尤其在词云图的利用时首先要弄清词云图是基于何种算法。

③ 由于儿童文本评价信息的文法特征，导致 NLP 情感分析结果可能出现较大偏差，使其难以成为可靠的定量分析数据。但对于情感评价的定性分析或初步判断，该技术对于 POE 分析来说颇具实用价值。

④ NLP 观点抽取结果（基于百度 AI）准确度较高，但不够全面，其结果只能作为返回现场调研的评价依据，或作为评价倾向初步了解的依据。由于该技术目前仍不够成熟，在分析评价差异等需要精细化处理的 POE 研究时，其处理结果仍难以作为可靠的分析数据。

（2）本论证的不足及展望

由于手工分析的局限性，本书难以通过大规模的手工分析样本进行全方位验证，而是采用个案研究方法进行讨论，且仅针对本书研究所需的几个主流分析工具作相应尝试。因此上述论证在全面性方面存在一定不足，未来仍需要通过大量验证工作和相应的技术改进，通过算法优化——验证——再优化的循环迭代，才能更好地促进 NLP 技术在 POE 分析中的高效应用。

8.5　NLP 技术与儿童文本评价信息的结合

8.5.1　采用 NLP 技术可在儿童文本评价信息中提取的主要 POE 信息

基于前文有关儿童文本信息及其利用的探讨，以及应用 NLP 技术分析文本评价信息的可行性论证，结合两者之间的优势，根据 POE 研究的特点及需求，采用 NLP 技术

可在儿童文本评价信息中提取如下主要 POE 信息：

（1）儿童文本评价信息中由哪些要素组成，以及儿童重点评价的对象是哪些？基于 NLP 技术在分词和关键词提取方面的可靠性，可以通过词性分类标注及关键词词云的统计，筛选出文本中的所有名词，通过抽取评价要素并进行聚类，从而形成由关键词组成的语义网络（Semantic network，表达人类知识结构的语言形式），语义网络中根据词频大小，可以了解儿童环境认知的意象要素组成及结构，可以初步判断儿童普遍关注的侧重点和评价焦点，并且可以为综合评价的因子提取及指标权重的确定提供初步参考。

（2）儿童文本评价信息中表露了怎样的情感倾向和评价态度？结合形容词分词及 NLP 情感分析的初步结果，根据情感特征，通过数据搜索方式返回到个体的评价描述中寻找相应的情感表述，从而更加全面地了解儿童对评价对象的真实情感。儿童自由报告中的观点表述是最自由的，不受限制的表述，它能较好地反映儿童的心声和环境诉求。通过 NLP 工具的评价观点抽取，可以很好地了解儿童如何评价对象环境。在评价观点抽取结果中，负面观点最具参考价值。根据负面评价的观点返回到现场进行调查，分析其引起负面评价的原因，提出改进建议——这正是观点抽取最重要的 POE 价值之一。

8.5.2 “儿童自由报告 + NLP”的 POE 研究方式

（1）该研究方式的提出

借助前文所述 NLP 技术的有利方面，通过计算机对文本评价信息所描述的无结构化数据进行信息识别和挖掘，并以直观的方式表示挖掘结果。这为分析儿童自由报告提供了技术上的可行性。

NLP 技术促成网络文本评价信息的高效利用，但从网络上获取有关儿童环境评价的信息并不充足。不过，在高年级儿童中，可以通过自由报告形式获取丰富的文本评价数据。通过搜集儿童自由报告转化为电子文档，就可以利用 NLP 工具进行文本挖掘。利用儿童自由报告的易得性及完整性，基于 NLP 技术的有力支撑，本书提出一种“儿童自由报告 + NLP”的 POE 研究方式。得益于机器分析手段的支持和丰富的儿童自由报告资源，该模式在面向儿童的 POE 研究中具有较高的实用性和可操作性。

（2）该研究方式的一般操作流程及方法

根据前文提出的“儿童自由报告 + NLP”的 POE 研究方式，进一步提出该方式的一般操作流程及方法，如图 8−12 所示。

具体操作流程包括以下几个步骤：

①话题设置。评价话题设置是该 POE 研究方式的重要环节之一。根据研究需求，如研究环境评价意象时，可以让儿童以自由报告的形式描写建成环境，描写的主题可以设置为“我们的校园”“我们的教室”等；如欲研究儿童环境行为，则可以将话题设置为“我在校园的一天”“我最喜爱的校园活动”等。话题设置的原则为：首先题目和说

明要便于儿童阅读和理解；其次是话题要贴近儿童对环境的实际体验；最后是话题设置要有利于儿童进行客观描写和切身感受的表达。如果脱离以上原则，回收的文本内容则容易出现想象成分偏多，而实际体验和感受偏少的情况。需要强调的是，话题设置需要根据研究需求给出相应限制条件，并通过必要解释以保证儿童能够充分理解。

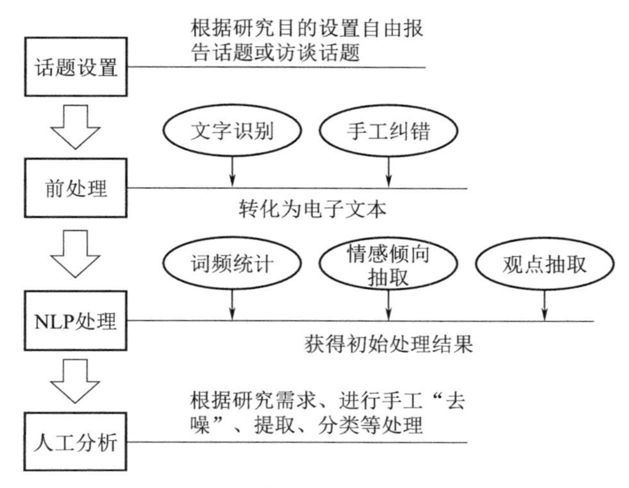

图 8-12 儿童文本评价信息处理过程

②前处理和 NLP 处理。前处理是指 NLP 分析之前的文本提取、去噪过程。通过 AI 技术不仅可以识别文字文本，还可以识别自由访谈的语音并转化为文字文本，这为 POE 提供了便捷的前处理手段。前处理和 NLP 处理两个步骤都可以借助目前的 AI 分析软件、NLP 工具等予以完成。这些工具目前并不十分成熟（如对手写文字识别的准确率较低、情感分析结果不够精准等），虽然其处理“海量”“碎片化”文本数据较为便捷，但其语义分析水平和结果仍存在一定缺陷。因此，在甄别、使用相应处理结果时需要结合本书（8.4.4 节）有关技术可靠性的论证，合理利用可靠成分，摒弃不可靠成分。

③人工分析。根据本书对 NLP 技术的可靠性论证，其处理结果对于 POE 分析来说利弊并存，况且，任何数据都有其机械性的一面。因此，我们应当理性地看待机器分析结果，根据相应研究需求，充分结合人工去噪、人工标注、人工分类等后期手段加以修正，分析时做到去粗取精，才能实现 NLP 处理结果的有效利用。

8.6 利用 NLP 技术分析儿童文本评价信息的 POE 研究实践

8.6.1 研究概述

（1）研究策略

基于本章有关儿童文本评价信息及其利用的探讨，以及应用 NLP 技术分析文本评价信息的可行性论证，为进一步演绎“儿童自由报告 + NLP”的 POE 分析方法，通过小学建筑 POE 的实际项目，以案例研究形式进一步阐明该研究方式的具体内容、步骤、操作细节以及应用效果。

根据本书 8.4 节有关 NLP 技术的可靠性论证，由于 NLP 分词技术及关键词提取技术对于 POE 分析评价实体方面具有较高的可靠性，因此，本案例研究着重从分词处理及实体评价对象方面作深入探讨。另外，由于 NLP 情感分析及观点抽取结果对于 POE 定量分析来说仍不够可靠，但对于定性分析却具有较高的实用价值，因此，为扬长避短，本案例研究对该两种处理结果仅作初步的质化分析。

（2）研究对象

选择小学四～六年级的儿童为研究主体。从前期调查的十多所小学中选择具有代表性的 3 所小学为研究客体。3 所小学中，一所是贵州省仁怀市实验小学，它是“新课标”“新教改”等新型教学改革推行的示范性学校；一所是贵州省仁怀市中枢三小，它是一所较为老旧的城市普通小学，代表着数量最多的一类学校；一所是贵州省仁怀市三合一小，各方面条件相对落后，是典型乡镇小学的代表。三所小学的基本情况如下：

实验小学及中枢三小的概况详见 7.6.1 节，场地局部现状如图 8−13、图 8−14 所示。

三合一小概况：该小学为乡镇小学，师生共计 300 余人，8 个教学班。学校建于 20 世纪 90 年代，占地面积约 6000m^2。新办公楼于 2016 年建设完成，但未投入使用。学校无环形跑道，仅有 1 块操场（兼做篮球场、足球场之用），几乎无体育运动设施，教学设备相对落后，无专用教室。环境相对老旧，绿地率较低，是典型的“1 栋教学楼加 1 块大操场”的乡镇小学的代表。局部场地现状如图 8−15 所示。

图 8−13　实验小学局部现状

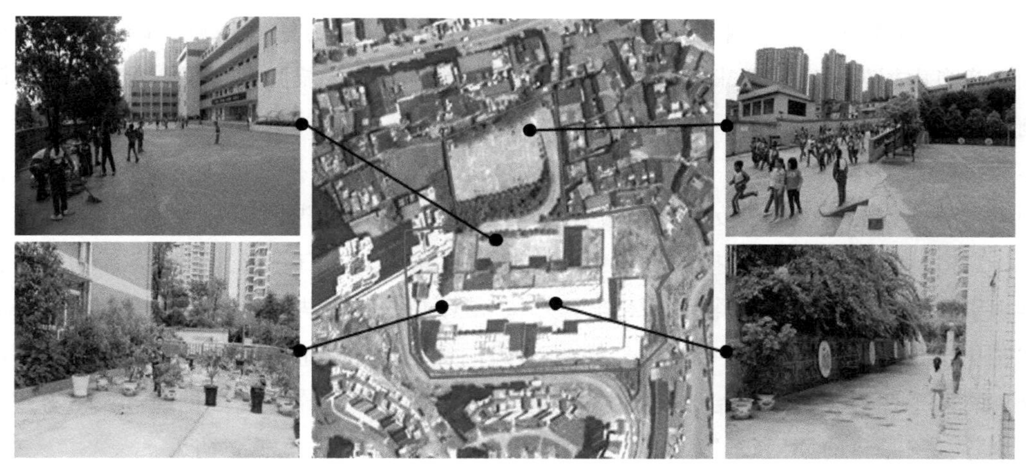

图 8-14　中枢三小局部现状

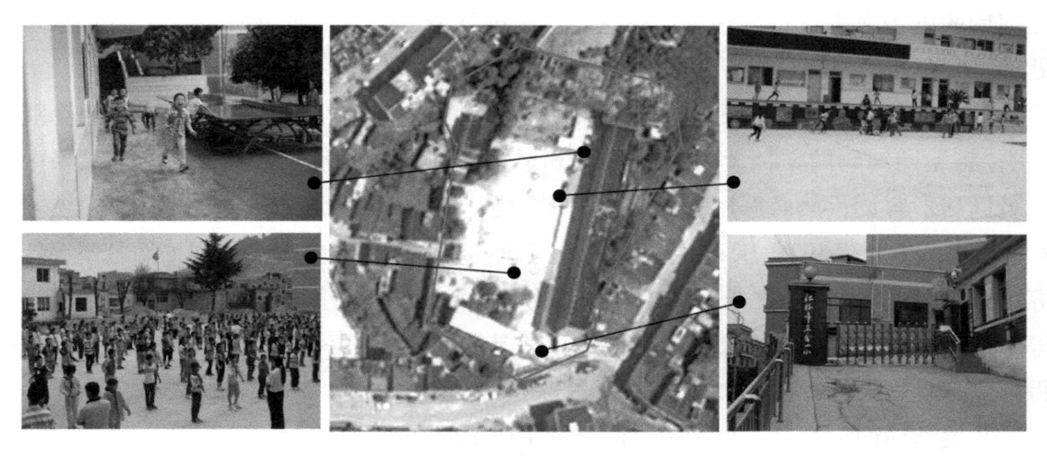

图 8-15　三合一小局部现状

（3）研究内容及目的

本案例以小学建成环境主观评价为 POE 研究内容，要求四～六年级的儿童根据自己的感受，撰写一篇自由报告来描述和评价他们的校园，目的是了解“儿童如何从整体上看待和评价小学校园环境”。通过分词标注、关键词词云绘制、情感分析、观点抽取等新型手段，从儿童文本评价信息中探查他们对小学校园环境的认知及主观评价状况，了解儿童重点关注小学校园环境的哪些方面，以及他们对小学校园环境的评价态度及情感倾向。该案例通过 NLP 技术应用的积极尝试，旨在为今后其他针对儿童群体的 POE 研究提供文本分析方法上的参考。

8.6.2　数据处理过程及方法

采用 8.5.2 节提出的“儿童自由报告 + NLP”的 POE 研究方式，通过“话题设置——前处理—— NLP 处理——人工分析”四个步骤进行研究。并采用描述性统计方法中的频数分析法及均值分析法进行统计分析。

（1）话题设置。根据8.5.2节提出的评价话题的设置方法和原则，以“我们的校园”为自由报告话题，要求儿童对自己所处的校园环境作出描述和评价，无其他具体限制，目的是获取儿童对校园环境的整体性看法。话题设置完成之后，在3所学校中每个年级（四～六年级）选择一个班进行调研，共回收有效自由报告251份（剔除后），其中男生自由报告107份，女生自由报告144份，男女自由报告比例为0.74：1。

（2）前处理。将前期搜集到的手写文本通过腾讯QQ扫一扫、讯飞语音输入等文字识别和语音识别工具转化为备用电子文本。251份自由报告共计97000多字。这些文本转化工具的转化结果有一定错误率，在处理时需要进一步通过手工检查进行纠错。前处理有两个任务：一是原始数据过滤、去噪，将明显无效或奇异的数据通过人工方式予以剔除；二是将前期回收的数据转化为便于NLP工具识别的电子文档。

（3）NLP处理。采用JIEBA、NLPIR、百度AI平台、达观数据等分析工具，对前处理后的电子文本进行词性分词标注、关键词词云绘制、情感分析及观点抽取等NLP处理，获得初始处理结果。具体数据处理及计算过程如下：

①分词标注：首先将经过前处理的文本信息进行编码（包括整体编码及性别编码），将不同编码的文档读入NLPIR分析软件进行分词处理，并从分词处理结果中提取名词和形容词；然后采用后期人工去噪方法，剔除与本次分析无关的整体性主题词（如校园、学校、小学、环境等）及其他与建成环境评价对象无关的词（如希望、新闻等），并对同一指代对象分词（如大门、校门等）及相近情感分词（如干净、干干净净等）进行聚类；最后将去噪后的分词结果按其特征、根据不同编码对象进行分类统计，得到最终有效的分词结果如图8-11～图8-20所示。

②关键词词云绘制：采用JIEBA关键词提取工具，选用TFIDF算法，对完成前处理的文本信息进行编码（按学校），并将其读入NLP分析工具提取关键词；然后根据关键词抽取结果，利用悦图、图表秀词云制作工具，生成儿童文本评价信息的关键词词云图如图8-21所示。

③情感分析：通过NLPIR分析工具，采用类似于分词标注的方法，对编码后的前处理文本（每份自由报告）进行情感计算，然后统计处理结果并求出各编码文本的平均值，得到儿童群体的情感评价倾向极性如图8-22所示。

④观点抽取：由于百度AI观点抽取的查准率较高，而查全率相对较低（8.4.4节验证）。根据实际对比发现，达观数据观点抽取的查全率略高，且能将抽取的观点句自动总结为评论短语或短句形式，便于后期分析查阅。因此利用两者各自优势，首先通过PYTHON调用百度AI分析平台的NLP分析接口，导入编码后的前处理文本，然后提取主流评论观点句，再通过人工聚类方式，按照观点性质将其分为六类：总体性评价观点、自我感受评价观点、负面评价观点、绿化/景观评价观点、场所/建筑/设施评价观点及其他观点；然后，根据观点分类，利用达观数据分析平台查全率相对较高的优势提取各类评论观点，从实验小学抽取观点132

条，从中枢三小抽取观点 154 条，从三合一小抽取观点 101 条。将抽取结果中的相似观点进行手工合并、汇总，得到三所儿童群体的评价观点如表 8-8～表 8-13 所示。

（4）人工分析。通过上述文本评价信息的数据处理过程，得到了 NLP 的初始分析结果。该结果将非结构化自由报告内容转化成了结构化形式，但仍然比较机械，甚至会出现很多无关的成分，因此，对这些 NLP 分析结果仍然需要根据预先设定的研究目标对其作进一步人工分析，并结合实地考察，最终得出合理结论。

8.6.3　名词分词结果与分析——儿童所关注的校园环境要素

8.6.3.1　整体趋势分析

根据名词分词的数据处理结果，将 3 所学校整体编码的 NLP 分词结果进行汇总、并将其对应的环境要素分为 5 类，其构成为：建筑 / 场所要素；景观 / 绿化要素；自然 / 物理环境要素；设施 / 设备要素以及其他要素。结果如图 8-16、图 8-17 所示。

为从 POE 反馈中了解儿童如何从整体上看待和评价小学校园环境，从评价意象层面探查儿童关注的环境要素组成及侧重点，根据图 8-16、图 8-17 作如下几点分析：

（1）儿童对校园环境要素描述最多、最为关注的侧重点依次为：空间场所和建筑要素（1300 多次），绿化与景观要素（900 多次），自然环境和物理环境要素（800 多次），人的要素（500 多次），设施设备等实体要素（近 300 次）。儿童对小学校园的规划布局、管理维护等环境要素的描写相对较少。如校园所处位置、校园空间形式，规模大小、交通条件、功能分区等有关要素在儿童自由报告中少有提及；对于校园的开放时间、安全管理等抽象性要素，在儿童自由报告中基本没有被提及。

这表明儿童对那些与自己日常生活体验直接相关的环境要素更感兴趣，而对偏于概念化、抽象化的环境要素却并不在乎。这印证了具运算阶段儿童的认知特点，即不能理解真正抽象或假设的问题，或涉及形式逻辑的问题。也就是说，在面向儿童的建筑 POE 研究中，让儿童对抽象化、形式逻辑等相关的环境要素进行评价是没有意义的。

（2）儿童对校园室外空间场所的关注远多于室内空间场所。虽然儿童在校园里大部分时间是在室内空间中度过的，但他们更在乎室外空间场所。对于室外空间场所，操场和校门入口是儿童们最为关注的两个焦点，其他常用课外空间（如过道走廊、读书角、展览园地等）的关注度较低。对于室内空间场所，教室、办公室、厕所是儿童重点关注的对象，其他使用率较高的专用课室、图书资源中心等，受到儿童关注的程度较低。分词结果表明，操场的使用、主教学楼的形象、教室环境、校门出入口这几个环境要素对于儿童而言具有相当重要的地位。

（3）在景观与绿化要素方面，散发香味的树木与花草、具有显著视觉效应的大树、亭子等景观要素总能获得较高的公共可意象性；而一些没有显著文字标识的景观小品与雕塑，如中枢三小的浮雕墙，虽其具有较强的校园景观特色，但在儿童心中未能形成共同的环境记忆。可以看出，那些对感官产生强烈作用的景观要素在儿童环境记忆中往往能留下非常深刻的印象，更能形成较高的公共可意象性。

（4）对于自然环境、物理环境要素，儿童们关注的重点依次为：季节与天气（448次）；空气与气味（108次）；环境的色彩（97次）；声环境（64次）；日照（63次）。对于其他物理环境要素，如热环境、风环境、采光照明等，儿童对它们的关注度则相对较低。

（5）对于设施与设备要素，儿童描写最多是国旗。作为校园最重要的标志物之一，国旗在儿童心中形成强烈的环境意象并不意外。除此之外，儿童对环境设施的描写主要集中于描写运动设施，而对教学设施、展示设施和休闲设施的描写则相对较少。通过实地调查，这些描写较少的设施（如室外座位、垃圾回收设施等）在校园中随处可见，但它们并未引起儿童的强烈关注。

综上基于名词分词结果的整体性解读与分析，从意象层面上反映了儿童所关注的校园环境要素组成及侧重点，一定程度地表明了儿童对校园环境的认知特征及心理需求。在本书理论基础研究中指出，让儿童对超出自身认知范畴的评价内容进行评价是没有意义的。因此，探讨儿童环境认知要素组成很有必要，它为基于儿童的主观综合评价提供了具有评价意义的因子来源。有关环境要素公共可意象性的分析结果，也为小学校园环境设计平衡各设计要素权重时提供了有益的参考依据。

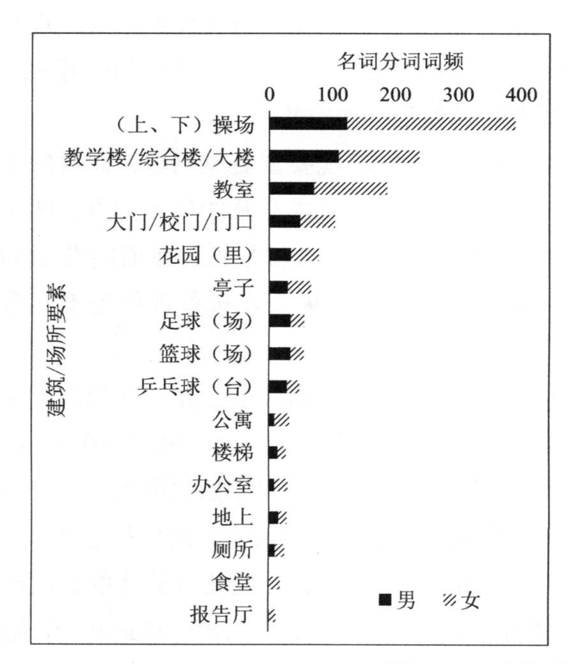

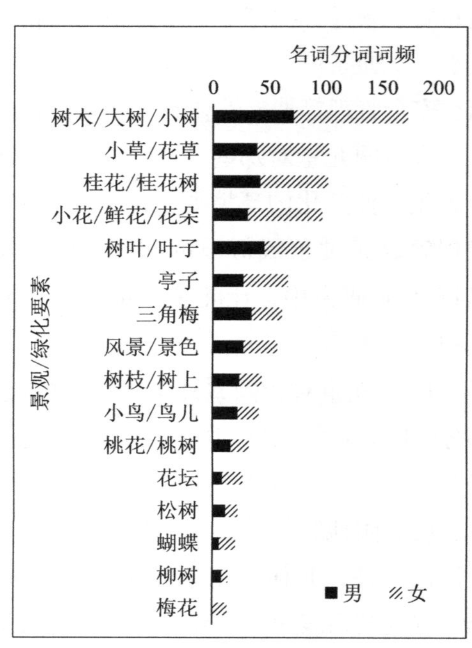

图 8-16　名词分词结果 -1

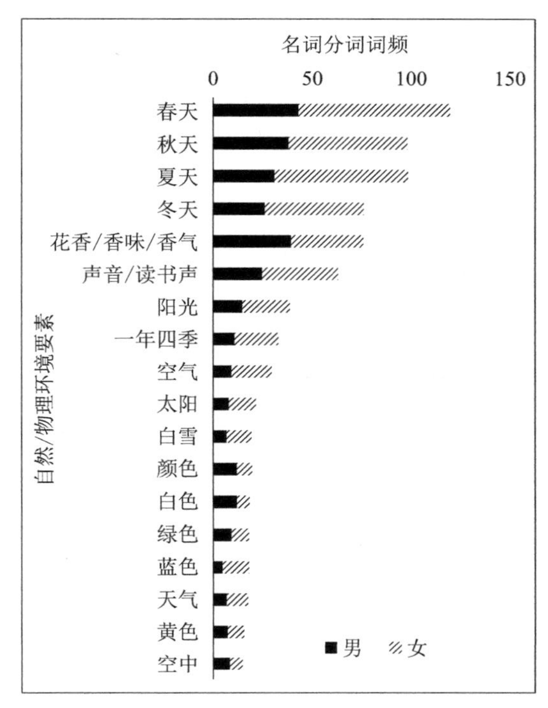

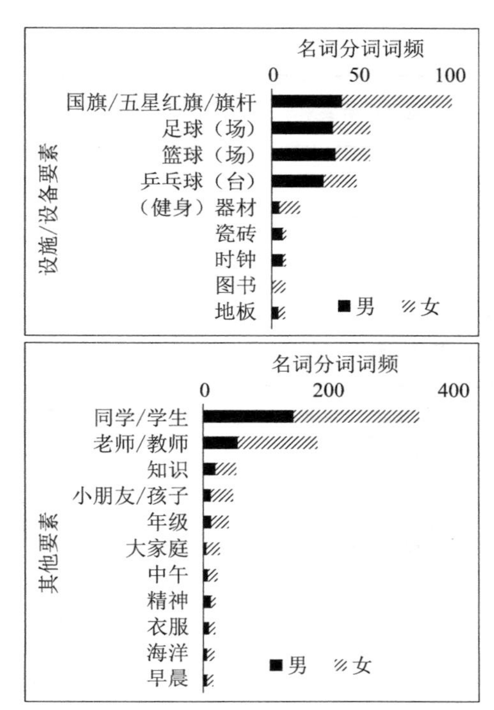

图 8–17　名词分词结果 –2

8.6.3.2　性别差异分析

POE 研究中对性别差异的探讨有助于我们在环境设计时平衡各方利益，使环境综合效用最大化。为探讨这种差异，对以性别编码的 NLP 分词结果进行分类（建筑 / 场所要素；景观 / 绿化要素；自然 / 物理环境要素；设施 / 设备要素以及其他要素），将 5 类环境要素的词频权重（总词频除以总人数）分别进行统计，得到结果如表 8–4、表 8–5 所示。

不同性别的词频权重 –1　　表 8–4

建筑场所要素	权重（词频 / 人数）		景观绿化要素	权重（词频 / 人数）	
	男	女		男	女
（上、下）操场	1.15	1.84	树木 / 大树 / 小树	0.68	0.70
教学楼 / 综合楼 / 大楼	1.02	0.88	小草 / 花草	0.37	0.44
教室	0.65	0.81	桂花 / 桂花树	0.40	0.42
大门 / 校门 / 门口	0.44	0.40	小花 / 鲜花 / 花朵	0.31	0.45
花园（里）	0.32	0.31	树叶 / 叶子	0.44	0.28
亭子	0.27	0.26	亭子	0.27	0.26
足球（场）	0.32	0.15	三角梅	0.34	0.18
篮球（场）	0.32	0.15	风景 / 景色	0.27	0.21
乒乓球（台）	0.27	0.13	树枝 / 树上	0.23	0.14
公寓	0.08	0.16	小鸟 / 鸟儿	0.22	0.12
楼梯	0.14	0.10	桃花 / 桃树	0.17	0.11
办公室	0.08	0.13	花坛	0.09	0.13
地上	0.14	0.08	松树	0.11	0.08
厕所	0.09	0.11	蝴蝶	0.07	0.10

续表

建筑场所要素	权重（词频/人数）		景观绿化要素	权重（词频/人数）	
	男	女		男	女
食堂	0.00	0.13	柳树	0.09	0.03
报告厅	0.00	0.09	梅花	0.00	0.10

不同性别的词频权重 -2 **表 8-5**

自然物理环境要素	权重（词频/人数）		设施设备要素/其他要素	权重（词频/人数）	
	男	女		男	女
春天	0.41	0.53	国旗/五星红旗/旗杆	0.36	0.45
秋天	0.36	0.42	足球（场）	0.32	0.15
夏天	0.30	0.47	篮球（场）	0.33	0.14
冬天	0.25	0.35	乒乓球（台）	0.27	0.13
花香/香味/香气	0.37	0.26	（健身）器材	0.04	0.08
声音/读书声	0.24	0.26	瓷砖	0.06	0.01
阳光	0.15	0.17	时钟	0.06	0.01
一年四季	0.09	0.17	图书	0.00	0.05
空气	0.09	0.15	地板	0.03	0.03
太阳	0.08	0.10	同学/学生	1.36	1.39
白雪	0.07	0.09	老师/教师	0.52	0.89
颜色	0.12	0.06	知识	0.19	0.24
白色	0.12	0.05	小朋友/孩子	0.12	0.24
绿色	0.09	0.07	年级	0.14	0.18
蓝色	0.06	0.09	大家庭	0.04	0.17
天气	0.07	0.08	中午	0.07	0.12
黄色	0.07	0.06	精神	0.11	0.06
空中	0.07	0.06	衣服	0.09	0.06
			海洋	0.06	0.08
			早晨	0.06	0.07

根据表 8-4、表 8-5，从频数统计来看：男生更多地偏向于关注教学楼、运动场地和气味；而女生则更多地偏向于关注操场、教室、花草和季节。

上述结果仅能反映单一环境要素的性别差异，并不能就此说明男生或女生更加关注哪一类环境要素，这尚需作进一步统计检验才能加以明确。为此，将 5 类环境要素的词频权重数据进行男女配对样本检验，所得检验结果如表 8-6、表 8-7 所示。

配对样本统计量 **表 8-6**

指标	均值	N	标准差	均值的标准误
对 1	0.33	16	0.34	0.09
	0.36	16	0.47	0.12
对 2	0.25	16	0.17	0.04

续表

指标	均值	N	标准差	均值的标准误
对 2	0.23	16	0.18	0.05
对 3	0.17	18	0.12	0.03
	0.19	18	0.16	0.04
对 4	0.16	9	0.15	0.05
	0.12	9	0.14	0.05
对 5	0.25	11	0.39	0.12
	0.32	11	0.43	0.13

配对样本统计量　　表 8–7

指标	成对差分					*t*	*df*	Sig.（双侧）
	均值	标准差	均值的标准误	差分的 95% 置信区间				
				下限	上限			
对 1	−0.03	0.20	0.05	−0.14	0.08	−0.54	15	0.60
对 2	0.02	0.09	0.02	−0.03	0.07	0.89	15	0.39
对 3	−0.02	0.07	0.02	−0.06	0.01	−1.47	17	0.16
对 4	0.05	0.10	0.03	−0.03	0.12	1.38	8	0.20
对 5	−0.07	0.11	0.03	−0.14	0.01	−1.96	10	0.08

根据统计检验结果，就 5 类环境要素类别的整体性而言，男女儿童自由报告描写的词频权重在 95% 置信度条件下差异并不显著（$p>0.05$）。也就是说，儿童对校园个别环境要素的关注度具有性别差异，但从整体上来说，5 类环境要素受关注的程度均未表现出显著的性别差异。

8.6.3.3　小结与讨论

利用 NLP 名词分词结果实际上可以开展很多类型的 POE 分析，它在研究评价意象组成、评价焦点等方面具有独特的优势。本案例从整体趋势和性别差异两个方面对名词分词结果进行解读与分析，初步提炼了儿童对校园环境的评价意象要素组成及分类，从整体上描摹了儿童对校园环境的认知构成，揭示了儿童对校园环境要素的关注侧重点及性别差异，为小学校园环境设计及主观综合评价提供了有益的参考资料。

对于生活在校园环境中的儿童，较全面环境认知以及较清晰的环境意象均有利于儿童从环境认识和理解上达成一致，有利于增强儿童对环境的控制感和安全感，有利于促进儿童的公共交往。根据分词结果的解读与分析可以看出，中高年级儿童对校园环境要素的认知已经表现出一定的全面性。他们能从上述 5 类环境要素的多维信息去理解身边的校园环境，对校园环境的意象要素与客观要素基本一致，自由报告中很少出现想象要素。这从一个侧面印证了具运算阶段儿童的认知特点，即他们能更加客观和全面地认识周围环境，能从不同维度去理解某一事物并加以整合。但同时也存在一定局限性，表现在他们更多地凭借生活体验以关注自身直觉感知到的环境要素（如场所、建筑、景观等），而对一些概念化、抽象化的环境要素（如空间形态、尺度、规模、文化氛围等）

则难以形成明晰的环境认知。因此，在面向儿童的 POE 研究中，了解儿童环境认知的局限性，对未超出儿童认知范围的环境评价要素，让儿童对其进行主观评价才具有意义。也就是说，在儿童认知之前或之外的环境要素，对儿童而言并无直接评价意义，它只是一种潜在的价值存在形式而已。

8.6.4 形容词分词结果与分析——儿童对校园环境的评价倾向

根据 NLP 形容词分词结果，将三所小学对应的形容词分为两类，一类是描述对象的评价性形容词，一类是描述自身感受的形容词，结果如图 8-18～图 8-20 所示。

从图 8-18～图 8-20 可以看出：

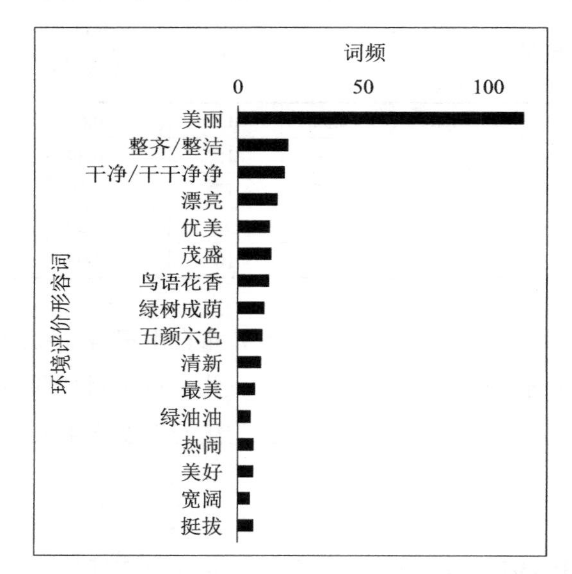

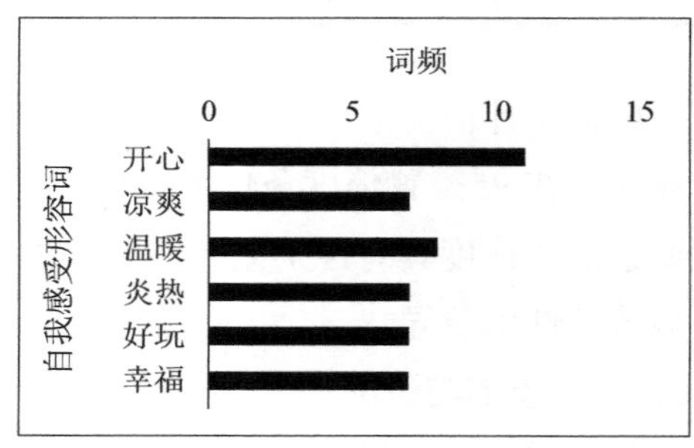

图 8-18 实验小学形容词分词结果

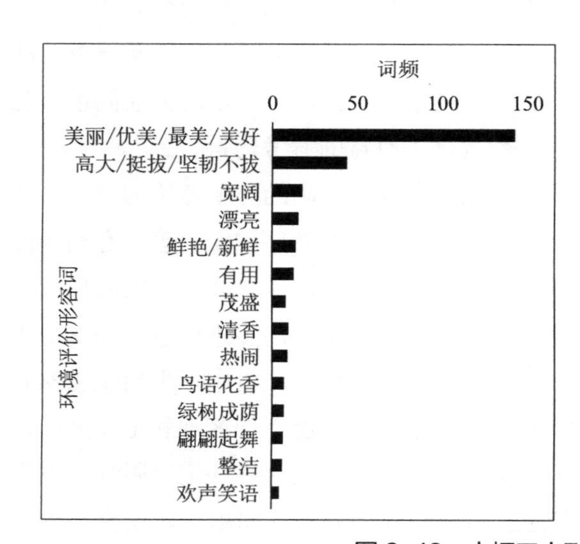

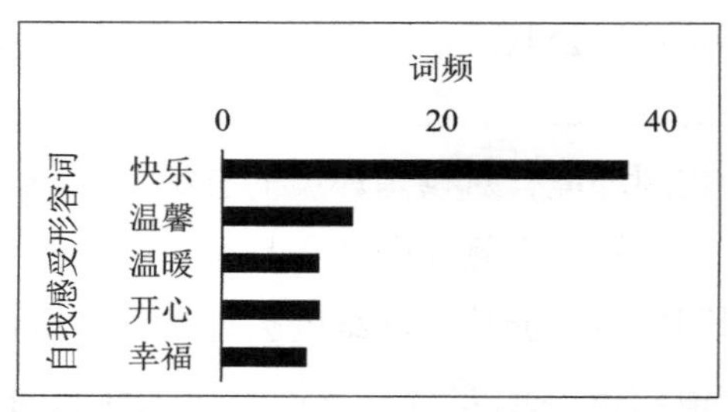

图 8-19 中枢三小形容词分词结果

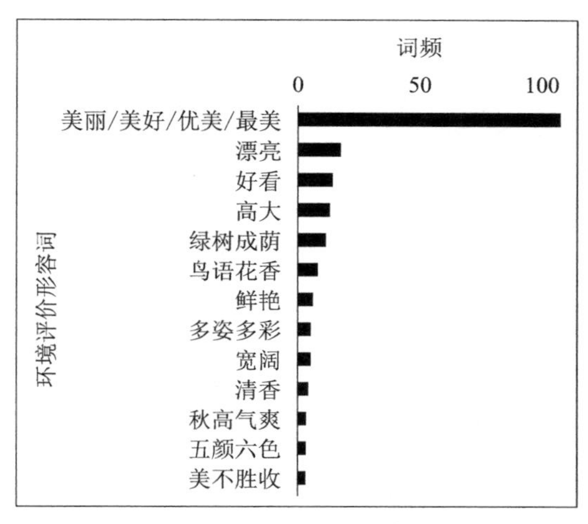

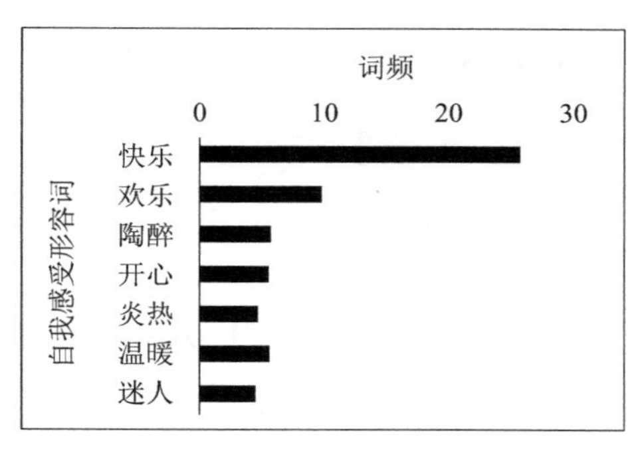

图 8-20　三合一小形容词分词结果

（1）“美丽”“优美”“美好”等词是儿童用来评价校园环境最多的形容词。它反映了校园环境在儿童心中形成的整体评价倾向。

（2）儿童使用的环境评价性形容词的种类比较丰富，而描述自我感受的形容词种类则相对贫乏。他们多使用“快乐”“开心”等词汇来描述自己的感受，而极少使用“满意”“舒适”等常用评价词。

（3）比较儿童对 3 所学校的环境评价差异，最能代表实验小学环境特色的评价性形容词为（环境）“整洁”“干净”；最能代表中枢三小环境特色的评价性形容词为（教学楼）“高大”；相对于这两所小学，三合一小的校园环境则未在儿童心中形成明显的环境评价特色。对照实地调研发现，实验小学由于前操场和楼道涂刷了地坪漆（图 8-13），地面显得非常干净、整洁，使其在儿童心中形成了最具代表性的环境评价特色；中枢三小由于教学楼位于入口坡道的正对面，且处于较高的位置，使其在儿童心中形成了（教学楼）“高大”“挺拔”的环境评价特色。

（4）儿童对校园环境的评价以及自身感受都过于偏向正面和积极。即使各方面环境条件相对最差的三合一小，也极少出现负面评价的形容词。这再次证明本书 5.3.2 节的研究结论，即儿童对校园环境存在过于偏向正面和积极的评价倾向。

（5）形容词分词结果难以体现儿童对不同校园环境评价倾向的整体差异。不论这 3 所小学客观环境的好坏与优劣，它们总能在儿童心中形成比较积极和乐观的印象，总能获得儿童的一致好评。造成这一现象的原因可能是大多数儿童未去过其他学校，他们从未比较过不同校园环境之间的差异，缺乏环境评价的经验，因此总是认为自己的学校环境是“最好”的。这一结论对正确比较不同儿童评价结果具有重要意义。

8.6.5　关键词词云结果与分析——儿童对校园环境的评价焦点

根据 NLP 处理结果，得到儿童对 3 所小学校园环境描述和评价的关键词词云图如图 8-21 所示。

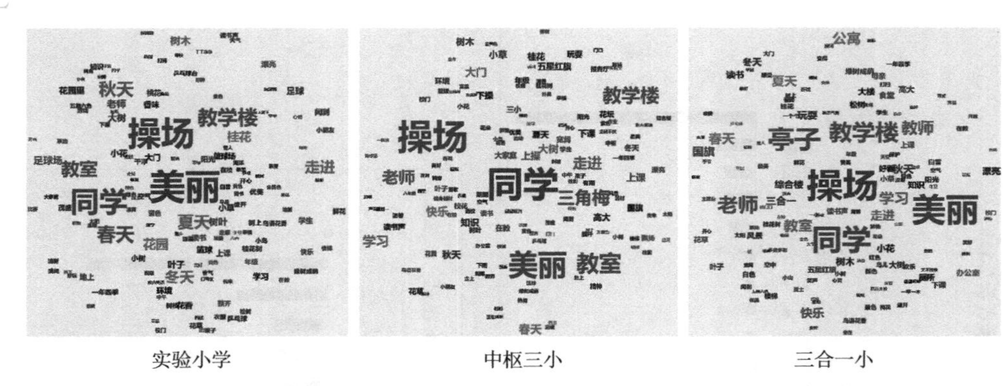

图 8-21　儿童对三所小学校园环境描写的关键词词云图

关键词词云图的原理是通过关键词显示的字号大小来表示关键词在文本信息中的重要性。它的优点是使关键词抽取结果更加直观、易读。对于 POE 而言，它能从搜集到的文本评价信息中快速地抽取评价对象和评价倾向的关键词，为有关环境评价评价焦点方面的分析提供了便捷的分析手段。利用关键词词云图的直观性，对图 8-21 的词云结果作如下分析：

（1）评价实体关键词分析

根据图 8-21 可以看出：实验小学的儿童对校园环境评价（或描述）的对象关键词为（前 4 个）：操场，同学，教学楼，教室；中枢三小为：操场，同学，教室，教学楼；三合一小为：操场，同学，亭子，教学楼。

①共性。“操场”和“教学楼”是儿童描述校园环境最为关键的评价对象，成为儿童对校园环境的评价焦点，体现了它们在儿童心中占据了最为重要的地位。另外，“同学”一词的突出地位体现了人的要素在儿童环境认知中的重要作用。

②差异。对于两所城市小学，其主要关键词基本一致。两所城市小学的儿童对教室的关注度高于三合一小的儿童。

（2）评价陈述关键词分析

从图 8-21 可见，“美丽”一词是儿童评价校园环境的最主要的陈述性（倾向性）关键词，它反映了儿童对校园环境的整体评价倾向。评价倾向关键词的分析结果实际上与形容词分词结果基本一致的，它只是通过图形方式将分析结果显示得更为直观。

综上分析发现，NLP 抽取结果能全面地反映评价实体关键词，但难以反映评价陈述关键词。这与前文（8.4.4 节）的验证结论相符。因此本书对此仅作初步的质化分析。

8.6.6　情感分析结果与讨论

根据 NLP 的数据处理结果，得到三所儿童对各自校园环境的评价情感倾向极值结果如图 8-22 所示。

情感分析对文本评价信息的挖掘有重要的用途，根据情感分析提取正负面的评价倾向，可以快速了解使用者对建成环境的整体性看法。

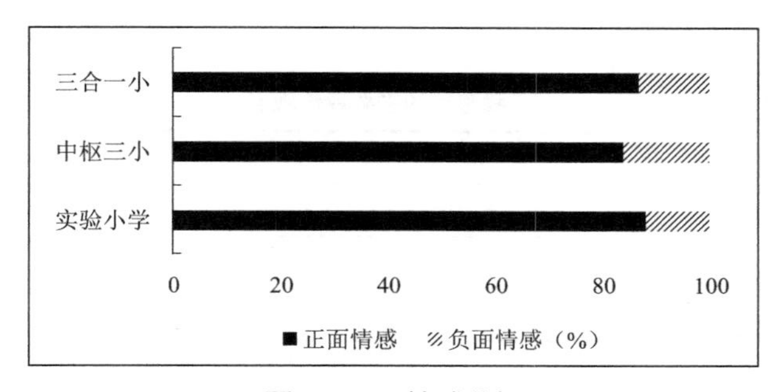

图 8-22　情感分析

根据图 8-22 可以看出，三所学校的儿童对他们的校园环境的正面评价都超过了 80%，对校园环境的评价整体上非常积极。三所小学的客观环境从整体上看，实验小学明显优于中枢三小，中枢三小明显优于三合一小，但从结果看，环境总体差异与评价情感之间并不存在确定的关系。即使校园环境相对最差的三合一小，儿童们对它产生的负面评价情感并不明显多于另外两所学校。

由此可见，情感分析结果只能总体上反映某一对象正、负面评价的大致比重，但难以根据情感分析结果反映客观环境之间的评价差异。换言之，NLP 情感分析结果不宜以量化方式作横向比较来分析环境差异。一方面，影响公众情感评价的因素很多，环境差异的因素只是其中之一；另一方面，由于目前 NLP 对儿童文本评价信息的情感分析结果在量化分析方面仍不够精准，用其进行定量比较仍不够可靠。因此，NLP 的情感分析结果目前仅能在快速获取正负面评价标签方面起到定性判断的作用。

8.6.7　观点抽取结果与分析

根据 NLP 的数据处理结果，得到三所儿童对各自校园环境的主流评价观点如表 8-8～表 8-13 所示。

实验小学评价观点抽取与聚类 -1　　表 8-8

总体性评价主要观点	自我感受的主要评价观点	负面评价主要观点
观点 1：校园美丽	观点 1：篮球场上欢乐	观点 1：垃圾池觉得不好
观点 2：校园干净整洁	观点 2：校园里感觉快乐	观点 2：教室空间小
观点 3：环境好	观点 3：印象觉得不错	观点 3：走廊拥挤
观点 4：环境优美	观点 4：花园的印象深	观点 4：交通不方便
观点 5：校园热闹	观点 5：学校里心情舒畅	观点 5：厕所臭
观点 6：校园漂亮	观点 6：感到心情愉悦	观点 6：教室有时会热
观点 7：什么地方都美	观点 7：不感动是假	观点 7：下课造成拥挤
观点 8：环境卫生	观点 8：我感觉快乐	
观点 9：校园生活丰富	观点 9：校园里很开心	
观点 10：校园管理规范		

续表

总体性评价主要观点	自我感受的主要评价观点	负面评价主要观点
观点 11：学校大		
观点 12：场地分配清楚		
观点 13：校园摆设整齐		
观点 14：人多		

实验小学评价观点抽取与聚类 -2　　表 8-9

绿化 / 景观评价观点	场所 / 建筑 / 设施评价观点	其他环境评价观点
观点 1：桂花很香	观点 1：教室里上课安静	观点 1：空气味道清新
观点 2：景色优美	观点 2：桌椅摆放整齐	观点 2：墙壁光滑
观点 3：树木漂亮	观点 3：黑板报逼真	观点 3：天空很蓝
观点 4：花草芳香	观点 4：科学课实验工具充足	观点 4：体育课丰富多彩
观点 5：树木茂盛	观点 5：教学楼看起来壮观	观点 5：天气炎热
观点 6：校园里花草活泼	观点 6：教学楼整齐	观点 6：校园阳光明媚
观点 7：绿化好	观点 7：教室凉爽	观点 7：学校离家近
观点 8：芙蓉花顽强	观点 8：桌椅板凳坚固	观点 8：读书声响亮
观点 9：花香浓	观点 9：后操场热闹	观点 9：空气新鲜
观点 10：树木多得数不清	观点 10：教学楼高大	观点 10：学校管得严格
观点 11：春天百花齐放	观点 11：操场整洁	观点 11：环境颜色多
观点 12：景色诱人	观点 12：班级设置整齐	观点 12：同学们调皮
观点 13：各季节景色不同	观点 13：我们的教室多	观点 13：走廊书多
观点 14：大树挺拔	观点 14：前操场好玩	观点 14：校园活动丰富
	观点 15：教室形状不同	观点 15：色彩显得明亮
	观点 16：教学楼看上去大气	观点 16：声音响亮
	观点 17：操场宽阔	观点 17：班里同学热情
		观点 18：同学们玩得开心
		观点 19：感觉凉爽
		观点 20：阳光和谐

中枢三小评价观点抽取与聚类 -1　　表 8-10

总体性评价主要观点	自我感受的主要评价观点	负面评价主要观点
观点 1：校园美丽	观点 1：在学校里身心愉悦	观点 1：环境不起眼
观点 2：环境优美	观点 2：校园里感到幸福	观点 2：地方小
观点 3：校园不错	观点 3：我爱我们的校园	观点 3：厕所不像以前那么臭
观点 4：课间热闹	观点 4：我们学校温馨	观点 4：同学拥挤
观点 5：校园有一点小	观点 5：我为三小骄傲	观点 5：乐器声音有点大

续表

总体性评价主要观点	自我感受的主要评价观点	负面评价主要观点
观点 6：校园安排合理	观点 6：操场给了我们健康	观点 6：舞台小
观点 7：三小确实不错	观点 7：我爱我们的校园	观点 7：有些班级离得远
观点 8：冬天校园更美	观点 8：场景舒服	
观点 9：所有地方都很干净	观点 9：学习快乐	
观点 10：校园热闹	观点 10：是一个充满幸福的地方	
观点 11：学生多	观点 11：我们玩得快乐	
观点 12：校园面积大	观点 12：感觉好	
观点 13：环境好		
观点 14：傍晚校园显得宁静		
观点 15：校园引人注目		

中枢三小评价观点抽取与聚类 –2　　表 8–11

绿化 / 景观评价观点	场所 / 建筑 / 设施评价观点	其他环境评价观点
观点 1：花坛干净	观点 1：五星红旗鲜艳	观点 1：校园声音欢乐
观点 2：三角梅很美	观点 2：教学楼造型美观	观点 2：香味美极了
观点 3：三角梅香	观点 3：教室非常宽敞	观点 3：同学合群
观点 4：学校绿化好	观点 4：设备不错	观点 4：老师和蔼可亲
观点 5：树木茂盛	观点 5：电脑设备不错	观点 5：同学团结
观点 6：校园鸟语花香	观点 6：教学楼造型美观	观点 6：师生非常友好
观点 7：景色宜人	观点 7：教学楼高大	观点 7：里面老师温柔
观点 8：校园风景优美	观点 8：教室凉快	观点 8：读书声整齐
观点 9：大树树叶茂盛	观点 9：操场人山人海	观点 9：装潢明显
观点 10：花儿美	观点 10：下操场大	观点 10：同学热情
观点 11：树木挺拔	观点 11：设施先进	观点 11：教学楼灯光明亮
观点 12：树多	观点 12：操场干净	观点 12：阳光强烈
观点 13：桂花作用不小	观点 13：厕所多	观点 13：天气炎热
观点 14：槐树高大	观点 14：校园围墙坚固	观点 14：玩耍声热闹
观点 15：校园花繁叶茂	观点 15：报告厅大	观点 15：老师和气同学文明
观点 16：景色美	观点 16：设施带来方便	观点 16：校园里阳光明媚
观点 17：桂花香		观点 17：跑操有趣
		观点 18：空气新鲜
		观点 19：校园四季分明
		观点 20：春天生机勃勃
		观点 21：同学生活丰富多彩

三合一小评价观点抽取与聚类 -1　　表 8–12

总体性评价主要观点	自我感受主要评价观点	负面评价主要观点
观点 1：学校引人注意	观点 1：里面感觉好	观点 1：有的同学热
观点 2：校园好看	观点 2：我爱我们的校园	观点 2：石子滑
观点 3：校园美丽	观点 3：在学校找到快乐	观点 3：城市校园充满虚伪
观点 4：校园美不胜美*	观点 4：我非常喜爱	观点 4：下水道深
观点 5：校园不算大	观点 5：心情舒畅	观点 5：学校不起眼
观点 6：环境看起来美丽	观点 6：玩耍开心	
观点 7：不像城市校园一样人山人海	观点 7：身体非常轻松	
观点 8：环境不错		
观点 9：地方整洁		
观点 10：学校漂亮		
观点 11：校园丰富多彩		
观点 12：学校朴实		
观点 13：不像城市学校那样豪华气派		

* 此表中的观点为调查实录，“美不胜美”应是“美不胜收”之误。

三合一小评价观点抽取与聚类 -2　　表 8–13

绿化 / 景观评价观点	场所 / 建筑 / 设施评价观点	其他环境评价观点
观点 1：景色好看	观点 1：综合楼高	观点 1：春天鸟语花香
观点 2：风景优美	观点 2：楼梯宽	观点 2：天气炎热
观点 3：春天鸟语花香	观点 3：教学楼美	观点 3：太阳光大
观点 4：桂花树香	观点 4：教师公寓漂亮	观点 4：早上霞光好看
观点 5：景色宜人	观点 5：亭子很漂亮	观点 5：有许多图书
观点 6：操场边大树高大	观点 6：老师公寓小点儿	观点 6：每个季节都美
观点 7：各种各样的花五颜六色	观点 7：综合楼教室不一样	观点 7：施工工程忙碌
观点 8：花草鲜艳	观点 8：房间漂亮	观点 8：空气清新
观点 9：校园景色迷人	观点 9：操场宽阔	观点 9：老师声音小
观点 10：大树看起来威武	观点 10：亭子好看	观点 10：春天美
观点 11：景物丰富多彩	观点 11：综合大楼设计好	观点 11：门卫无私奉献
观点 12：小花艳丽	观点 12：新建楼房漂亮	观点 12：颜色美
观点 13：小草茂盛	观点 13：教师公寓楼高	观点 13：朗读声整齐
	观点 14：教室座位精美	观点 14：课程多姿多彩
	观点 15：食堂诚信	观点 15：动人的歌声传得远
	观点 16：操场壮观	观点 16：下课同学活跃
	观点 17：厕所工具充分	观点 17：太阳炎热
	观点 18：设备非常充足	观点 18：校园生活美好

自由报告中的观点抽取是最具价值的 POE 信息之一，它的好处有两点，一是使用者的评价范围相对开放，其报告内容较为全面，容易发现结构化研究之外的一些问题；二是使用者的评价取向完全自主，所表达的观点最能代表评价反馈的主要方面，最能反映环境的实际使用状态。

根据表 8-8～表 8-13 中的观点抽取结果可以看出：

（1）儿童对三所小学校园环境的总体性评价都非常高，绝大部分都是正面评价观点。关于环境卫生方面，由于实验小学涂刷了地坪漆，其环境卫生管理更为严格，使得“校园干净整洁”“环境卫生”成为儿童的主流观点；另外两所小学的环境卫生评价则不如实验小学高。关于校园规模方面，实验小学的评价是“学校大”；中枢三小有的人认为“面积大”，有的人认为“有一点小”；三合一小的评价则是“不算大”。

（2）关于绿化、景观评价方面，虽然三所学校的客观环境差异较大，但它们所获得的评价都比较正面。校园中的花草树木种类非常多，但桂花树特别地获得了普遍好评。根据形容词分词结果的分析也表明，散发香味的花草或树木能够强烈地促进儿童的正面环境评价。

（3）关于空间场所、建筑、设施设备方面，三所小学都获得了“操场宽阔”“教学楼高大”等好评。关于设施设备方面，两所城市小学的儿童认为本校的“设施先进”“设备不错”，实验小学的儿童特别指出桌椅的优点，中枢三小的儿童特别指出“报告厅大”，三合一小的儿童特别指出“亭子很漂亮”。他们对各自校园的特色环境作出了积极评价。

（4）关于自我感受和其他环境评价方面，整体评价倾向都非常积极。虽然每个学校的儿童都展示出各自的评价细节，但并未表现出明显的整体性评价差异。这表明儿童自由报告的评价观点难以比较不同学校客观环境的真实差异。其原因可能是大多数儿童缺乏环境评价经验所致。在情感评价的分析中亦证实了这一点。

（5）关于负面评价方面，对照各负面评价观点进行实地考察，分析造成负面评价的原因，发现如下几个主要环境问题：

①气味是儿童较为敏感的环境评价要素之一，垃圾池、厕所的臭味对紧邻教室的长期影响成为学生普遍反馈的突出问题。

②大班额以及后排空间不足是造成“教室空间小”“同学拥挤”等负面评价观点的主要原因。特别是实验小学，由于其大班额原因造成的拥挤现象尤为严重。

③根据“有时会热”的评价观点进行现场调研发现，教室的遮阳问题是学生反馈的另一个突出问题。三合一小和实验小学由于教学楼朝向导致部分教室出现严重西晒，夏季时靠窗学生普遍反映光线太强、太热，对他们的正常学习带来了严重的影响。

④由于当前教学模式的转变，音乐兴趣课程的内容和形式越来越多样化，导致音乐教室的噪声对临近教室的影响随之成为较严重的问题之一，这在观点抽取中表现出了相应的负面评价。如中枢三小的乐器教学课程对临近教室的正常教学造成了较大的干扰。

上述根据负面评价观点发现的问题并不新奇，但现实考察中依然普遍存。根据本书多处研究表明，儿童环境评价有过于乐观的倾向，即便相对较差的环境也普遍会作出积极评价。这说明，儿童一旦作出负面评价，那该负面评价的内容可能是非常严重的，在实际调查中也表明情况的确如此。因此，上述基于儿童负面评价的环境问题对于儿童而言具有非常重要的意义。

8.7 NLP 技术用于分析儿童文本评价信息的局限与前景

8.7.1 存在的局限

根据上述案例研究，分词处理、关键词词云、情感分析及观点抽取等技术在 POE 分析中取得了不同程度的应用效果。虽然这些 NLP 技术对于文本评价信息的处理具有人工分析所不具备的高效率优势，但同时也存在一些局限性和不足之处。一方面，由于儿童文本评价信息本身的特征，如文法不规范、总结性词汇错用、噪声信息偏多等，很容易造成 NLP 分析结果的精度有所减弱。另一方面，NLP 技术在某些方面仍不够成熟，如情感分析较粗略、观点抽取查全率偏低等，其处理结果对于 POE 量化分析仍不够可靠。若要实现 NLP 技术在文本评价信息分析中的高效利用，还需在以下几个方面进行完善：首先，POE 仍缺乏针对性的环境评价语料库，在 NLP 分析时依靠其他常规、通用语料库所分析出的结果显得不够理想。其次，尚缺乏 POE 的专门算法，得出的分析结果对 POE 而言针对性不强，尤其在观点抽取中，仍然需要依赖人工方式对其作进一步处理。另外，NLP 技术在 POE 中的全面应用还面临跨学科融合的研究障碍，它需要不同领域的研究者共同努力、配合才能促进共荣发展。

NLP 技术对于 POE 来说仍属于新生事物，在新技术应用的探索过程中必然存在诸多亟待解决的问题，如算法的优化问题、语料库缺乏针对性问题、分析结果的精度问题等。由于受多学科交叉制约及笔者能力所限，本书未能全面地深入探究 NLP 技术本身，而是从应用层面上作初步探讨，旨在通过积极尝试以引入一种新的分析思路，从而充分发挥儿童文本评价信息资源的 POE 价值。至于有关 POE 的语料库、算法及其他应用方面存在的不足，仍需在未来作大量深入研究才能予以完善。

8.7.2 未来的应用前景

文本评价信息的 POE 分析的优点是让环境使用者有机会表达观点，有利于发现结构化研究之外的问题。它是大数据、网络“信息爆炸”时代背景下的一种新 POE 趋势。它能有效弥补传统 POE 方法的许多缺陷，如采样随机性缺陷、信息延展性缺陷及调查配合度缺陷等[31]。在 NLP 技术处于蓬勃发展的当下，该技术在 POE 方法中的发展前景主要体现在以下几点：

①通过文本分类技术，NLP 将成为 POE 搜集、排除、提取海量网络文本评价信息

的必备工具。未来借助于 POE 专门语料库的建构，NLP 文本分类技术将更加细化和具体，使 POE 真正实现大数据时代的跨越。

②一些 NLP 研究已经可以根据文本描述的人物、时间、地点等要素特征进行事件抽取[226]。随着事件抽取技术愈加成熟，NLP 技术将成为 POE 分析文本信息中隐藏的环境使用事件、活动、行为等内容的得力工具，从而在环境行为研究领域发挥其应有的作用。

③ NLP 技术将促成 POE 从数据搜集到分析结果输出的一体化和自动化。如自由访谈——语音识别并转化为文本—— NLP 分析——分析结果输出；又如网络评价信息搜集——分类、去噪、提取—— NLP 分析——分析结果输出等。还有很多类似的 POE 文本处理程序，未来都可以依靠 NLP 技术得以实现。

④ NLP 技术不仅局限于文字信息的处理，未来它还可以整合数字信息的处理。这两者的结合在一些 AI 平台已经初步得到实现，如客情分析、商情分析等。如果未来 NLP 能在文字和数字的整合方面取得成功，那将可为 POE“质化—量化”分析提供强大的技术支持。

8.8　本章小结

本章首先通过有关儿童文本评价信息的应用背景、数据来源、用途、特征及其所面临的问题等进行分析与论述，探讨其在 POE 研究中如何得到充分利用；其次，通过 NLP 技术最新研究成果的介绍，指出其可为 POE 提供的技术支持，从技术原理及可靠性论证两个方面探讨其用于分析文本评价信息的可行性，并结合两者的特征与优势，提出一种“儿童自由报告 + NLP”的 POE 研究方式。最后，采用现有中文语义 NLP 工具对源自儿童的文本评价信息进行 POE 案例分析，通过初步应用实践，对“儿童自由报告 + NLP”研究方式的具体内容、步骤、操作细节等作了较细致的演绎说明，并结合方法与案例研究探讨了该技术的不足之处与应用前景。

本章旨在借助 NLP 技术中相对成熟的分析手段，为面向儿童群体的 POE 方法引入新的研究思路，从而充分发挥儿童文本评价信息资源的 POE 价值。对跨学科方法融合的积极尝试，为推进 POE 方法顺应当前新兴技术的发展起到抛砖引玉的作用。虽然 NLP 技术目前仍处于发展的初步阶段，所面临的问题仍不一而足，但随着 AI 飞速发展的带动下，NLP 技术必将日臻完善。未来通过 POE 专门语料库和相应算法的建构与优化，在解决多学科交叉的研究障碍之后，NLP 技术必将为 POE 提供更加广泛和便捷的文本挖掘手段，它是 POE 从传统人工分析迈向现代智能分析的关键所在。

第9章
结论

9.1 研究总结

面向使用者的建筑POE研究的实质在于通过相关数据收集以探析人们如何认识、使用和评价建成环境，得出某些规律，从而启发我们设计出更加人性化的环境。在面向儿童这一特殊群体的建筑POE研究中，由于传统研究方式的局限以及针对性方法的缺失，阻碍了这一类型的建筑POE研究的发展。为排解面向儿童群体的建筑POE研究中存在的主要障碍，探寻与之相适应的建筑POE方法，本书以源自儿童的建筑POE信息为切入点，围绕儿童结构化问卷、儿童行为观察、儿童画及儿童自由报告等四个主要数据源，探讨其在建筑POE研究中存在的突出问题及解决之道，并结合实证研究以阐释如何有效、充分利用这些蕴涵儿童特征的POE信息。通过本书有关建筑POE方法针对儿童这一特殊群体的专门化研究，得出以下主要研究成果和结论：

（1）对相关基础理论进行回顾、梳理，阐明面向儿童群体的建筑POE应该研究什么，以及如何研究等基本问题。通过建筑POE类型划分及与建筑POE有关的儿童特征分析，指出儿童的建筑POE信息来源、形式及其研究价值。总结出面向儿童的建筑POE研究的三种基本反馈范式，即环境认知反馈、主观评价反馈和使用行为反馈，进而提出该POE反馈的一般研究模式及操作流程。

（2）进一步通过广泛的前期实地调查，发现并总结面向儿童群体的建筑POE调研中存在的主要问题及优势，并藉此提出有关儿童建筑POE调研操作的针对性建议，包括访谈操作建议、问卷简化建议、自主填写问卷的建议，以及关于问卷可靠性的建议等（详见3.5节。由于篇幅较长，在此不一一罗列）。这些建议给出较具体、细致的操作注意事项，为今后针对儿童的建筑POE调研提供方法上的参考。

（3）基于前期调查中提出的有关儿童结构化问卷中存在的两个基本问题——评价尺度问题及点赋值评价结果解读问题，通过第4章、第5章的专项研究，建立适用于儿童的建成环境5级评价尺度，并通过进一步研究得出儿童点赋值评价结果与该5级区间

赋值评价结果的匹配关系。其研究结论如下：

①通过儿童常用评价语义量词的筛选及问卷试验，所建立的适用于儿童的建成环境 5 级评价尺度为：

双侧：很（负面）；有点（负面）；中等；有点（正面）；很（正面）。

单侧：不；好像有点；比较；很；特别。

根据试验研究，得出基于儿童理解的常用评价语义量词的相对强度值排序为（单侧从高到低）：极其，特别，非常，很，挺，真，确实，比较，有些，有点，好像有点，稍微有点，不怎么，不，一点也不。这一结果可为其他等级的评价尺度在选定语义量词时提供参考依据。

②根据问卷测验发现，儿童点赋值（百分制）的建成环境主观评价结果有偏于高分段分布的特征，其与 5 级区间赋值结果的匹配关系如下（从负面到正面，1～5 级）：0～52；52～67；67～78；78～89；89～100。在相同评价得分情况下，儿童的实际评价倾向比成年人（教师）更偏于负面。

根据点赋值与区间赋值的匹配关系，儿童点赋值（百分制）评价的正负面分界点为 72 分，而不是 60 分或 50 分。通过案例研究也证实，以 72 分以下的评价对象为低喜爱度评价对象进行建筑 POE 调研是合适的。

（4）在儿童行为观察的 POE 研究中，受儿童较强的戒备心理及好奇心理的双重影响，行为观察的调查配合度通常较低，且观察结果容易偏离自然状态；在行为观察的交流互动中，由于儿童理解水平的差异较大，标准化的指导语不一定能发挥其应用的作用；另一方面，儿童行为活动一般持续时间短、变化快，行为观察的量化记述较难；但儿童行为观察同时也具备一定优势，即容易快速建立信任，从而实现心理性非介入观察的效果。针对儿童行为观察的这些基本特征，通过回顾、梳理有关行为观察法的理论，提出儿童行为观察所需遵循的基本原则，即一般性原则、低介入性原则、发展性原则及伦理性原则。基于这些原则，通过综合性应用案例研究，进一步阐明适用于儿童行为观察的一般方式及具体研究步骤，包括设定目标、选定记述方式、获取观察数据、数据预览、数据修正及结论分析等环节。通过有关儿童行为观察法的论述，结合多角度的应用案例研究，提出若干针对儿童行为观察的具体建议（详见 6.5.2 节）。把握好这些儿童行为观察的特征及建议，才能更好地开展有关儿童环境使用行为的 POE 研究。

（5）作为一种研究儿童心理的重要数据来源，儿童画蕴含着丰富的与环境心理有关的建筑 POE 信息，包括环境意象评价、情感评价、喜爱度评价及环境使用行为等相关信息。为充分利用这些信息，积极借鉴儿童绘画心理学的研究方法，通过阐述该方法在建筑 POE 研究中所面临的问题、难点及应对策略，系统性地提出一种有关儿童画的建筑 POE 研究方式，并通过主题画和认知地图两个方面的探索性应用案例研究，进一步阐明儿童画在建筑 POE 研究中的主要解读途径及具体操作流程。该研究方式对儿童画的解读途径主要有内容解读、焦点解读、色彩解读及形式解读等，其一般操作流程包括确定研究目标——设置绘画主题——选取解读方法——分析得出结论等 4 个步骤。在儿童问卷较难操作的情况下，利用儿童喜爱绘画的特点，通过该研究方式可从中获取丰富的建筑 POE 信息，从而分析他们如何认识和理解建成环境。

（6）自由报告是面向儿童群体的建筑 POE 数据源优势之一。通过类似命题作文形式，以儿童熟悉的方式，很容易获取大量文本评价信息。为充分利用这一数据源的优势，通过剖析儿童文本评价信息的特征及其在 POE 研究中所面临的问题，借鉴自然语言处理领域的相关技术，并通过该技术的原理及应用可靠性论证，探讨其用于分析儿童文本评价信息的可行性，从而提出一种“儿童自由报告 + NLP”的建筑 POE 研究方式。该研究方式的一般操作流程包括话题设置——前处理—— NLP 处理——人工分析等 4 个步骤。进一步通过探索性应用研究实践，指出词性分词、关键词词云、情感分析及评论观点抽取等 NLP 技术在建筑 POE 研究中的具体分析步骤、操作细节及应用效果，并初步探讨该技术在建筑 POE 研究中的局限性和应用前景。有关自然语言处理技术用于分析文本评价信息的研究尝试，对针对儿童群体的 POE 方法起到积极的补充作用，为充分发挥儿童文本评价信息的 POE 价值注入了新的活力。

9.2 主要创新成果

本书从基础问题解决及方法拓展两个创新性层面，对有关儿童群体的建筑 POE 方法及应用作了较深入的研究。其创新成果主要体现在如下 3 个方面：

（1）较全面、系统地探讨了建筑 POE 方法针对特殊人群专门化的实现途径，为推进面向使用主体的建筑 POE 向着细分领域发展提供必要支持。在面向儿童这一特殊群体的建筑 POE 研究中，应该研究什么、如何研究，以及常规研究方法是否适用等问题在以往的研究中尚未得到系统性讨论。鉴于传统研究方式的局限以及当前针对性方法缺失的局面，本书通过对相关理论的梳理、提炼，概要性阐明了建筑 POE 研究儿童使用主体的核心内涵及基本要义，总结出基于儿童使用主体的建筑 POE 反馈的三种基本形式，以此建立起一种面向儿童使用主体的建筑 POE 研究的基本架构。进一步结合广泛的实地调查，揭示并剖析了面向儿童群体的建筑 POE 研究实践中所面临的具体问题及难点，进而提出一系列有针对性的方法和修正建议。对建筑 POE 方法针对儿童群体专门化的探索，一定程度拓展、深化了建筑 POE 方法在特殊场景中的应用。

（2）针对当前儿童结构化问卷研究中存在的两个突出问题——评价尺度问题及点赋值评价结果解读问题，通过专项研究对其加以解决，为今后有关儿童群体的建筑 POE 研究提供针对性评价工具及分析依据。所建立的适用于儿童的建成环境 5 级评价尺度，解决了以往建筑 POE 研究中缺乏针对性尺度标准、评价尺度不统一等基本问题，为将来有关建成环境主观评价研究选用适当语义量词提供了科学依据。通过 5 级区间赋值与点赋值评价结果的差异及匹配关系的研究，明确了儿童点赋值评价结果与其实际心

理量之间的非线性关系，揭示了儿童主观评价结果所反映的实际评价倾向，为准确解读儿童点赋值评价结果提供了参照依据。对儿童主观评价方法的创新性研究成果，从理论上消除了赋值方法选用、评价结果解读时无据可依的困境，进一步优化了以往建成环境主观评价方法的合理性和适用性。

（3）借鉴跨学科方法与技术，较系统地将绘画心理学方法及 NLP 技术引入建筑 POE 研究之中，为面向儿童群体的建筑 POE 研究开拓了新的研究视角与途径。通过儿童心理画方法的理论研究及应用实践，指出了儿童画中可获取的主要 POE 信息，提出了建筑 POE 研究中解读儿童画的主要途径、分析方法及一般操作流程，进而初步发展出一种有关儿童画的建筑 POE 研究方式。另一方面，积极尝试借助 NLP 技术的新兴研究成果，探讨其用于分析 POE 信息的可行性，指出如何利用该技术以充分发挥儿童文本评价信息的 POE 价值，并通过探索性研究实践，初步提出了一种 NLP 分析儿童自由报告的建筑 POE 研究形式。对跨学科方法融合的积极探索，为面向儿童群体的建筑 POE 研究提供了新的分析思路与手段，促进了源自该群体的建筑 POE 信息的高效利用，一定程度弥补了传统研究方式针对特殊群体时存在的不足。

9.3　未来展望

由于本课题涉及的研究内容较多，受条件所限，文章在研究广度和深度上作出了平衡。一方面，针对建筑 POE 方法的研究素材仅限定于小学及儿童，且仅对几个重点议题作相对深入的探讨，目的是缩小研究范围，抓住主要矛盾；另一方面，应用案例的研究希望尽可能全面、综合地对方法研究成果作应用实践尝试，从而扩大了研究面。这给未来对本课题的补充研究留出了较大的空间。具体来说，本课题在如下两个方面仍需作进一步拓展：

（1）本书关于面向儿童群体的建筑 POE 方法研究仅讨论了儿童及小学建成环境的情况，未来可将研究对象进行扩展，将相应方法推广至其他类型的建筑 POE 研究之中，如儿童医院、儿童主题公园等。只有相关方法具备更强可推广性及普适性的情况下，才能充分完善面向儿童使用主体的建筑 POE 方法理论。再者，本书的研究不可能“毕其功于一役”，在面向儿童群体的建筑 POE 研究中仍然面临许多其他问题，这些问题仍需在未来的研究中作进一步完善和补充。

（2）由于近年来心理画方法及 NLP 技术本身仍处于快速发展时期，它在建筑 POE 中的成熟应用仍面临较大挑战，但同时也带来了较广阔的应用前景。本书对该两种新方法的初步尝试只是一个探索性的开端，目的是起到抛砖引玉的作用。未来可对这两种方法的应用作进一步发掘，从而为面向儿童群体的建筑 POE 提供更丰富的研究手段。

附录

问卷 1

教室光环境评价问卷（学生）

（分不同类型教室发放）

亲爱的同学你好，感谢你参与本次调查！本次调查内容为“中小学校建筑使用后评价”，目的是了解你对校园建筑的使用情况及看法，并致力于改善你的学习环境。你的意见和建议对此极为宝贵，希望你认真填写、如实反馈。

性别：________ 年龄：____ 班级：_____ 座位：____排____组（最左边为第 1 组）

教室名称：______________ 班级人数：________ 填写时间：____月____日______时

1 你现在在教室上课阅读或写字时看得清楚吗：_______

A 很清楚；B 较清楚；C 一般；D 较不清楚；E 很不清楚

2 你现在看得清楚黑板上写的内容吗：_______

A 很清楚；B 较清楚；C 一般；D 较不清楚；E 很不清楚

3 你希望现在你座位上的光线：_______（A 再亮点；B 不变；C 再暗点）

4 你对现在教室内的光照环境舒适度评价是：_______

A 很舒适；B 舒适；C 一般；D 不舒适；E 很不舒适

5 你现在看得清楚投影屏幕上显示的内容吗：_______

A 很清楚；B 较清楚；C 一般；D 较不清楚；E 很不清楚

6 你观看投影时，是否感觉有室外光线影响你看清屏幕：_______

A 严重影响；B 很有影响；C 比较有影响；D 稍微有点影响；E 毫无影响

7 上课开灯时，现在灯光刺眼影响你看黑板吗，你对此的舒适度评价是：_______

A 很舒适；B 舒适；C 一般；D 不舒适；E 很不舒适

8 上课开灯时，你希望现在你座位上的光线：_______（A 再亮点；B 不变；C 再暗点）

9 你觉得现在教室内明亮吗：______

A 非常明亮；B 较明亮；C 一般；D 较暗；E 非常暗

10 对于教室内的采光环境方面，你有什么意见或建议：

____

____

____

问卷 2

教室热环境评价问卷（学生）

（分不同类型教室发放）

亲爱的同学你好，感谢你参与本次调查！本次调查内容为“中小学校建筑使用后评价”，目的是了解你对校园建筑的使用情况及看法，并致力于改善你的学习环境。你的意见和建议对此极为宝贵，希望你认真填写、如实反馈。

性别：_____ 年龄：_____ 班级：_____ 座位：_____排_____组（最左边为第 1 组）

教室名称：_____________ 班级人数：________ 填写时间：____月____日______时

你穿衣服的情况：

上身：□ 短袖衬衫 □ 长袖衬衫 □ 薄外套

上身：□ 秋衣 □ 毛背心 □ 薄毛衣 □ 厚毛衣 □ 厚外套

下身：□ 短裤 □ 七分裤 □ 薄长裤 □ 厚长裤 □ 秋裤

上身：□ 薄裙子 □ 厚裙子 □ 薄连衣裙 □ 厚连衣裙

下身：□ 凉鞋 □ 薄皮鞋 □ 厚皮鞋

其他：____

1 你对现在教室内的热感觉是：_______

A 冷；B 凉；C 稍凉；D 适中；E 稍暖；F 暖；G 热

2 你对现在教室内的湿感觉是：_______

A 很湿；B 较湿；C 稍湿；D 适中；E 稍干；F 较干；G 很干

3 你对现在教室内的气闷感如何：_______

A 一点也不闷；B 好像有点闷；C；比较闷；D 相当闷；E 特别闷

4 你希望现在教室内的温度：_______（A 再热点；B 不变；C 再冷点）

5 你希望现在教室内的湿度：_______（A 再湿点；B 不变；C 再干点）

6 你希望现在教室内空气流动的风速：_______（A 再大点；B 不变；C 再小点）

7 你对现在教室内的热舒适度评价是：_______

A 很舒适；B 舒适；C 一般；D 不舒适；E 很不舒适

8 你对现在教室内热环境的接受程度是：_______

A 完全接受；B 勉强接受；E 完全不能接受

9 对于教室内的热环境方面，你有什么意见或建议：

____

____

教室空气质量评价问卷（学生）

（分不同类型教室发放）

亲爱的同学你好，感谢你参与本次调查！本次调查内容为“中小学校建筑使用后评价”，目的是了解你对校园建筑的使用情况及看法，并致力于改善你的学习环境。你的意见和建议对此极为宝贵，希望你认真填写、如实反馈。

性别：_____ 年龄：_____ 班级：_____ 座位：_____排_____组（最左边为第 1 组）

教室名称：____________ 班级人数：________ 填写时间：____月____日______时

1 你最近是否闻到教室内有臭味：______（A 经常 B 偶尔 C 从不）；如果有，你认为是什么气味：__________________________________。

2 你最近上课时是否有因为空气质量差而产生困倦的感觉：______（A 经常；B 偶尔；C 从不）。

3 你感觉现在教室内的空气新鲜感如何：______

A 很新鲜；B 有点新鲜；C 一般；D 不新鲜；E 很不新鲜

4 你感觉现在教室内闻起来异味感如何：______

A 毫无异味；B 好像有点异味；C 异味明显；D 异味很明显；E 异味不可忍受

5 你对现在教室内空气环境的舒适度的评价是：______

A 很舒适；B 舒适；C 一般；D 不舒适；E 很不舒适

6 你对现在教室内空气质量的接受程度是：______

A 完全接受；B 勉强接受；E 完全不能接受

7 对于教室内的空气质量方面，你有什么意见或建议：

____

____

____

____

____

____

____

问卷 3

校园环境行为与需求调查问卷（学生）

学校名称：____________________ 调查时间：______年____月____日

亲爱的同学你好，感谢你参与本次调查！本次调查内容为“中小学校建筑使用后评价”，旨在了解你对校园建成环境的使用情况及看法，并致力于改善你的工作环境。你的意见和建议对此极为宝贵，希望你认真填写、如实反馈。

性别：______ 年龄：______ 班级：______ 所在楼层：_____

1 你上学、放学通常的交通方式是：______

A 步行；B 骑自行车；C 坐公交；D 家人开车接送；E 住校；F 寄宿；G 其他______

2 你每天平均要上多少节课：______，你是否觉得你的课程负担太重：______

A 一点也不重；B 稍微有点重；C 比较重；D 非常重；E 特别重

3 你中午饭一般在哪里吃：______（A 校内；B 校外）

4 你对校内食堂总体上是否满意：______（A 很满意；B 满意；C 一般；D 不满意；E 很不满意）；

5 你在学校时经常吃零食吗：______（A 从来不吃；B 偶尔吃；C 经常吃）

6 校内是否有商店：_____（A 有；B 无）；有的话你对校内购物情况总体满意吗：______

A 很满意；B 满意；C 一般；D 不满意；E 很不满意

没有的话你是否需要在校园设置商店：______（A 需要；B 无所谓；C 不需要）

7 校内饮水的场所和设施你用起来满意吗：______；你的评分是：______（满分 100 分）

A 很满意；B 满意；C 一般；D 不满意；E 很不满意

8 你上课时是否经常打瞌睡：______（A 从来不；B 偶尔；C 经常）

9 你上课时经常向老师主动提问吗：______（A 从来不；B 偶尔；C 经常）

10 你课间经常跟同学们一起玩吗：______（A 从来不；B 偶尔；C 经常）

11 你课间最喜欢在哪些地方玩：______（A 教室；B 阳台；C 通道；E 操场；F 草坪；G 其他）

12 你在校园内受过伤（例如滑倒等）吗：______（A 曾经受过伤；B 从来没有），是什么原因受伤的：

____

13 你在校内感觉安全吗：______（A 很安全；B 安全；C 一般；D 不安全；E 很不安全）

如果感觉不安全，是什么原因导致你缺乏安全感：

____

14 你的课间活动是什么，尽可能多地写出：

____

____

____

功能满意度试探性问卷（学生）

学校名称：________________________ 调查时间：______年____月____日

亲爱的同学你好，感谢你参与本次调查！本次调查内容为“中小学校建筑使用后评价”，旨在了解你对校园建成环境的使用情况及看法，并致力于改善你的工作环境。你的意见和建议对此极为宝贵，希望你认真填写、如实反馈。

性别：______ 年龄：______ 班级：______ 教室楼层：_____

1 你觉得学校的哪些因素最重要（写出 3 项以上并排序，最重要的写在前面）：

____

____。

注：（你应自由填写，也可参考以下因素：教学质量、上学距离、学校规模、硬件设施、校园环境、交通条件、管理安全等）

2 你上学和放学回家的交通便利性如何：______（A 非常差；B 差；C 一般；D 好；E 非常好）。

简要说明原因：

____

____。

3 你上下课、放学时楼梯走道拥挤吗：______

A 一点也不挤；B 好像有点挤；C 比较挤；D 非常挤；E 特别挤

4 你觉得平时校园里学生多还是少，是否拥挤：______

A 一点也不挤；B 好像有点挤；C 比较挤；D 非常挤；E 特别挤

5 你觉得现在教室里学生多还是少，是否拥挤：______

A 一点也不挤；B 好像有点挤；C 比较挤；D 非常挤；E 特别挤

6 你下课上厕所方便吗：______（A 很不方便；B 不方便；C 一般；D 方便；E 很方便）

7 校园内有容易滑倒的地方吗：______（A 有；C 无），有的话在哪里：__________。

8 校园内有足够的体育场所或设施提供给你使用吗：______（A 足够；C 一般；D 不足）

9 校园内有足够多的场所提供给你课间活动吗：______（A 足够；C 一般；D 不足）

10 你感觉现在教室空间的大小：______（A 太大；C 一般；D 太小）

11 你觉得学校建筑和环境方面有哪些优点和缺点：

____

____

____

问卷 4

校园室外环境评价问卷（学生）

亲爱的同学你好，感谢你参与本次调查！本次调查内容为“中小学校建筑使用后评价”，目的是了解你对校园建筑的使用情况及看法，并致力于改善你的学习环境。你的意见和建议对此极为宝贵，希望你认真填写、如实反馈。

性别：______ 年龄：______ 班级：______ 填写时间：____月____日______时

1 你在校园室外活动时，是否有闻到异味：______（A 经常；B 偶尔；C 从没）；

如果有，你认为是什么气味：______

2 你感觉校园室外的空气新鲜感如何：______

A 很新鲜；B 有点新鲜；C 一般；D 不新鲜；E 很不新鲜

3 你对校园室外空气环境的舒适度评价是：______

A 很舒适；B 舒适；C 一般；D 不舒适；E 很不舒适

4 你对校园室外热环境的感觉是：______

A 冷；B 凉；C 稍凉；D 适中；E 稍暖；F 暖；G 热

5 你对校园室外的热舒适度评价是：______

A 很舒适；B 舒适；C 一般；D 不舒适；E 很不舒适

6 你感觉校园室外阳光的光照条件如何：______

A 很好；B 好；C 一般；D 差；E 很差

7 你在校园室外活动时，你对校园的噪声感觉是：______

A 一点也不吵；B 好像有点吵；C 比较吵；D 相当吵；E 特别吵

8 校园室外噪声是否影响你活动时的心情：______

A 一点也不影响；B 好像有点影响；C 比较影响；D 相当影响；E 特别影响

9 校园环境方面你有什么意见或建议：

____

____

____

教室声环境评价问卷（学生）

（分不同类型教室发放，快下课时填写）

亲爱的同学你好，感谢你参与本次调查！本次调查内容为“中小学校建筑使用后评价”，目的是了解你对校园建筑的使用情况及看法，并致力于改善你的学习环境。你的意见和建议对此极为宝贵，希望你认真填写、如实反馈。

性别：_____ 年龄：_____ 班级：_____ 座位：_____排_____组（最左边为第1组）

教室名称：_____________ 班级人数：________ 填写时间：____月____日______时

1 你最近在教室上课时有听到室外的噪声吗：_______（A 经常；B 偶尔；C 从没）。有听到的话，你认为是什么声音：_______________________________

2 你最近上课时，隔壁教室或窗户对面教室上课的声音有影响到你听课吗：_______
A 经常；B 偶尔；C 从没

3 你最近是否感觉到教室的设备（如电风扇等）有发出噪声影响你上课：_______
A 经常；B 偶尔；C 从没

4 你最近是否感觉到天花板楼上有响声传来影响你上课：_______（A 经常；B 偶尔；C 从没）

5 刚刚上课时，教室噪声影响你上课的注意力吗：_______
A 一点也不影响；B 好像有点影响；C 比较有影响；D 非常影响；E 特别影响

6 刚刚上课时，你觉得老师讲课的声音足够大吗：_______
A 很大；B 比较大；C 一般；D 比较小；E 很小

7 刚刚上课时，你听得清老师讲课的内容吗：_______
A 很清楚；B 较清楚；C 一般；D 较模糊；E 很模糊

8 刚刚教室声环境是否太吵让你觉得心情烦恼：_______
A 一点也不吵；B 好像有点吵；C 比较吵；D 相当吵；E 特别吵

9 你对现在教室声环境舒适度的评价是：_______
A 很舒适；B 舒适；C 一般；D 不舒适；E 很不舒适

10 对于教室内的声环境，你有什么意见或建议：

____

____

____

问卷 5

卫生间环境评价问卷（学生）

（分宿舍、教学楼发放）

你好，感谢你参与本次调查！本次调查内容为“中小学校建筑使用后评价”，目的是了解你对校园建筑的使用情况及看法，并致力于改善你的学习环境。你的意见和建议对此极为宝贵，希望你认真填写、如实反馈。

性别：______ 年龄：______ 班级：______ 填写时间：____月____日______时

1 你使用的卫生间通风情况如何：______；你的评分是：______（满分 100 分）

A 很差；B 较差；C 一般；D 较好；E 很好

2 你使用的卫生间空气质量如何：______；你的评分是：______（满分 100 分）

A 一点也不臭；B 稍微有点臭；C 比较臭；D 非常臭；E 特别臭

3 你对卫生间空气环境的接受程度是：______；你的评分是：______（满分 100 分）

A 完全接受；B 勉强接受；E 完全不能接受

4 你对卫生间空气质量方面有什么情况需要报告，或有什么意见和建议：______

____

____

____

5 卫生间平常的光线够明亮吗：______；你的评分是：______（满分 100 分）

A 非常明亮；B 较明亮；C 一般；D 较暗；E 非常暗

6 你希望卫生间平常的光线：______（A 再亮点；B 不变；C 再暗点）

7 如果要对卫生间进行改进，你有什么建议：________________________

____

____

____

8 卫生间蹲位数量够用吗______（A 不够；B 刚好；C 多余）。

9 你平常使用卫生间有出现排队或拥挤的情况吗______（A 从不；B 偶尔；C 经常）。

问卷 6

阅览室环境评价问卷（学生）

学校：________________________ 调查时间：_______年____月____日

同学你好，感谢你参与本次调查！本次调查内容为“中小学校建筑使用后评价”，旨在了解你对校园建成环境的使用情况及看法，并致力于改善你的工作环境。你的意见和建议对此极为宝贵，希望你认真填写、如实反馈。

性别：_____ 年龄：_____ 班级：_____

1 你的阅览室有空调吗：_______（A 有；B 无）；有风扇吗：_______（A 有；B 无）；

2 你最近是否闻到阅览室内有臭味：_______（A 经常 B 偶尔 C 从不）；如果有，你认为是什么气味：____。

3 你感觉现在阅览室内的空气新鲜感如何：_______

A 很新鲜；B 有点新鲜；C 一般；D 不新鲜；E 很不新鲜

4 你感觉现在阅览室内闻起来异味感如何：_______

A 毫无异味；B 好像有点异味；C 异味明显；D 异味很明显；E 异味不可忍受

5 你对现在阅览室内空气环境的舒适度的评价是：_______

A 很舒适；B 舒适；C 一般；D 不舒适；E 很不舒适

6 你对现在阅览室内空气质量的接受程度是：_______

A 完全接受；B 勉强接受；E 完全不能接受

7 你对阅览室空气质量方面有什么情况需要报告，或有什么建议和意见：

____

____

8 你对现在阅览室内的热感觉是：_______

A 冷；B 凉；C 稍凉；D 适中；E 稍暖；F 暖；G 热

9 你对现在阅览室内的湿感觉是：_______

A 很湿；B 较湿；C 稍湿；D 适中；E 稍干；F 较干；G 很干

10 你对现在阅览室内的气闷感如何：_______

A 一点也不闷；B 好像有点闷；C；比较闷；D 相当闷；E 特别闷

11 你希望现在阅览室内的温度：_______（A 再热点；B 不变；C 再冷点）。

12 你希望现在阅览室内的湿度：_______（A 再湿点；B 不变；C 再干点）。

13 你希望现在阅览室内空气流动的风速：_______（A 再大点；B 不变；C 再小点）。

14 你对现在阅览室内的热舒适度评价是：_______

A 很舒适；B 舒适；C 一般；D 不舒适；E 很不舒适

15 你对现在阅览室内热环境的接受程度是：_______（A 完全接受；B 勉强接受；E 完全不能接受）

16 你对阅览室热环境方面有什么情况需要报告，或有什么建议和意见：

____

____

17 你最近在阅览室有听到室外的噪声吗：_______（A 经常；B 偶尔；C 从没）。有听到的话，你认为是什么声音：________________________________

18 阅览室室外噪声有影响你学习吗：_______（A 经常；B 偶尔；C 从没）

19 你最近是否感觉到阅览室的设备（如电风扇等）有发出噪声影响你学习：_______

A 经常；B 偶尔；C 从没

20 阅览室室外噪声影响你学习吗：_______（A 经常；B 偶尔；C 从没）

21 最近阅览室声环境是否太吵让你觉得心情烦恼：_______

A 一点也不吵；B 好像有点吵；C 比较吵；D 相当吵；E 特别吵

22 你对最近阅览室声环境舒适度的评价是：_______

A 很舒适；B 舒适；C 一般；D 不舒适；E 很不舒适

23 对于阅览室内的声环境，你有什么情况需要报告，或有什么意见和建议：

____

____

24 你觉得现在阅览室内自然光线明亮吗：_______

A 非常明亮；B 较明亮；C 一般；D 较暗；E 非常暗

25 你希望现在阅览室的自然光线：_______（A 再亮点；B 不变；C 再暗点）

26 你对现在阅览室内的自然光照环境舒适度评价是：_______

A 很舒适；B 舒适；C 一般；D 不舒适；E 很不舒适

27 对于阅览室内的光环境，你有什么情况需要报告，或有什么意见和建议：

____

____

____

问卷 7

评价量词选用问卷

学校：________________ 班级：______ 性别：______

当你对校园环境进行评价时，采用表格中的词语，根据词语的强烈程度，在均匀刻度右侧对应的括号内填入相应的词语，强烈程度高的填在上面，低的填在下面，中间程度的根据刻度的平均等级填写。

一、

非常	特别	极其	很	比较
挺	有点	有些	好像有点	稍微有点

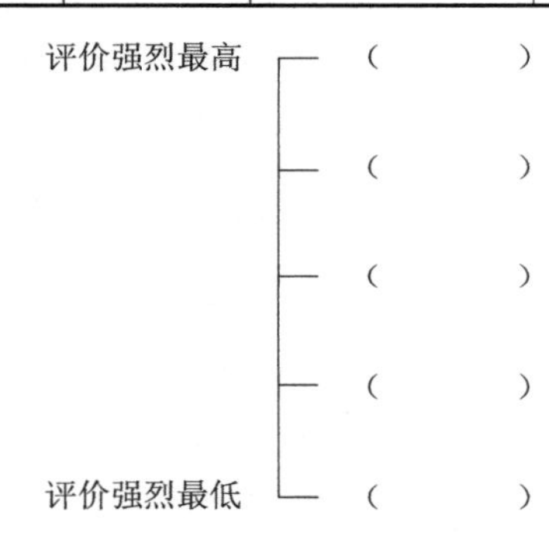

二、

非常	极其	特别	很	挺
真	比较	确实	有些	有点
好像有点	稍微有点	不怎么	不	一点也不

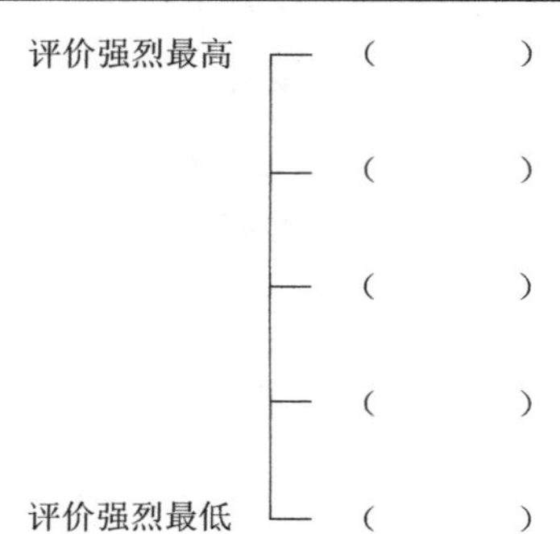

问卷 8

区间评价与点赋值评价问卷

学校：______________ 班级：_______ 性别：_______ 教师（　）
学生（　）

请根据你对学校建筑、环境、设施设备的使用体验，填写以下问卷内容。

1 你对我们学校厕所的使用是否满意_______。请你对此进行评分（满分 100 分）_______。
A 很满意；B 有点满意；C 中等；D 有点不满意；E 很不满意
2 你觉得我们的校园环境美还是丑_______。请你对此进行评分（满分 100 分）_______。
A 很美；B 有点美；C 中等；D 有点丑；E 很丑
3 你觉得我们学校图书室用起来是否方便_______。请你对此进行评分（满分 100 分）_______。
A 很方便；B 有点方便；C 中等；D 有点不方便；E 很不方便
4 总体上你喜欢我们的校园吗_______。请你对此进行评分（满分 100 分）_______。
A 很喜欢；B 有点喜欢；C 中等；D 有点讨厌；E 很讨厌
5 你觉得我们的教室是否舒适_______。请你对此进行评分（满分 100 分）_______。
A 很舒适；B 有点舒适；C 中等；D 有点不舒适；E 很不舒适
6 你觉得我们校园的绿化景观好吗_______。请你对此进行评分（满分 100 分）_______。
A 很好；B 有点好；C 中等；D 有点差；E 很差
7 你觉得我们的教学楼漂亮吗_______。请你对此进行评分（满分 100 分）_______。
A 很漂亮；B 有点漂亮；C 中等；D 有点丑；E 很丑
8 你觉得我们的校园有趣吗_______。请你对此进行评分（满分 100 分）_______。
A 很有趣；B 有点有趣；C 中等；D 有点无聊；E 很无聊
9 我们学校运动设施方面你是否满意_______。请你对此进行评分（满分 100 分）_______。
A 很满意；B 有点满意；C 中等；D 有点不满意；E 很不满意
10 你觉得我们学校环境整洁还是脏乱_______。请你对此进行评分（满分 100 分）_______。
A 很整洁；B 有点整洁；C 中等；D 有点脏乱；E 很脏乱

11 我们学校安全设施和安全管理方便你是否满意_______。请你对此进行评分（满分100分）_______。

A 很满意；B 有点满意；C 中等；D 有点不满意；E 很不满意

12 你对我们校门口的使用方面满意吗_______。请你对此进行评分（满分100分）_______。

A 很满意；B 有点满意；C 中等；D 有点不满意；E 很不满意

13 类似于以上评价：

如果你的评价为“很满意”“很喜欢”“很……”时，你的评分是（满分100分）_______。

如果你的评价为“有点满意”“有点喜欢”“有点……”时，你的评分是（满分100分）_______。

如果你的评价为“中等”时，你的评分是（满分100分）_______。

如果你的评价为“有点丑”“有点不满意”“有点不……”时，你的评分是（满分100分）_______。

如果你的评价为“很丑”“很不满意”“很不……”时，你的评分是（满分100分）_______。

问卷 9

问卷信度重测问卷

学校：________________________ 班级：_______ 性别：_______ 教师（ ）
学生（ ）

请根据你对学校建筑、环境、设施设备的使用体验，填写如下问卷。

1 你对我们学校厕所的使用是否满意_______。

A 满意；B 不满意

2 你觉得我们的教室拥挤吗_______。请你对此进行评分_______。

A 一点儿也不拥挤；B 有点儿拥挤；C 比较拥挤；D 非常拥挤；E 特别拥挤

3 你觉得我们的校园环境美还是丑_______。

A 非常美；B 美；C 中等；D 丑；E 非常丑

4 你觉得我们学校图书室用起来是否方便_______。

A 方便；B 中等；C 不方便

5 你经常去学校的篮球场打篮球吗_______。

A 从来没有；B 偶尔；C 经常

6 总体上你喜欢我们的校园吗_______。

A 特别喜欢；B 比较喜欢；C 有点儿喜欢；D 无所谓；
E 有点儿不喜欢；F 比较不喜欢；G 特别不喜欢

问卷 10

主观赋权问卷

学校：______________ 班级：________ 性别：________

根据你在校园里的感受，对下面各组选项的重要性进行排序，你认为对你来说最重要的选项就排在前面，最不重要的选项就排在后面。只写序号。

一、规划布局
1 学校离家远近
2 交通方便性
3 家长接送方便性
4 学校周边环境好坏
5 校园活动互相干扰情况
你的重要性排序是：________________
二、普通教室
1 教室形状大小
2 教室装饰装修
3 教室座位布置形式
4 教室物品存放
5 教室拥挤情况
6 教室的教学成果展示
你的重要性排序是：________________
三、专用教室
1 专用教室数量
2 美术书法教室的使用
3 音乐舞蹈教室的使用
4 计算机教室的使用
5 图书阅览室的使用
6 多媒体阶梯教室的使用
7 其他专用教室的使用
你的重要性排序是：________________
四、配套辅助空间
1 卫生间的使用
2 学生活动中心的使用
3 心理咨询室的使用
4 医务室的使用
5 其他课室房间的使用
你的重要性排序是：________________
五、课外空间
1 过厅走廊的使用
2 楼梯间的使用
3 读书角的使用
4 操场广场的使用
5 校门出入口的使用
6 室外展示场所的使用
你的重要性排序是：________________
六、景观绿化
1 校园绿化
2 校园景观
3 教学楼的形象
4 建筑和场地的色彩
你的重要性排序是：________________
七、物理环境
1 教室通风
2 教室气温
3 室外噪声对上课的干扰
4 多媒体屏幕的反光
5 校园的日照情况
你的重要性排序是：________________
八、设施设备
1 饮水设备的使用
2 教室课桌椅的使用
3 广播设备的效果
4 灯具照明的效果
5 室外座椅设施
6 指示牌标示情况
7 室外遮阳挡雨设施
8 垃圾回收设施
你的重要性排序是：________________
九、游戏体育
1 游戏场地和设施
2 足球场的使用
3 篮球场的使用
4 乒乓球台的使用
5 其他游戏体育场地和设施
你的重要性排序是：________________
十、空间场所
1 普通教室
2 专用教室
3 配套辅助空间
4 课外空间
你的重要性排序是：________________
十一、校园总体
1 规划布局
2 空间场所
3 景观绿化
4 物理环境
5 设施设备
6 游戏体育
你的重要性排序是：________________

问卷 11

综合评价问卷

学校：________________________ 班级：_______ 性别：_______

请根据你对我们学校的实际感受，对以下各项作出评价。（请认真填写，千万别乱填！）

1 学校离家远近：（ ）
  A 很近；B 有点近；C 中等；D 有点远；E 很远
2 学校的交通方便性：（ ）
  A 很方便；B 有点方便；C 中等；D 有点不方便；E 很不方便
3 家长接送的方便性：（ ）
  A 很方便；B 有点方便；C 中等；D 有点不方便；E 很不方便
4 学校周边环境好坏：（ ）
  A 很好；B 有点好；C 中等；D 有点不差；E 很差
5 校园活动互相干扰情况：（ ）
  A 不干扰；B 有点干扰；C 比较干扰；D 很干扰；E 特别干扰
6 教室形状大小：（ ）
  A 很满意；B 有点满意；C 中等；D 有点不满意；E 很不满意
7 教室装饰装修：（ ）
  A 很满意；B 有点满意；C 中等；D 有点不满意；E 很不满意
8 教室座位的布置形式：（ ）
  A 很满意；B 有点满意；C 中等；D 有点不满意；E 很不满意
9 教室物品存放情况：（ ）
  A 很满意；B 有点满意；C 中等；D 有点不满意；E 很不满意
10 教室的拥挤情况：（ ）
  A 不拥挤；B 有点拥挤；C 比较拥挤；D 很拥挤；E 特别拥挤
11 教室的教学成果展示：（ ）
  A 很好；B 有点好；C 中等；D 有点不差；E 很差
12 专用教室数量：（ ）
  A 很多；B 有点多；C 中等；D 有点少；E 很少
13 美术书法教室的使用：（ ）
  A 很满意；B 有点满意；C 中等；D 有点不满意；E 很不满意

14 音乐舞蹈教室的使用：(　　)

A 很满意；B 有点满意；C 中等；D 有点不满意；E 很不满意

15 计算机教室的使用：(　　)

A 很满意；B 有点满意；C 中等；D 有点不满意；E 很不满意

16 图书阅览室的使用：(　　)

A 很满意；B 有点满意；C 中等；D 有点不满意；E 很不满意

17 多媒体阶梯教室的使用：(　　)

A 很满意；B 有点满意；C 中等；D 有点不满意；E 很不满意

18 其他专用教室的使用：(　　)

A 很满意；B 有点满意；C 中等；D 有点不满意；E 很不满意

19 卫生间的使用：(　　)

A 很满意；B 有点满意；C 中等；D 有点不满意；E 很不满意

20 学生活动中心的使用：(　　)

A 很满意；B 有点满意；C 中等；D 有点不满意；E 很不满意

21 心理咨询室的使用：(　　)

A 很满意；B 有点满意；C 中等；D 有点不满意；E 很不满意

22 医务室的使用：(　　)

A 很满意；B 有点满意；C 中等；D 有点不满意；E 很不满意

23 其他课室房间的使用：(　　)

A 很满意；B 有点满意；C 中等；D 有点不满意；E 很不满意

24 过厅走廊的使用：(　　)

A 很满意；B 有点满意；C 中等；D 有点不满意；E 很不满意

25 楼梯间的使用：(　　)

A 很满意；B 有点满意；C 中等；D 有点不满意；E 很不满意

26 读书角的使用情况：(　　)

A 很好；B 有点好；C 中等；D 有点差；E 很差

27 操场广场的使用：(　　)

A 很满意；B 有点满意；C 中等；D 有点不满意；E 很不满意

28 校门出入口的使用：(　　)

A 很满意；B 有点满意；C 中等；D 有点不满意；E 很不满意

29 室外展示场所的使用：(　　)

A 很满意；B 有点满意；C 中等；D 有点不满意；E 很不满意

30 校园绿化：(　　)

A 很好；B 有点好；C 中等；D 有点不差；E 很差

31 校园景观：(　　)

A 很漂亮；B 有点漂亮；C 中等；D 有点丑；E 很丑

32 教学楼的形象：(　　)

A 很美；B 有点美；C 中等；D 有点丑；E 很丑

33 建筑和场地的色彩：(　　)

A 很漂亮；B 有点漂亮；C 中等；D 有点丑；E 很丑

34 教室通风：(　　)

A 很好；B 有点好；C 中等；D 有点差；E 很差

35 教室气温：(　　)

A 很舒适；B 有点舒适；C 中等；D 有点不舒适；E 很不舒适

36 室外噪声对上课的干扰：(　　)

A 不干扰；B 有点干扰；C 比较干扰；D 很干扰；E 特别干扰

37 多媒体屏幕的反光：(　　)

A 不严重；B 有点严重；C 比较严重；D 很严重；E 特别严重

38 校园的日照情况：(　　)

A 很好；B 有点好；C 中等；D 有点差；E 很差

39 饮水设备的使用：(　　)

A 很满意；B 有点满意；C 中等；D 有点不满意；E 很不满意

40 教室课桌椅的使用：(　　)

A 很满意；B 有点满意；C 中等；D 有点不满意；E 很不满意

41 广播设备的效果：(　　)

A 很好；B 有点好；C 中等；D 有点不差；E 很差

42 灯具照明的效果：(　　)

A 很好；B 有点好；C 中等；D 有点不差；E 很差

43 室外座椅设施情况：(　　)

A 很好；B 有点好；C 中等；D 有点不差；E 很差

44 指示牌标示情况：(　　)

A 很好；B 有点好；C 中等；D 有点差；E 很差

45 室外遮阳挡雨设施：(　　)

A 很好；B 有点好；C 中等；D 有点差；E 很差

46 垃圾回收设施：(　　)

A 很满意；B 有点满意；C 中等；D 有点不满意；E 很不满意

47 游戏设施和场地：(　　)

A 很丰富；B 有点丰富；C 中等；D 有点少；E 很少

48 足球场的使用：(　　)

A 很满意；B 有点满意；C 中等；D 有点不满意；E 很不满意

49 篮球场的使用：(　　)

A 很满意；B 有点满意；C 中等；D 有点不满意；E 很不满意

50 乒乓球台的使用：(　　)

A 很满意；B 有点满意；C 中等；D 有点不满意；E 很不满意

51 其他游戏体育场地和设施：(　　)

A 很丰富；B 有点丰富；C 中等；D 有点少；E 很少

52 卫生间的使用：(　　)

A 很满意；B 有点满意；C 中等；D 有点不满意；E 很不满意

53 篮球场的使用：(　　)

A 很满意；B 有点满意；C 中等；D 有点不满意；E 很不满意

54 教室形状大小：(　　)

A 很满意；B 有点满意；C 中等；D 有点不满意；E 很不满意

55 多媒体屏幕的反光：(　　)

A 不严重；B 有点严重；C 比较严重；D 很严重；E 特别严重

56 读书角的使用：(　　)

A 很好；B 有点好；C 中等；D 有点差；E 很差

参考文献

[1] 吴硕贤．建筑学的重要研究方向——使用后评价［J］．南方建筑，2009（1）：4-7.

[2] 武昕．当谈论为孩子设计空间时，我们谈论的到底是什么？——儿童环境设计与心理学研究［J］．住区，2013（5）：30-34.

[3] 书评．儿童游乐场设计［J］．景观设计学，2012（2）：180.

[4] 赵东汉．使用后评价（建筑 POE）在国外的发展特点及在中国的适用性研究［J］．北京大学学报（自然科学版），2007（6）：797-802.

[5] 朱小雷．大学校园环境的质化评价研究［J］．新建筑．2003，（6）：11-13.

[6] 马越．大数据支持下的建成环境使用后评价发展研究［J］．中外建筑，2017（10）：71-74.

[7] 尹朝晖，张红虎，吴硕贤．基本居住单元室内环境质量主观评价——以珠三角地区为例［J］．华中建筑，2007，25（3）：161-164.

[8] 徐健，康健，邵龙．工业园区景观环境主观评价研究［J］．中国园林，2015，31（9）：95-99.

[9] 张剑．基于使用者主观评价的办公建筑最优窗墙面积比研究［J］．建筑学报，2010（s2）：33-36.

[10] 马蕙，何毅诚，高辉，等．关于噪声社会反应测定方法的国际共同研究——中国语噪声调查问题和评价尺度的建构［J］．声学学报．2003，28（4）：309-314.

[11] 林玉莲．幼儿园：我们花园［J］．华中建筑．2000，18（1）：53-56.

[12] 林玉莲．认知地图研究及其应用［J］．新建筑，1991（3）：34-38.

[13] 茹斯·康罗伊·戴尔顿，窦强．空间句法与空间认知［J］．世界建筑，2005（11）：33-37.

[14] 毕磊．城市色彩的认知——以秦皇岛市的城市色彩认知为例［J］．四川建筑，2013，33（6）：45-46.

[15] 陈西蛟．基于空间认知的幼儿园建筑内部环境设计——以泉州市宝秀幼儿园内部空间设计为例［J］．中外建筑，2016（5）：131-133.

[16] 赵华．日本幼儿园建筑设计的新趋势：以支持儿童自主游戏为中心［J］．教育与装备研究，2016，32（10）：76-79.

[17] 王珊，吴越，王冰冰．基于环境认知的儿科候诊空间材质设计策略［J］．城市建筑，2017（26）：21-23.

[18] 毛华松，詹燕．关注城市公共场所中的儿童活动空间［J］．中国园林，2005（9）：14-17.

[19] 彭畅琳．城市儿童公共活动场所的环境行为研究［J］．山西建筑，2008，34（20）：36-37.

[20] 郑玮锋．居住区公共空间的环境行为研究［J］．四川林勘设计，2004（2）：21-24.

[21] 李亚红，胡文东，徐志鹏．多级语义量词对心理测量适合度的调查分析［J］．心理科学，

2005，28（1）：175–177.
［22］苗丹民，胡文东，董燕，等．肯定性“重要度”语义量词的多级估量模糊集模型建立及其应用［J］．心理科学，1997，20（6）：551–552.
［23］马谋超．词义赋值的模糊统计分析［J］．心理学报，1990，22（1）：53–59.
［24］朱小雷，吴硕贤．大学校园环境主观质量的多级模糊综合评价［J］．城市规划，2002，26（10）：57–60.
［25］马蕙，何毅诚，高辉，等．关于噪声社会反应测定方法的国际共同研究——中国语噪声调查问题和评价尺度的建构［J］．声学学报，2003（4）：309–314.
［26］张成功，刘培玉，朱振方，等．一种基于极性词典的情感分析方法［J］．山东大学学报（理学版），2012，47（3）：50–53.
［27］王永贵，张旭，刘宪国．基于AT模型的微博用户兴趣挖掘［J］．计算机工程与应用，2015，51（13）：126–130.
［28］尹朝晖，张红虎，吴硕贤．基本居住单元室内环境质量主观评价——以珠三角地区为例［J］．华中建筑，2007，25（3）：161–164.
［29］徐健，康健，邵龙．工业园区景观环境主观评价研究［J］．中国园林，2015，31（9）：95–99.
［30］张剑．基于使用者主观评价的办公建筑最优窗墙面积比研究［J］．建筑学报，2010（s2）：33–36.
［31］马越．基于网络信息分析的公众建筑POE新方法［J］．新建筑，2017（6）：62–65.
［32］刘淑元．心理画“说出”心里话［J］．班主任，2015（11）：30–31.
［33］林玉莲．幼儿园：我们的花园［J］．华中建筑．2000，18（1）：53–56.
［34］王天笑．自然语言处理的现状研究与未来发展初探［J］．中国科技纵横，2017，（2）：196–197.
［35］张健，杨淑芳．自然语言处理发展综述［J］．新教育时代电子杂志（教师版），2016，（48）：56–57.
［36］李生．自然语言处理的研究与发展［J］．燕山大学学报，2013，37（5）：377–384.
［37］徐琳宏，林鸿飞，赵晶．情感语料库的构建和分析［J］．中文信息学报，2008，22（1）：116–122.
［38］林玉莲．校园认知地图比较研究［J］．新建筑，1992（1）：39–44.
［39］朱小雷．大学校园环境的质化评价研究［J］．新建筑，2003（6）：11–14.
［40］朱小雷，吴硕贤．建成环境主观评价方法理论研究导论（英文）［J］．华南理工大学学报（自然科学版），2007，35（S1）：195–198.
［41］曹斌，林剑艺，崔胜辉．可持续发展评价指标体系研究综述［J］．环境科学与技术，2010，33（3）：99–105+122.
［42］邵强，李友俊，田庆旺．综合评价指标体系构建方法［J］.大庆石油学院学报，2004（3）：74–76+105–123.
［43］何倩，顾洪，郭晓晶，许金芳，贺佳．多种赋权方法联合应用制定科技实力评价指标权重［J］．中国卫生统计，2013，30（1）：27–30.
［44］吴硕贤．中国古典园林的时间性设计［J］．南方建筑，2012（1）：4–5.
［45］吴键．我国青少年体质健康发展报告［J］．中国教师，2011（20）：9–13.
［46］王玮，董靓，王喆．基于儿童需求的校园景观设计——以日本儿童校园景观设计为例［J］．华中建筑．2013，11：90–94.
［47］张恒．因子分析法在灾后重建中小学建成环境主观质量评价中的应用［J］．四川建筑，2011，31（6）：60–61.

[48] 王玮，董靓，王喆．城市中小学校园场地适宜性综合评价——以绵竹市大西街小学校园场地为例［J］．四川建筑科学研究，2014，40（3）：295-298.

[49] 王丽娜，吴国玺，许咤．行为观察法对空间环境的行为普适性分析［J］．科学技术创新，2017（25）：15-16.

[50] 王颜芳．试析行为观察法的运用［J］．社会心理科学，2010（5）：51-54.

[51] 李志民．建筑空间环境与行为［M］．华中科技大学出版社，2009.

[52] 戴菲，章俊华．规划设计学中的调查方法 4——行动观察法［J］．中国园林，2009，25（2）：55-59.

[53] 叶鹏，王浩，高非非．基于 GPS 的城市公共空间环境行为调查研究方法初探——以合肥市胜利广场为例［J］．建筑学报，2012（s2）：28-33.

[54] 王颜芳．关于行为观察法的思考［J］．科学咨询，2010（9）：30-31.

[55] 封晨．儿童踪迹—儿童对其所在环境的使用［J］．世界建筑导报，2011，26（1）：28-31.

[56] 周南．小学校园规划与儿童行为发展之研究［J］．建筑学报，1998（8）：53-57.

[57] 彭畅琳．城市儿童公共活动场所的环境行为研究［J］．山西建筑，2008，34（20）：36-37.

[58] 王玮．基于儿童参与的校园景观环境设计——以日本福冈壱岐南小学校园景观环境设计为例［J］．华中建筑，2015（3）：108-111.

[59] 李兵营．议小学校园环境设计［J］．规划师，1999（1）：69-73.

[60] 陈晓唐．建筑师使用后评价（POE）的重要性与迫切性［J］．南方建筑，2015（6）：61-65.

[61] 谭新建．科研院所建成环境主观评价方法研究——以中国林业科学研究院为例［J］．北京林业大学学报（社会科学版），2015，14（4）：73-77.

[62] 彭鑫．从儿童画的稚拙谈绘画艺术的创造性［J］．艺术品鉴，2017（7）.

[63] 杨涛．中文信息处理中的自动分词方法研究［J］．现代交际，2019（7）：93-95.

[64] 陈平，刘晓霞，李亚军．基于字典和统计的分词方法［J］．计算机工程与应用，2008，44（10）：144-146.

[65] 罗杰，陈力，夏德麟，等．基于新的关键词提取方法的快速文本分类系统［J］．计算机应用研究，2006，23（4）：32-34.

[66] 耿焕同，蔡庆生，于琨，等．一种基于词共现图的文档主题词自动抽取方法［J］．南京大学学报（自然科学），2006，42（2）：156-162.

[67] 张敏，耿焕同，王煦法．一种利用 BC 方法的关键词自动提取算法研究［J］．小型微型计算机系统，2007，28（1）：189-192.

[68] 魏韡，向阳，陈千．中文文本情感分析综述［J］．计算机应用，2011，31（12）：3321-3323.

[69] 张伟舒，吕云翔．微博情感倾向算法的改进与实现［J］．知识管理论坛，2013（9）.

[70] 张博．基于 SVM 的中文观点句抽取［D］．北京邮电大学，2011.

[71] 蒙新泛，王厚峰．主客观识别中的上下文因素的研究［C］// 中国计算机语言学研究前沿进展．2009.

[72] 陈锋．细颗粒度观点挖掘中的观点句识别与要素抽取研究综述［J］．数字图书馆论坛，2015（10）：21-27.

[73] 刘源，梁南元．汉语处理的基础工程——现代汉语词频统计［J］．中文信息学报，1986（1）：17-25.

[74] 陈凯，陈悦．《普通高中化学课程标准（2017 年版）》的文本挖掘［J］．化学教学，2019（4）：7-12.

[75] 许延祥，罗铁坚，周佳，等．评价文本中意见分布规律研究［J］．中文信息学报，2014，28（3）：150-158.

[76] 陈华喜，王芳，王永斌，等. 基于 AHP 赋权的大学生综合素质评价模型研究 [J]. 商丘师范学院学报，2011，27（9）：11-15.

[77] 林成刚. 科技项目评估指标的 AHP 赋权法 [J]. 大众科技，2008（5）：183-184.

[78] 李刚，周立斌，曹宏举. 基于理想排序的群组 G2 赋权方法研究 [J]. 数理统计与管理，2012，31（2）：316-324.

[79] 顾荣炎. 一种新的人员测评结果分析方法—— Friedman 秩次双向方差分析法与 Kendall 一致性检验的统一 [J]. 上海教育科研，1996（5）：35-37.

[80] Mavros P，Austwick M Z，Smith A H. Geo-EEG：Towards the Use of EEG in the Study of Urban Behaviour [J]. Applied Spatial Analysis & Policy，2016，9（2）：191-212.

[81] Næss P. Built environment，causality and urban planning [J]. Planning Theory & Practice，2016，17（1）：52-71.

[82] Rasila H，Rothe P，Kerosuo H. Dimensions of usability assessment in built environments [J]. Journal of Facilities Management，2010，8（2）：143-153.

[83] Zhu X L. Subjective evaluation of built environment as a scientific paradigms of architectural design research [J]. Sichuan Building Science，2008，34（6）：207-210.

[84] Moshood，Olawale，Fadeyi，et al. Evaluation of indoor environmental quality conditions in elementary schools' classrooms in the United Arab Emirates [J]. Frontiers of Architectural Research，2014，3（2）：166-177.

[85] Song L，Hong-Jun L I，Lin B R. Research and Application of Green Campus Evaluation System Suitable for Chinese National Situation [J]. Building Science，2010，26（12）：24-29.

[86] Chen W T，Liao S L，Lu C S，et al. Evaluating satisfaction with PCM services for school construction：A case study of primary school projects [J]. International Journal of Project Management，2010，28（3）：296-310.

[87] Ekanayake L L，Ofori G. Building waste assessment score：design-based tool [J]. Building & Environment，2004，39（7）：851-861.

[88] Hussein H，Jamaludin A A. POE of Bioclimatic Design Building towards Promoting Sustainable Living [J]. Procedia - Social and Behavioral Sciences，2015，168：280-288.

[89] Fields J M，Jong R G D，Gjestland T，et al. Standardized general-purpose noise reaction questions for community noise surveys：research and a recommendation [J]. Journal of Sound & Vibration，2001，242（4）：641-679.

[90] Tversky，Barbara. Structures of mental spaces：How people think about space [J]. Environment and Behavior，2003，35（1）：66-80.

[91] Bernstein，David P，Fink，Laura，Handelsman，Leonard，et al. Initial reliability and validity of a new retrospective measure of child abuse and neglect [J]. American Journal of Psychiatry，1994，151（8）：1132.

[92] Fink L A，Bernstein D，Handelsman L，et al. Initial reliability and validity of the childhood trauma interview：a new multidimensional measure of childhood interpersonal trauma [J]. American Journal of Psychiatry，1995，152（9）：1329.

[93] Ying Ming Su，Yi Ping Tsai. The Importance of the Appearance Image and Cognition of Green Building [J]. Applied Mechanics and Materials. 2014，496-500：2544-2548.

[94] Moser E I，Kropff E，Moser M B. Place Cells，Grid Cells，and the Brain's Spatial Representation System [J]. Annual Review of Neuroscience，2008，31（1）：69-89.

[95] Halligan P W，Fink G R，Marshall J C，et al. Spatial cognition：evidence from visual neglect [J].

Trends in Cognitive Sciences，2003，7（3）：125–133.

[96] Villanueva K，Gilescorti B，Bulsara M，et al. How far do children travel from their homes? Exploring children's activity spaces in their neighborhood [J]. Health & Place，2012，18（2）：263–273.

[97] Leslie M. Alexander，Jo Inchley，Joanna Todd，et al. The Broader Impact of Walking to School among Adolescents：Seven Day Accelerometry Based Study doi 10.1136/bmj.38567.382731.AE [J]. BMJ：British Medical Journal，2005，331（7524）：1061–1062.

[98] Rissotto A，Tonucci F. Freedom of movement and environmental knowledge in elementary school children [J]. Journal of Environmental Psychology，2002，22（1–2）：65–77.

[99] James C. Spilsbury. 'we don't really get to go out in the front yard' — children's home range and neighborhood violence [J]. Childrens Geographies，2005，3（1）：79–99.

[100] Trisha Maynard，Jane Waters，Jennifer Clement. Child-initiated learning，the outdoor environment and the 'underachieving' child [J]. Early Years，2013，33（3）：212–225.

[101] Richard Tucker，Parisa Izadpanahi. Live green，think green：Influence of sustainable school architecture on children's environmental attitudes and behaviors [J]. Journal of Environmental Psychology，2017，51：209–216.

[102] Nicola J. Ross. 'My Journey to School ...' Foregrounding the Meaning of School Journeys and Children's Engagements and Interactions in their Everyday Localities [J]. Childrens Geographies，2007，5（4）：373–391.

[103] Cicchetti D V，Shoinralter D，Tyrer P J. The effect of number of rating scale categories on levels of interrater reliability：A Monte Carlo investigation [J]. Applied Psychological Measurement，1985，9（1）：31.

[104] Landis J R，Koch G G. The measurement of observer agreement for categorical data [J]. Biometrics，1977，33（1）：159–174.

[105] Linch K. The image of the city [J]. Cambridge Mass，1960，11（1）：46–68.

[106] Jolles I. A study of the validity of some hypotheses for the qualitative interpretation of the H-T-P for children of elementary school age，Ⅱ. The phallic tree as an indicator of psycho-sexual conflict [J]. Journal of Clinical Psychology，1952，8（3）：245.

[107] Lyons J. The scar on the H-T-P tree [J]. Journal of Clinical Psychology，1955，11（3）：267.

[108] Buck J N. The H-T-P test [J]. J Clin Psychol，1948，4（2）：151–159.

[109] Precker J A. Painting and drawing in personality assessment [J]. Journal of Projective Techniques，1950，14（3）：262.

[110] Alschuler R H，Hattwick L B. Painting and personality：A study of young children.（Rev. ed.）[J]. Elementary School Journal，1949，46（10）：327–329.

[111] Beatrix Emo，Kinda Al-Sayed，Tasos Varoudis. Design，Cognition & Behaviour：Usability in the Built Environment [J]. International Journal of Design Creativity and Innovation，2016，Vol.4（2），pp.63–66.

[112] Siegel A W，White S H. The development of spatial representations of large-scale environments [J]. Advances in Child Development & Behavior，1975，10：9–55.

[113] Pons E，Braun LM，Hunink MG，et al. Natural Language Processing in Radiology：A Systematic Review [J]. Radiology，2016，272（2）：329–343.

[114] Yang H，Meng H M，Wu Z，et al. Modelling the Global Acoustic Correlates of Expressivity for Chinese Text-to-speech Synthesis [J]. Daa，2006，6（3）：138–141.

[115] Salvatore Valenti, Francesca Neri, Alessandro Cucchiarelli. An Overview of Current Research on Automated Essay Grading [J]. Journal of Information Technology Education, 2003, 2: 319–330.

[116] Jensen PB, Jensen LJ, Brunak S. Mining Electronic Health Re-cords: Towards Better Research Application and Clinical Care [J]. Nat Rev Genet, 2012, 13 (6): 395–405.

[117] Nori, R., Giusberti, F.. Cognitive styles: errors in directional judgments [J]. Perception-London, 2003, 32 (3): 307–320.

[118] Surtees A. D. R., Noordzij M. L., Apperly I. A.. Sometimes losing yourself in space: Children's and adults' spontaneous use of multiple spatial reference frames [J]. Developmental Psychology, 2012: 48 (1), 185–191.

[119] Bin L U. Research on Landscape Interactivity of Modern Urban Residential Districts Based on Subjective Evaluation of Built Environment (SEBE) [J]. Journal of Zhejiang Shuren University, 2012, 12 (4) .53–59.

[120] Næss P. Built environment, causality and urban planning [J]. Planning Theory & Practice, 2016, 17 (1): 52–71.

[121] Rasila H, Rothe P, Kerosuo H. Dimensions of usability assessment in built environments [J]. Journal of Facilities Management, 2010, 8 (2): 143–153.

[122] Zhu X L. Subjective evaluation of built environment as a scientific paradigms of architectural design research [J]. Sichuan Building Science, 2008, 34 (6): 207–210.

[123] Univ W, Environment S C F. Martha Lake Elementary School Post Occupancy Evaluation [J]. 1997, 12: 22.

[124] Willis F N, Carlson R, Reeves D. The development of personal space in primary school children [J]. Environmental Psychology & Nonverbal Behavior, 1979, 3 (4): 195–204.

[125] Martinez-Molina A, Boarin P, Tort-Ausina I, et al. Post-occupancy evaluation of a historic primary school in Spain: Comparing PMV, TSV and PD for teachers' and pupils' thermal comfort [J]. Building & Environment, 2017, 117C: 248–259.

[126] Alex Zimmerman, Mark Martin. Post-occupancy evaluation: benefits and barriers [J]. Building Research & Information, 2001, 29 (2): 168–174.

[127] Bin L U. Research on Landscape Interactivity of Modern Urban Residential Districts Based on Subjective Evaluation of Built Environment (SEBE) [J]. Journal of Zhejiang Shuren University, 2012, 12 (4): 53–59.

[128] Næss P. Built environment, causality and urban planning [J]. Planning Theory & Practice, 2016, 17 (1): 52–71.

[129] Rasila H, Rothe P, Kerosuo H. Dimensions of usability assessment in built environments [J]. Journal of Facilities Management, 2010, 8 (2): 143–153.

[130] Zhu X L. Subjective evaluation of built environment as a scientific paradigms of architectural design research [J]. Sichuan Building Science, 2008, 34 (6): 207–210.

[131] Moshood, Olawale, Fadeyi, et al. Evaluation of indoor environmental quality conditions in elementary schools' classrooms in the United Arab Emirates [J]. Frontiers of Architectural Research, 2014, 3 (2): 166–177.

[132] Song L, Hong-Jun L I, Lin B R. Research and Application of Green Campus Evaluation System Suitable for Chinese National Situation [J]. Building Science, 2010, 26 (12): 24–29.

[133] Chen W T, Liao S L, Lu C S, et al. Evaluating satisfaction with PCM services for school construction: A case study of primary school projects [J]. International Journal of Project

Management，2010，28（3）：296–310.

[134] Ekanayake L L，Ofori G．Building waste assessment score：design-based tool［J］．Building & Environment，2004，39（7）：851–861.

[135] Hussein H，Jamaludin A A．POE of Bioclimatic Design Building towards Promoting Sustainable Living［J］．Procedia - Social and Behavioral Sciences，2015，168：280–288.

[136] Cicchetti D V，Shoinralter D，Tyrer P J．The effect of number of rating scale categories on levels of interrater reliability：A Monte Carlo investigation［J］．Applied Psychological Measurement，1985，9（1）：31.

[137] Peng C L．Environmental behavior study on the urban child public exercise yard［J］．Shanxi Architecture，2008.

[138] Richard Tucker，Parisa Izadpanahi．Live green，think green：Influence of sustainable school architecture on children's environmental attitudes and behaviors［J］．Journal of Environmental Psychology，2017，51：209–216.

[139] Stanković Danica，Milojković Aleksandar，Tanić Milan.Physical environment factors and their impact on the cognitive process and social behavior of children in the preschool facilities［J］．Facta Universitatis - series：Architecture and Civil Engineering，2006，Vol.4（1），pp.51.

[140] Williams A J，Wyatt K M，Hurst A J，et al．A systematic review of associations between the primary school built environment and childhood overweight and obesity［J］．Health & Place，2012，18（3）：504–514.

[141] Ozdemir A，Yilmaz O．Assessment of outdoor school environments and physical activity in Ankara's primary schools［J］．Journal of Environmental Psychology，2008，28（3）：287–300.

[142] Vrieze R D，Moll H C．An analytical perspective on primary school design as architectural synthesis towards the development of needs-centred guidelines［J］．Intelligent Buildings International，2017：1–23.

[143] Graça V A C D，Petreche J R D．An evaluation method for school building design at the preliminary phase with optimisation of aspects of environmental comfort for the school system of the State São Paulo in Brazil［J］．Building & Environment，2007，42（2）：984–999.

[144] Beatrix Emo，Kinda Al-Sayed，Tasos Varoudis．Design，Cognition & Behaviour：Usability in the Built Environment［J］．International Journal of Design Creativity and Innovation，2016，Vol.4（2），pp.63–66.

[145] 赵春黎，朱海东，史祥森．青少年心理发展与教育［M］．北京：清华大学出版社，2017.

[146] 林崇德．发展心理学［M］．北京：人民教育出版社，1995.

[147] 胡正凡，林玉莲．环境心理学［M］．北京：中国建筑工业出版社，2013.

[148] 区奕勤，张先迪．模糊数学原理及应用［M］．成都：成都电讯工程学院出版社，1988.

[149] 汪向东，王希林，马弘．心理卫生评定量表手册（增订版）［M］．北京：中国心理卫生杂志出版社，1999.

[150] 李洪伟，吴迪．心理画［M］．长沙：湖南人民出版社，2010.

[151] 严虎．儿童绘画心理学：孩子的另一种语言［M］．北京：电子工业出版社，2015.

[152] 刘先觉．现代建筑理论——建筑结合人文科学自然科学与技术科学的新成就［M］．北京：中国建筑工业出版社，2008.

[153] 邱均平，文庭孝，等．评价学［M］——理论．方法．实践 M．北京：科学出版社，2010.

[154] 胡正凡，林玉莲．环境心理学［M］．北京：中国建筑工业出版社，2013.

[155] 李道增．环境行为学概论［M］．北京：清华大学出版社，1999.

[156] 石谦飞．建成环境使用后评价[M]．太原：山西科学技术出版社，2011.
[157] 张宗尧．中小学建筑设计[M]．北京：中国建筑工业出版社，2000.
[158] 徐磊青，杨公侠．环境心理学：环境、知觉和行为[M]．上海：同济大学出版社，2002.
[159] 浅见泰司．居住环境：评价方法与理论[M]．北京：清华大学出版社，2006.
[160] 张泽蕙，曹丹庭，张荔．中小学校建筑设计手册[M]．北京：中国建筑工业出版社，2001.
[161] Dennis Coon，John O．Mitterer．心理学导论——思想与行为的认识之路[M]．郑钢译．北京：中国轻工业出版社，2007.
[162] 克莱尔·库珀·马库斯，卡罗琳·弗朗西斯．人性场所：城市开放空间设计导则[M]．北京：中国建筑工业出版社，2001.
[163] Norberg-Schulz C．建筑——存在、语言和场所[M]．刘念雄，吴梦姗译．北京：中国建筑工业出版社，2013.
[164] Cathy A．Malchiodi．儿童绘画与心理治疗[M]．北京，中国轻工业出版社，2016.
[165] Claire Golomb．儿童绘画心理学——儿童创造的图画世界[M]．李甦译．北京：中国轻工业出版社，2016.
[166] 相马一郎，佑古顺彦．环境心理学[M]．周畅，李曼曼译．北京：中国建筑工业出版社，1986.
[167] J. 皮亚杰，B. 英海尔德．儿童心理学[M]．吴福元译，北京：商务印书馆，1981.
[168] 凯文•林奇．城市意象[M]．方益萍，何晓军译．北京：华夏出版社，2016.
[169] 迈克尔·J·克罗斯比．北美中小学建筑[M]．大连：大连理工大学出版社，2004.
[170] 布拉福德·珀金斯．中小学建筑——国外建筑设计方法与实践丛书[M]．北京：中国建筑工业出版社，2005.
[171] Kathleen Stassen Berger．The Developing Person Through Childhood and Adolescence[M]．Worth Publishers Inc.，U.S．2014.
[172] Robert S．Feldman．Child Development[M]．Pearson，2015.
[173] Wolfgang F．E．Preiser．Building Evaluation[M]．Plenum Publishing Co.，N.Y.；New edition，1988.
[174] Wolfgang F．E．Preiser，Harvey Z．Rabinowitz，Edward T．White，Post-Occupancy Evaluation[M]．New York：Van Nostrand Reinhold Company，1988.
[175] Kevin Lynch．The Image of the City[M]．MIT Press．1960.
[176] Robert S．Feldman．Child Development[M]．Pearson，2015.
[177] Ito K，Fjortoft I，Manabe T，et al．Landscape Design and Children's Participation in a Japanese Primary School – Planning Process of School Biotope for 5 Years[M]．Urban Biodiversity and Design．Wiley - Blackwell，2010.
[178] Golomb C．Child art in context：A cultural and comparative perspective[M]．Washington，DC：APA Books，2002.
[179] Gifford R．13．Did that Plan Work？Post-occupancy Evaluation[M]．Research Methods for Environmental Psychology．John Wiley & Sons，Ltd，2016.
[180] Soccio P．A New Post Occupancy Evaluation Tool for Assessing the Indoor Environment Quality of Learning Environments[M]．Evaluating Learning Environments．Sense-Publishers，2016.
[181] Rassia S T．Current Office Design，User Activity and Occupancy Evaluation[M]．Workplace Environmental Design in Architecture for Public Health．Springer International Publishing，2017.
[182] Alexander，R．Culture and pedagogy：international comparisons in primary education[M]．Blackwell，2000.

[183] Mackenzie，D.G. Planning educational facilities [M]. Lanham，MD：University Press of America，1989：21.
[184] Mackenzie，D.G. Planning educational facilities [M]. Lanham，MD：University Press of America，1989.
[185] Alexander，R. Culture and pedagogy：international comparisons in primary education [M]. Blackwell，2000.
[186] Bing L，Lei Z. A Survey of Opinion Mining and Sentiment Analysis [M] // Mining Text Data. 2012.
[187] Zhang L，Liu B. Aspect and Entity Extraction for Opinion Mining [M] // Data Mining and Knowledge Discovery for Big Data. 2014.
[188] 过宏雷. 现代建筑表皮认知途径与建构方法研究 [D]. 无锡，江南大学，2013.
[189] 朱小雷. 建成环境主观评价方法研究 [D]. 广州：华南理工大学，2003.
[190] 黄翼. 广州地区高校校园规划使用后评价及设计要素研究 [D]. 广州：华南理工大学，2014.
[191] 陈晓唐. 建筑师使用后评价方法及在博物馆的实践 [D]. 广州：华南理工大学，2016.
[192] 刘潇. 基于可达性的小学规划布局优化研究 [D]. 武汉：武汉大学，2017.
[193] 张国祯 . 建构生态校园评估体系及指标权重——以台湾中小学校园为例 [D]. 上海：同济大学，2006.
[194] 江朔. 常州天合国际学校使用后评价（建筑 POE）[D]. 广州：华南理工大学，2014.
[195] 刘潇. 基于可达性的小学规划布局优化研究 [D]. 武汉：武汉大学，2017.
[196] 刘畅. 绿色校园评价体系研究及其在灾后学校重建中的应用 [D]. 北京：清华大学，2011.
[197] 童琳. 基于使用后评价的灾后重建学校设计策略研究 [D]. 重庆：重庆大学，2014.
[198] 夏坤. 小城市中小学空间布局研究 [D]. 西安：西安建筑科技大学，2014.
[199] 张国祯 . 建构生态校园评估体系及指标权重——以台湾中小学校园为例 [D]. 上海：同济大学，2006.
[200] 江朔. 常州天合国际学校使用后评价（建筑 POE）[D]. 广州：华南理工大学，2014.
[201] 赵玲依. 中小学校建成环境评估方法研究 [D]. 成都：西南交通大学，2012.
[202] 陈向荣. 我国新建综合性剧场使用后评价及设计模式研究 [D]. 广州：华南理工大学，2013.
[203] 李娜. 儿童行为心理与儿童公园设计 [D]. 长沙：湖南大学，2008.
[204] 徐伟. 基于认知地图的校园规划后评价研究 [D]. 宁波：宁波大学，2011.
[205] 何玉杨. 幼儿园室内色彩设计研究 [D]. 长沙：中南林业科技大学，2016.
[206] 李小娟. 基于认知意象的我国城市色彩规划与控制研究 [D] . 天津：天津大学，2013.
[207] 米佳. 地下公共空间的认知和寻路实验研究 [D]. 上海：同济大学，2007.
[208] 牛力. 建筑综合体的空间认知与寻路研究 [D]. 上海：同济大学，2007.
[209] 何烨. 基于空间句法的西安大华 1935 空间布局研究 [D]. 西安：西安建筑科技大学，2015.
[210] 徐梦琪. 基于儿童空间认知的幼儿园空间设计研究 [D]. 西安：西安建筑科技大学，2015.
[211] 陈静. 幼儿园建筑的视知觉动力探析 [D]. 广州：广东工业大学，2012.
[212] 刘阳洋. 基于儿童心理分析的青少年宫建筑内部空间设计研究 [D]. 武汉：湖北美术学院，2017.
[213] 黄冰. 城市儿童医院空间环境设计中行为理论应用研究 [D]. 苏州：苏州大学，2011.
[214] 丁诗瑶. 基于环境行为理论的儿童医疗空间设计研究 [D]. 长沙：湖南师范大学，2014.
[215] 孙迪 . “教育、行为、空间”互动视角下的小学教学空间及其组合模式研究 [D]. 大连：大连理工大学，2016.
[216] 俞琦. 居住区室外空间环境的儿童安全性研究 [D]. 南昌：南昌大学，2012.
[217] 徐从淮. 行为空间论 [D]. 天津：天津大学，2005.

[218] 陈洁菡. 杭州少儿公园使用后评价研究 [D]. 杭州：浙江大学，2015.
[219] 李洲荣. 基于少儿行为模式下小学外部环境规划设计 [D]. 重庆：重庆大学，2015.
[220] 郭昊栩. 岭南高校教学建筑使用后评价及设计模式研究 [D]. 广州：华南理工大学，2009.
[221] 黄雯婷. 儿童画内容解读之研究 [D]. 上海：上海师范大学，2012.
[222] 李珊. 商业步行街环境认知研究 [D]. 重庆：重庆大学，2007.
[223] 谢炯坤. 面向人机互动的自然语言理解的研究 [D]. 合肥：中国科学技术大学，2015.
[224] 娄德成. 基于 NLP 技术的中文网络评论观点抽取方法的研究 [D]. 上海：上海交通大学，2007.
[225] 高铭泽. 网络评论情感分类与观点抽取技术研究 [D]. 长沙：国防科技大学，2014.
[226] 刘耀华. 基于句法分析的中文事件抽取方法研究 [D]. 上海：上海大学，2009.
[227] 檀文迪. 华侨大学校园环境认知地图研究 [D]. 泉州：华侨大学，2007.
[228] 邹隆峻. 广东地区城市集约化小学室外空间品质研究 [D]. 广州：华南理工大学，2017.
[229] 翟凤文. 统计与字典相结合的中文分词 [D]. 长春：吉林大学.
[230] 张旭. 一个基于词典与统计的中文分词算法 [D]. 成都：电子科技大学，2007.
[231] 杨林. 基于文本的关键词提取方法研究与实现 [D]. 合肥：安徽工业大学，2013.
[232] 闫靓. 低频噪声主观反应客观评价 [D]. 西安：西北工业大学，2006.
[233] 刘成栋. 大坝安全评价的多因素赋权分析方法及其应用研究 [D]. 南京：河海大学，2004.
[234] 许庭云. 北京市城中村儿童游戏行为与环境认知之研究 [A]. 住房和城乡建设部、国际风景园林师联合会. 和谐共荣——传统的继承与可持续发展：中国风景园林学会 2010 年会论文集(上册) [C]. 住房和城乡建设部、国际风景园林师联合会，2010：5.
[235] 吕浩铭. 教育部关于印发《中小学综合实践活动课程指导纲要》的通知 [EB/OL]. http://www.gov.cn/xinwen/2017-10/30/content_5235316.htm，2017-9-25.
[236] 孙晶晶. 学军小学飞来一对燕子筑巢生燕让孩子们感悟到生命的神奇 [EB/OL]. http://hznews.hangzhou.com.cn/kejiao/content/2017-06/14/content_6577355.htm.
[237] 百度 AI 开放平台. 评论观点抽取 [EB/OL]. http://ai.baidu.com/tech/nlp/comment_tag，2017-10-9.
[238] 锐达互动科技股份有限公司. IQClass 互动课堂　电子书包、班班通　云智慧教室　解决方案 [EB/OL]. https://b2b.hc360.com/viewPics/supplyself_pics/384850182.html，2017-11-4.
[239] 石家庄综合教学平台. 智慧课堂 [EB/OL]. http://www.yjy100.cn/photo/viewpic.action?id=21&accounts=100081786&pid=85，2018-2-2.
[240] Chatzidiakou L，Pissani M，Mumovic D. Overheating Assessment and Indoor Air Quality in Castle Hill Primary School [R]. Technology Strategy Board：Building Performance Evaluation Programme，London. 2012-11-5.
[241] Tonkin C，Ouzts A D，Duchowski A T. Eye tracking within the packaging design workflow: interaction with physical and virtual shelves [C] // Conference on Novel Gaze-Controlled Applications. ACM，2011：1-8.
[242] Makalew F P，Adisasmita S A，Wunas S，et al. Influence of children pedestrian behaviour on pedestrian space usage [C] // Materials Science and Engineering Conference Series. Materials Science and Engineering Conference Series，2017：12-28.
[243] Kim S M. Determining the sentiment of opinions [C] // Conference on Computational Linguistics. 2004.

图 7-9　典型画作及对应场景（实验小学）

图 7-10　典型画作及对应场景（中枢三小）

图 7-11　典型画作及对应场景（城南小学）

图 7-12　儿童画的色彩选用

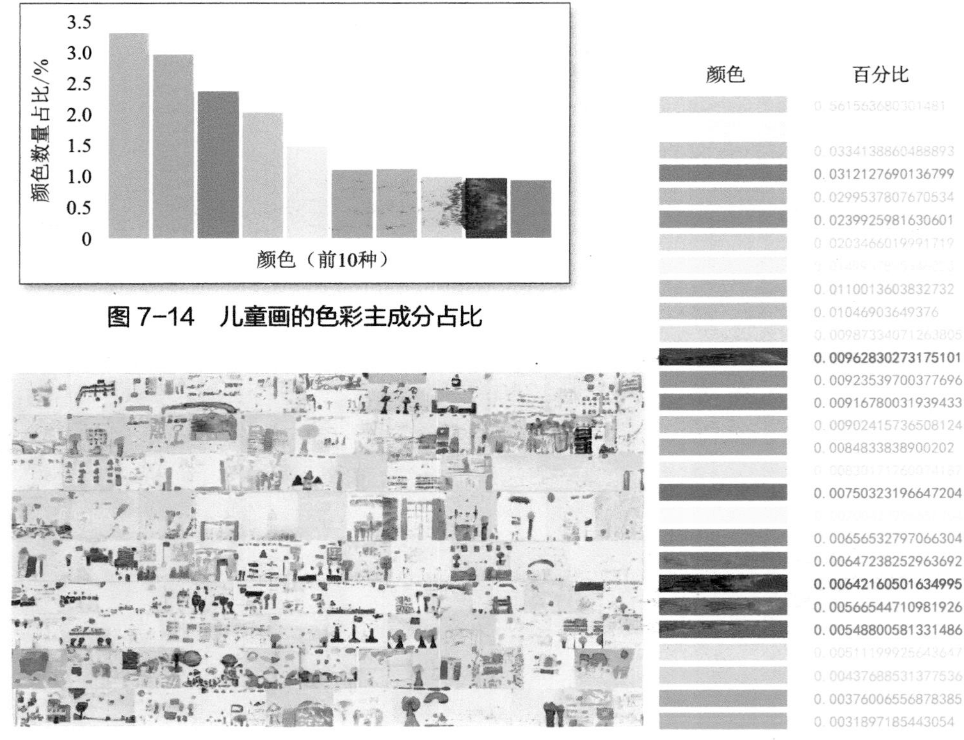

图 7-14 儿童画的色彩主成分占比

图 7-13 图片色彩主成分提取

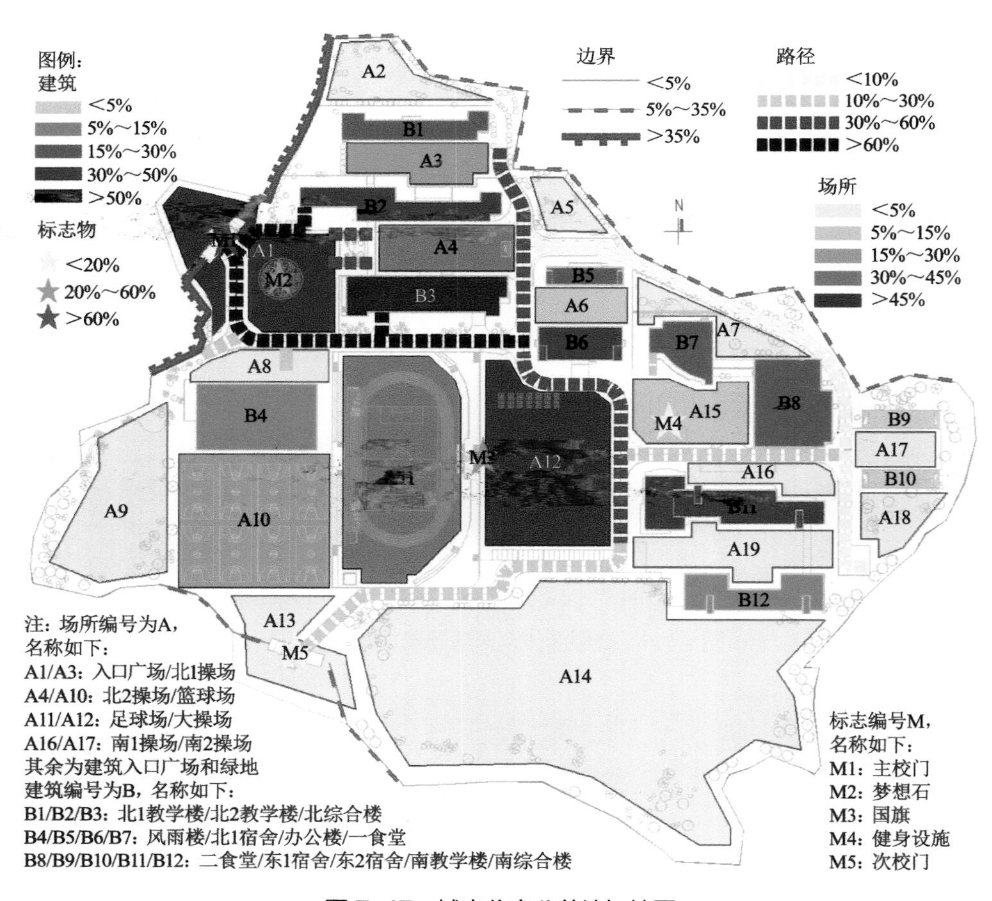

图 7-17 城南儿童公共认知地图